Der kleine Himmelsführer

Sterne, Planeten und das Weltall

Philippe HENAREJOS

KÖNEMANN

Danksagungen

Unser besonderer Dank gilt François Colas
für seine freundliche Unterstützung.

Originalausgabe © 1998:
ATP, Chamalières, France

Originaltitel: Le Guide d'Observation du Ciel

© 2000 für die deutsche Ausgabe:
Könemann Verlagsgesellschaft mbH,
Bonner Str. 126, D–50968 Köln

Übersetzung aus dem Englischen
(für Agents – Producers – Editors, Overath):
Werner Horwath, Gerhard Bruschke, Heike Zimmermann
Redaktion und Satz der deutschen Ausgabe:
Agents – Producers – Editors, Overath

Projektkoordination: Ulrich Ritter
Herstellung: Ursula Schümer
Druck und Bindung: Sing Cheong
Printed in: Hong Kong, China
ISBN 3–8290–4061–X
10 9 8 7 6 5 4 3 2 1

Inhalt

EINFÜHRUNG

Ein Blick an den Himmel ist ein Blick ins Universum. Schon mit bloßem Auge kann man Planeten, Tausende von Sternen, eine Handvoll Nebel sowie drei Galaxien erblicken. Jeder kann sich aufmachen und die Grenzenlosigkeit des Alls entdecken. Das Universum beginnt ganz nahe – nur einige hundert Kilometer über der Erdoberfläche – und es reicht in alle Richtungen viele Milliarden Lichtjahre hinaus. Eine Reise ins All kann durch den einfachen Blick an den Sternenhimmel erfolgen, durch die Beobachtung der Milchstraße mit einem Feldstecher oder durch die Betrachtung des Mondes mit einem Fernrohr. Auch wenn man die Reise nur mit den Augen durchführt – sie ist, wie jede andere Reise auch, erst zufriedenstellend, wenn man sie gut vorbereitet hat. Genauso wie ein Denkmal erst interessant wird, wenn man die Hintergründe kennt, so wird auch die Himmelsbetrachtung erst so richtig spannend, wenn man etwas darüber weiß, was man sieht. Galaxien, Nebel, Sterne, Planeten, Satelliten und Kometen sind Begriffe, die bestimmte Himmelskörper beschreiben. Über deren Bedeutung sollte man sich jedoch im klaren sein. So sind auch die astronomischen Einheiten wie ein Lichtjahr oder ein Parsec, deren Klang zuweilen an Science-Fiction-Filme erinnert, nichts anderes als Maßeinheiten, die eine Vorstellung von den Entfernungen im Universum ermöglichen. Bevor man damit beginnt, die Wunder des Himmels zu betrachten, sollte man sich erst auf den folgenden Seiten umsehen und sich einen Überblick über die Anordnung und die unendliche Weite des Universums verschaffen.

EINE REISE INS SONNENSYSTEM

Diese Reise beginnt bei unserem Beobachtungspunkt, der Erde: Es ist der Planet, auf dem wir leben; eine riesige Gesteinskugel mit 12 756 km Durchmesser, die in einem Jahr (genauer in 365 Tagen 6 Stunden) die Sonne umrundet. Die Erde ist etwa 150 Mio. km von der Sonne, unserem Tagesstern, entfernt. Vergleicht man den Umfang der Sonne mit dem Erdumfang, der rund 40 000 km beträgt, so erscheint sie riesengroß. Da

Die Erde, unser Beobachtungspunkt im Universum, wird auf ihrem Weg um die Sonne von einem einzigen natürlichen Satelliten, dem Mond, begleitet. Diese Aufnahme stammt von der Raumsonde Galileo. ▷

△ *Diese Fotomontage zeigt den Saturn und einige seiner zahlreichen Satelliten, ganz vorne Dione.*

jedoch Entfernungsangaben im All schnell zu übermäßig großen Zahlen führen, entschlossen sich Astronomen, aus den 150 Mio. km eine Astronomische Einheit (AE) zu machen. Somit kann man sagen, die Entfernung von der Erde zur Sonne beträgt 150 Mio. km bzw. 1 AE (Astronomische Einheit). Es gibt noch acht weitere Planeten, die wie die Erde um die Sonne kreisen. Dies sind Merkur, Venus, Mars, Jupiter, Saturn, Uranus, Neptun und Pluto. Saturn ist zum Beispiel 9,5 AE von der Sonne entfernt, was ungefähr 1,4 Mrd. km entspricht. Manche dieser Planeten werden von Satelliten begleitet. Dabei handelt es sich um weniger massive Himmelskörper, die die Planeten umrunden. So ist der Mond, dessen Größe einem Viertel der Erdgröße und dessen Masse einem Achtzigstel der Erdmasse entspricht, der natürliche Satellit unseres Planeten. Er umrundet in etwas mehr als 27 Tagen im mittleren Abstand von 380 000 km einmal die Erde. Merkur und Venus besitzen – anders als die anderen Planeten – keine Satelliten. Die großen Planeten haben viele davon: Saturn beispielsweise besitzt 18 (wobei die Objekte innerhalb der Ringe nicht mitgezählt werden), von denen einer, nämlich Titan, sogar größer ist als der Planet Merkur. Neben den Planeten kreisen noch viele andere Objekte um die Sonne: die Asteroiden (oft auch als Kleine Planeten oder Planetoiden bezeichnet), Gesteinsbrocken von einigen Metern bis zu vielen Kilometern Durchmesser, und die Kometen, deren Kern aus Eis und Staub besteht und deren Größe ebenfalls von einigen

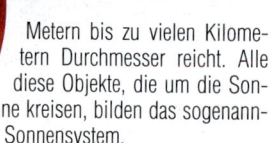

Die Sonne, der Stern, der der Erde am nächsten ist ▽

Metern bis zu vielen Kilometern Durchmesser reicht. Alle diese Objekte, die um die Sonne kreisen, bilden das sogenannte Sonnensystem.

Was die Sonne betrifft, so ist sie ganz einfach ein Stern. Wenn sie uns wie eine Scheibe in derselben Größe wie der Mond erscheint, so liegt dies nur daran, daß sie uns viel näher ist als alle anderen Sterne. Wäre sie so weit entfernt wie die abertausend Sterne, die wir am Nachthimmel sehen, wäre auch sie nur einer von vielen winzigen Punkten am Firmament. Der Sonnendurchmesser beträgt 1,4 Mio. km. Würde man die Erde direkt daneben sehen, hätte sie die Größe einer Erbse. Die Sonne ist eine riesige glühende Gaskugel, die das lebensspendende Licht erzeugt. Und wenn wir den Mond oder die anderen Planeten sehen, so geschieht dies nur deshalb, da sie das Sonnenlicht reflektieren. Dies ist in der Tat einer der bedeutendsten Unterschiede zwischen Sternen und Planeten: Sterne produzieren Licht, Planeten nicht. Mit bloßem Auge betrachtet, ähnelt Jupiter, der größte Planet unseres Sonnensystems, einem sehr hellen Stern. Er ist zu

Venus

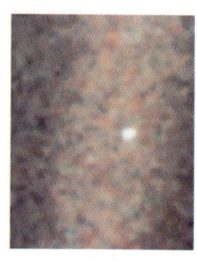

Erde

Jupiter

weit entfernt, um als Kugel wahrgenommen zu werden. Doch das Licht, das uns erreicht, ist nichts anderes als reflektiertes Sonnenlicht. Daher könnte man sich auch fragen, warum es bei Nacht, wenn uns das Licht tausender Sterne erreicht, nicht auch taghell ist. Das liegt ganz einfach daran, daß die Sterne, die oft viel mehr Licht produzieren als unsere Sonne, so weit entfernt sind, daß uns nur ein winziger Bruchteil ihres Lichts erreicht.

Pluto, der äußerste Planet des Sonnensystems, hat eine Entfernung von ungefähr 39 AE. Jenseits seiner Bahn befinden sich transplutonische Objekte, die gelegentlich als Kometen ins Sonnensystem gelangen. Sie sind mehr als 100 000 AE entfernt. Für solch große Entfernungen verwenden Astronomen jedoch andere Maßeinheiten. Am bekanntesten ist das Lichtjahr: Es bezeichnet die Strecke, die das Licht mit seiner Geschwindigkeit von etwa 300 000 km/s innerhalb eines Jahres zurücklegt.

Somit entspricht ein Lichtjahr der Entfernung von etwa 9,46 Bio. km (oder 63 240 AE). Diese Kilometerzahl ist so groß, daß man sich nur schwer etwas

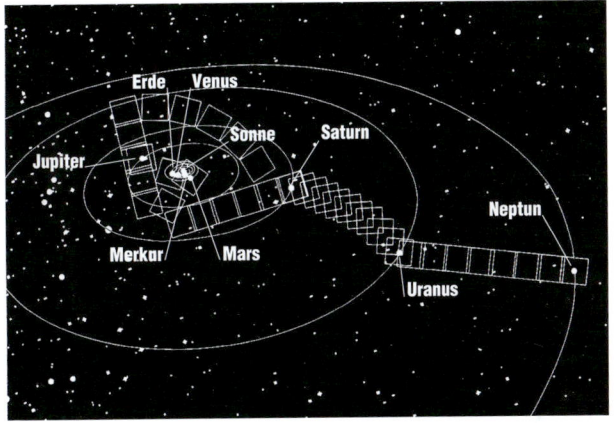

▽ △ *Diese Darstellung des Sonnensystems wurde mit Hilfe der Raumsonde Voyager 2 erstellt, nachdem diese bereits Neptun passiert hatte. Auf den Bildern (unten) sind die Planeten nur als Punkte zu erkennen, da sie von der Sonde aus vielen Millionen Kilometern Abstand aufgenommen wurden. Ihre Positionen sind in der Graphik (oben) dargestellt.*

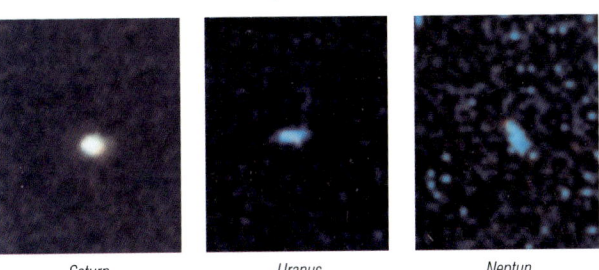

Saturn   *Uranus*   *Neptun*

darunter vorstellen kann. Es gibt allerdings noch eine größere Längeneinheit, das Parsec (pc) – die Entfernung, von der aus die Astronomische Einheit unter einem Winkel von 1" erscheint. Ein Parsec entspricht 3,26 Lichtjahren (oder rund 206 265 AE).

DIE MILCHSTRASSE

Der sonnennächste Stern, Proxima Centauri, ist 4,3 Lichtjahre entfernt. Sirius, der hellste Stern am Himmel, den man an Winterabenden auch von der Nordhalbkugel aus sehen kann, ist 8,6 Lichtjahre entfernt. Das be-

△ △ Unsere Galaxie, die Milchstraße, ist eine Gruppe aus 100 Mrd. Sternen, die sich im Kern und in den Spiralarmen verteilen. Die Sonne befindet sich am Rand eines der Spiralarme.

deutet, daß das Licht, welches wir sehen, 8,6 Jahre bis zu uns unterwegs war. Zum Vergleich: Das Licht des Mondes, unseres nächsten Himmelskörpers, braucht ungefähr eine Sekunde bis zur Erde. Der Mond ist also 1 Lichtsekunde entfernt. Die Entfernung zur Sonne beläuft sich auf 8 Lichtminuten, was genau 1 AE oder rund 150 Mio. km entspricht.

Auf diese Weise kann man die gewaltigen Entfernungsunterschiede faßbar machen, die zwischen den Objekten des Sonnensystems und den anderen Sternen bestehen. Mit hochentwickelten Instrumenten konnten Astronomen auch schon bei anderen Sternen Planeten von der Größe des Jupiter ausmachen. Das Sonnensystem ist also nicht das einzige Planetensystem, das einen Stern umgibt.

Alle mit bloßem Auge sichtbaren Sterne befinden sich in einem Umkreis mit einem Radius von 3000 Lichtjahren. In Wirklichkeit befinden sich jedoch die Sonne und die nächsten Sterne, die wir ohne optisches Instrument sehen können, in einer noch größeren Gruppe: der Galaxie – einer gewaltigen Ansammlung von 100 Mrd. Sternen, die durch die Gravitation miteinander verbunden sind und die eine Scheibe mit einem Durchmesser von annähernd 100 000 Lichtjahren bilden. In der Mitte der Scheibe sind die Sterne am zahlreichsten und am dichtesten gedrängt. Sie bilden hier eine Art Kern, der von Spiralarmen umgeben ist. Die galaktische Scheibe hat eine Dicke von ungefähr 10 000 Lichtjahren. Die Galaxie, in der auch wir uns befinden, wird Milchstraße genannt. An Sommerabenden ist ein Teil von ihr als milchiger Streifen am Nachthimmel zu sehen. Dieser Streifen, der sich quer über den Himmel zieht, stellt die Ebene der galaktischen Scheibe oder den galaktischen Äquator dar. Schon im Altertum wurde der Streifen als Milchstraße bezeichnet – heute gilt dieser Name für die ganze Galaxie. Wenn der galaktische Äquator im Sommer gut sichtbar ist, liegt es daran, daß wir in dieser Jahreszeit dem Zentrum der Milchstraße zugewandt sind, das reichhaltiger an Sternen ist und zudem das Licht von Milliarden von Sternen streut. Im Winter ist der galaktische Äquator weniger gut zu sehen, da wir auf die sternenärmeren Randbereiche blicken.

Diese einfache Beobachtung reicht aus, um abzuleiten, daß sich die Sonne und die Erde am Rand der galaktischen Scheibe, ungefähr 26 000 Lichtjahre vom Zentrum entfernt, befinden. Die Sterne, die sich nicht auf dem galaktischen Äquator befinden, sind Teil des kugelförmigen galaktischen Halos.

DAS STERNENKARUSSELL

So wie die Planeten um die Sonne, drehen sich alle Sterne der Milchstraße sich um das galaktische Zentrum. Jeder befindet sich dabei auf seiner eigenen Umlaufbahn, was für den Beobachter zur Folge hat, daß die Position der Sterne nicht unveränderlich ist. Mit bloßem Auge betrachtet und im Laufe eines Menschenlebens scheint sich der Anblick des Himmels nicht zu verändern. Es dauert mehrere zehntausend Jahre bis sich z.B. die Form des Großen Bären merklich verändert hat. Dennoch kann man schon mit einem einfachen Amateurfernrohr erkennen, daß bestimmte Sterne bereits nach einigen Jahren ihre Position im Verhältnis zu ihren Nachbarsternen verändert haben. Dies ist besonders deutlich bei Barnards Pfeilstern zu erkennen,

dem schnellsten Stern des Himmels im Sternbild Schlangenträger. Die Sonne und somit auch das Sonnensystem benötigt für eine Umrundung des galaktischen Zentrums etwa 250 Mio. Jahre. Das bedeutet, daß wir uns mit ihr mit einer Geschwindigkeit von 230 km/s um die Milchstraße be-

◁ *Galaxien des Universums. Dieses Bild, das nur einen winzigen Ausschnitt des Himmels zeigt, wurde vom Weltraumteleskop Hubble aufgenommen. Mit Ausnahme von vier Sternen, die zur Milchstraße gehören, ist jedes hier sichtbare Objekt eine Galaxie, und jede einzelne enthält Milliarden von Sternen.*

△ *Die Lokale Gruppe mit den Hauptgalaxien Milchstraße, M 31 (Mitte) und M 33 (unten links).*

wegen. Die Galaxie besteht aus nichts anderem als aus Milliarden von Sternen. Im Raum zwischen den Sternen treiben höchstens einige gewaltige Wolken aus Gas und Staub: die Nebel.

Die größten haben einen Durchmesser von mehreren hundert Lichtjahren. In ihrem Inneren bilden sich durch in sich zusammenstürzende Gasmassen neue Sterne. Diese Wolken – von wesentlich geringerer Dichte als die der Erdatmosphäre – sind groß genug und enthalten solche Mengen an Materie, daß sich daraus Sterne unterschiedlicher Massen bilden können. Die Nebel oder Sterne, die bereits leuchten, sind für uns leichter zu erkennen, denn die Strahlung junger Sterne läßt das Gas leuchten. Der bekannteste Nebel, im Sternbild Orion, ist mit bloßem Auge als weißlicher Fleck erkennbar. Wolken dieser Art gibt es viele. Manche unsichtbaren Nebel wirken wie gewaltige Filter, die einen großen Teil des Lichts der Sterne aus dem Zentrum unserer Galaxie auf dem Weg zu uns zurückhalten. Ohne sie wäre die Milchstraße am Nachthimmel noch viel heller.

Um den Kern der Galaxie kreisen ebenfalls Sternhaufen, die aus mehreren zehntausend Sternen bestehen. Diese bezeichnet man als Kugelsternhaufen. In 20 000 bis 80 000 Lichtjahren Entfernung zur Sonne kann man sie ohne Schwierigkeiten mit Amateurteleskopen betrachten. Viele solcher Kugelstern-

◁ *Diese Galaxie (NGC 891) ist mehrere Zehnmillionen Lichtjahre entfernt. Von der Erde aus sehen wir sie durch unsere eigene Galaxie hindurch. Jeder Stern auf diesem Bild gehört daher zur Milchstraße und ist relativ nahe (einige Tausend Lichtjahre); die Galaxie jedoch ist viel weiter entfernt. Dazwischen befindet sich intergalaktische Leere – ohne jeden Stern.*

haufen befinden sich außerhalb der galaktischen Ebene – könnte man nun die Milchstraße von ihnen aus betrachten, würde sie wie eine gigantische Spirale am Himmel erscheinen.

EINE UNENDLICHE ZAHL AN GALAXIEN

Trotz ihrer 100 Mrd. Sterne und der eindrucksvollen Dimensionen stellt die Milchstraße lange nicht das ganze Universum dar. Sie ist nur eine von unzähligen Galaxien, die im Kosmos verteilt sind. Im Universum gibt es wohl so viele Galaxien wie Sandkörner an einem Strand. Einige sind noch viel größer als die Milchstraße, andere dagegen sind richtiggehende Zwerggalaxien – und dennoch enthalten sie eine Unzahl an Sonnen!

Am Südhimmel sind die beiden Magellanschen Wolken zu sehen – zwei unregelmäßig geformte Galaxien in 180 000 Lichtjahren Entfernung, die um die Milchstraße kreisen. Am Nordhimmel erkennt man nur eine Galaxie mit bloßem Auge: M 31 im Sternbild Andromeda. Die Astronomen sehen in ihr eine »Schwester« der Milchstraße, da es sich auch bei ihr um eine Spiralgalaxie handelt, die etwa 200 Mrd. Sterne enthält. Mit einer Entfernung von 2,5 Mio. Lichtjahren ist sie die nächste Galaxie (ausgenommen die Magellanschen Wolken, bei denen es sich um Satellitengalaxien handelt).

△ Ein Beispiel für die Tiefe des Himmels: Der Nebel NGC 4 befindet sich in einigen Tausend Lichtjahren Entfernung, während die Galaxie, die direkt daneben zu liegen scheint, in Wirklichkeit mehrere Zehnmillionen Lichtjahre entfernt ist.

Im Universum sind die Galaxien gruppenweise angeordnet. M 31, die Milchstraße und M 33 bilden die drei Hauptgalaxien der Lokalen Gruppe. Die nächste Galaxiengruppe, der sogenannte Virgohaufen, ist 40 Mio. Lichtjahre von uns entfernt. Und durch die stärksten Teleskope sind noch Galaxien zu erkennen, welche mehrere Milliarden Lichtjahre entfernt sind. Diese unendliche Weite, wie wir sie hier gerade in aller Kürze vorgestellt haben, ist jedermann zugänglich: Man muß nur die Augen erheben und an den Himmel blicken!

BEOBACHTUNG
DES
HIMMELS

BLOSSES AUGE UND FERNGLAS

Zu Beginn kam die Astronomie ohne optische Instrumente aus. Viele Beobachtungen am Nachthimmel sind mit bloßem Auge möglich – und jahrtausendelang gab es keine weitere Möglichkeit. Dennoch haben Astronomen andere Planeten oder das weißliche Band der Milchstraße am Himmel entdeckt. Außerdem entwickelten sie einen genauen Kalender, sagten Mond- und Sonnenfinsternisse vorher und errechneten die Entfernung zwischen Erde und Mond.

WIE BEOBACHTET MAN DEN STERNENHIMMEL?

Um Sterne zu beobachten, sollte man eine passende Stelle finden. Wählen Sie einen Ort, an dem der Horizont nicht von Bäumen oder Häusern versperrt ist und wo Sie einen großen Teil des Himmelsgewölbes sehen. Es ist wichtig, störendes Licht zu vermeiden. Für die Städter bedeutet dies, einige Kilometer hinauszufahren. Auch auf dem Land reichen die Lichter eines kleinen Dorfes oder auch nur das Leuchten einer einzelnen Straßenlaterne aus, um eine Vielzahl von Sternen unsichtbar werden zu lassen. Suchen Sie sich also eine sehr dunkle Stelle aus. Ebenso wie künstliches Licht stört der Mond zwischen dem ersten und dem letzten Viertel bei der Betrachtung des Sternenhimmels. Wählen Sie zur Sternbeobachtung daher am besten Neumondnächte. Außerdem brauchen die Augen etwa eine Viertelstunde, um sich an die Dunkelheit zu gewöhnen und auch den schwächeren Schimmer am Himmel wahrzunehmen.

WAS KANN MAN SEHEN?

Mit dem bloßen Auge sind etwa 6000 Sterne erkennbar. Allerdings sieht man jeweils nur die eine Hälfte der Himmelskugel (die andere Hälfte liegt unter unseren Füßen, verdeckt von der Erde), so daß also nur rund 3000 Sterne sichtbar sind. Eines haben jedoch alle Sterne gemein: Sie alle gehören dem gleichen Komplex an – der Milchstraße. Das ist unsere Galaxie, eine Ansammlung von mehr als 100 Mrd. Sternen. Die für das bloße Auge sichtbaren Sterne sind weniger als 3000 Lichtjahre von der Erde entfernt. An klaren Sommerabenden durchzieht oft ein milchiger Streifen den Himmel. Dabei handelt es sich um das Zentrum der Milchstraße, das ganz dicht mit Sternen besetzt ist. Da die Galaxie Scheibenform hat und wir uns selbst darin befinden, sehen wir nur einen Ausschnitt, der als gerader Streifen erscheint.

Das Auge nimmt das diffuse Licht dieser Milliarden Sterne wahr, ohne sie einzeln erkennen zu können. Mit Hilfe ei-

◁ *Das Sternbild Andromeda mit der Galaxie M 31.*

△ *Das Sternbild des Schützen, in dem die Milchstraße und der Lagunen-Nebel teilweise mit dem bloßen Auge sichtbar sind (rechts im Bild).*

nes Fernglases offenbart sich dem Beobachter jedoch eine beeindruckende Fülle von einzelnen Sternen. Im Sternbild des Schützen befindet sich das galaktische Zentrum mit der größten Sternendichte, ungefähr 26 000 Lichtjahre entfernt: der Teil der Milchstraße, der am hellsten leuchtet. In diesem Sternbild erscheint ein kleiner runder Fleck: der Lagunen-Nebel. 5000 Lichtjahre entfernt, ist er einer von zweien, die am nördlichen Himmel mit bloßem Auge sichtbar sind. Mit einem Fernglas kann man eine kleine Anhäufung von Sternen erahnen, die von weißlichem Dunst umgeben sind. Der andere mit bloßem Auge erkennbare Nebel heißt M42. Er liegt im Sternbild des Orion und ist nur im Herbst und Winter zu sehen. Im Fernglas erscheinen die unregelmäßigen Konturen der weitläufigen, 1500 Lichtjahre entfernten Gaswolke. Ebenfalls mit bloßem Auge sehen Sie Sternhaufen aus vielen hundert Sternen. Am berühmtesten sind wohl die Plejaden (Siebengestirn) im Stier, deren sieben Hauptsterne sich deutlich abheben. Im gleichen Sternbild findet sich der noch größere Sternhaufen der Hyaden. Der Doppelsternhaufen Perseus ist auch ohne Instrumente mit bloßem Auge zu beobachten. Falls Sie ein Fernglas benutzen, können Sie in all diesen Fällen leicht die einzelnen Sterne im Sternhaufen unterscheiden. Außerhalb der Milchstraße ist auf der Nordhalbkugel nur noch eine Galaxie mit bloßem Auge zu sehen: M31 in der Andromeda. Es erscheint am sehr dunklen Himmel als kleiner ovaler Fleck. M31 wirkt zwar nicht spektakulär, liegt aber auch 2,5 Mio. Lichtjahre entfernt! Schließlich erscheinen die Planeten unseres Sonnensystems (außer Uranus, Neptun und Pluto) wie Sterne. Das Fernglas bringt bei ihrer Beobachtung keinen zusätzlichen Nutzen. Eine Ausnahme bilden Jupiter und Saturn. Beim Jupiter sieht man mit dem Fernglas vier Satelliten, die bereits von Galilei entdeckten Trabanten. Beim Saturn ist der größte Satellit, der Titan, gut sichtbar.

FERNROHRE

WAS IST EIN ASTRONOMISCHES FERNROHR?

Ein astronomisches Fernrohr ist ein Beobachtungsinstrument, dessen Objektiv aus einer oder mehreren Linsen besteht. Die konvergierenden Lichtstrahlen eines bestimmten Gestirns, die durch das Objektiv ins Fernrohr eintreten, treffen sich am anderen Ende des Rohres im sogenannten Brennpunkt. Dort entsteht das Bild: Das Okular (Augenlinse) befindet sich hinter diesem Punkt und wirkt wie eine Lupe, die das Bild stark vergrößert. Je nachdem, was man beobachten möchte, wird das Okular gewählt: Für kleine Objekte und Planeten braucht man eine starke Vergrößerung, für Nebelwolken eher eine schwache.

▽ *Das optische Prinzip eines Fernrohrs*

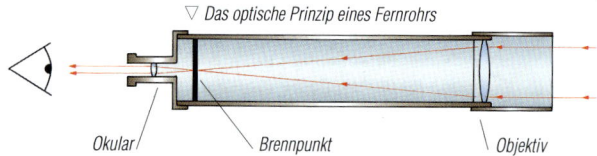

Okular   *Brennpunkt*   *Objektiv*

DAS ERSTE ASTRONOMISCHE INSTRUMENT

Fernrohre waren die ersten Instrumente, die in der Astronomie Verwendung fanden. Anfangs wurden sie ausschließlich zur Beobachtung auf der Erde eingesetzt. Dazu war jedenfalls das erste Modell gedacht, das 1608 der Holländer Lippershey entwickelte. Galilei war 1609 der erste, der ein solches Fernrohr zum Himmel richtete. Das Instrument, mit dem er arbeitete, hatte nicht mehr als 3 cm Durchmesser und vergrößerte ungefähr 30fach. Es ließ infolgedessen wenig Licht einfallen und war somit relativ schlecht geeignet, Nebelwolken oder sonstige kugelförmige Anhäufungen von Lichtern am nächtlichen Himmel zu beobachten. Zudem waren die optischen Gläser damals nur von geringer Qualität, selbst im Verhältnis zu einem kleinen, einfachen Fernrohr, wie man es heute im Handel kaufen kann. Aber das hinderte Galilei nicht daran, die Phasen der Venus, die Gebirge des Mondes und vier der Satelliten des Jupiter zu entdecken.

Im Jahr 1611 führte Kepler das optische Prinzip unserer heutigen Fernrohre ein. In den folgenden Jahren wurden die Fernrohre – auch »Lichtbrecher« genannt, da das Objektiv die Lichtstrahlen am Brennpunkt bricht – immer größer. Je mehr sich der Durchmesser der Objektive vergrößert, desto mehr nimmt die Länge zu. Die größten Fernrohre waren bis 38 m lang und sehr schwer zu bedienen. Der Grund dieser gigantischen Größe liegt im Objektiv. Setzt man eine einzelne konvexe Linse ein, erzeugt diese eine starke chromatische Aberration (Farbabweichung). Das heißt, sie spaltet das Licht der Sterne in die Regenbogenfarben auf, was jede Beobachtung deutlich erschwert. Um diesem Problem zu begegnen, entwickelten Optiker leicht konvexe Objektive, die weit vom Brennpunkt entfernt liegen. Mit Hilfe des gleichen Instrumententyps fertigte Johannes Hevelius 1647 die erste komplette Mondkarte an, und Christiaan Huygens erforschte damit die Ringe des Saturn.

1733 erfand der Engländer Chester Hall ein Objektiv mit einer konvexen und einer direkt anschließenden konkaven Linse. Damit konnte er das Problem der

Farbabweichungen lösen. Gegen Ende des 19. Jh. erlebten die Fernrohre ihre Glanzzeit. Sie produzierten viel bessere Bilder als die damaligen Teleskope, deren starre Spiegel viele Wünsche offen ließen. Das führte dazu, daß die Observatorien sich neu ausrüsteten. 1897 wurde in den USA mit dem Yerkes-Teleskop das (auch heute noch) größte Fernrohr der Welt gebaut. Aber die Grenze war erreicht: Die durch das Gewicht der Objektive verursachten technischen Probleme ließen Weiterentwicklungen nicht mehr zu. Nun waren es die Teleskope – deren Konzeption immer weiterentwickelt wurde –, die die Begeisterung in den großen Observatorien wieder aufflammen ließen.

DIE VORTEILE

Der wichtigste Vorzug des Fernrohrs liegt in seiner vielfältigen Einsatzmöglichkeit. Ist das Objektiv einmal plaziert, kann man es nur noch durch Krafteinwirkung bewegen. Es läßt sich leicht transportieren und kann an jedem erdenklichen Standort montiert werden. Diese Transportfähigkeit ist übrigens ein entscheidender Vorteil des Fernrohres gegenüber dem Teleskop (s. S. 22–25). Neuere Entwicklungen ließen zudem die Fernrohre immer kürzer und damit auch handlicher werden. Dies ist auch für die Lichtbrechung bei Objektiven mit 130–150 mm Durchmesser von Bedeutung. Der Grund dafür liegt darin, daß Objektive mit zwei oder drei Linsen entwickelt wurden, die die Brennweite verkürzen und somit die chromatische Aberration korrigieren. Letztlich wird die Qualität des Bildes, die ein Fernrohr liefert, durch das Fehlen einer bedeutenden Behinderung ausgeglichen: Während bei Teleskopen ein Teil der Öffnung durch einen zweiten Spiegel beeinträchtigt wird, läßt sich das Objektiv eines Fernrohrs optimal ausnutzen.

△ *Die großen Fernrohre aus dem 17. Jh. waren übermäßig lang, um die Farbabweichung des Objektivs mit nur einer Linse zu vermeiden.*

Fernrohre

DIE NACHTEILE

Keines der Fernrohr-Modelle korrigiert die Farbabweichung völlig. Daraus ergibt sich zum Beispiel das Bild eines Planeten, der auf der einen Seite blau und auf der anderen Seite rot erscheint. Einzig ein Triplet – ein Objektiv, das aus drei Linsen besteht – kann die Farbabweichung wirklich zufriedenstellend beheben. Die meisten Fernrohre der unteren Preisgruppe haben lediglich Objektive mit zwei Linsen. Auch wenn sich darunter so manche Fernrohre guter Qualität befinden, erfüllt die große Mehrheit der Objektive jedoch nicht, was sie versprechen. Muß man ohne die Beratung eines Verkäufers auskommen, kann der Preis ein Bewertungskriterium sein. Der Preis ist übrigens der größte Nachteil der Fernrohre: Jenseits der 90-mm-Objektive ist es absolut unmöglich, im Handel ein Fernrohr, egal welchen Durchmessers, zu finden, das billiger ist als ein Teleskop. Der Grund für diesen Preisunterunterschied zwischen den beiden Instrumenten liegt in der Schwierigkeit, für die Linsen im Objektiv des Fernrohrs die richtige Größe und Anordnung zu finden. Die günstigsten Fernrohre mit einem 100-mm-Objektiv kosten rund 3000 DM. Für diesen Preis gibt es aber bereits Teleskope mit 200 mm …

DIE VERSCHIEDENEN MODELLE

Im Grunde ähneln sich alle Fernrohre. Da das optische Prinzip zwischen den diversen Modellen nicht variiert, hilft es, über einige Punkte bescheid zu wissen, um einen Reinfall zu vermeiden. Auch in den einfachsten Instrumenten sollten keine Plastikteile (optische oder mechanische) vorhanden sein. Da Plastik sehr sensibel auf die Temperaturschwankungen reagiert, denen diese Instrumente häufig ausgesetzt sind, eignet es sich nicht als Material. Ein gutes 50-mm-Fernrohr ohne Plastikteile kostet ca. 250 DM, und eines mit 60 mm Durchmesser (s. S. 26) ist etwa ab 350 DM zu haben.
Wenn man ein vielseitig verwendbares Fernrohr sucht, das sich sowohl für die Beobachtung von Planetendetails als auch von Sternennebeln eignet, sollte

△ Ein Amateurfernrohr mit 60 mm Durchmesser.

△ *Das Fernrohr von Meudon (83 cm) war zur Zeit seiner Montage 1893 das größte der Welt.*
Es wird nur noch von den Fernrohren von Lick und von Yerkes in den USA übertroffen.

man das Öffnungsverhältnis (d. h. das Verhältnis zwischen Objektivbrennweite und Objektivdurchmesser) seines Instruments beachten. Ein Verhältnis unter sechs beschreibt ein Fernrohr, durch das man große Sternenfelder betrachten kann und mit dem sich Kometen, Sternennebel und Galaxien erforschen lassen; dagegen sind jedoch kaum starke Vergrößerungen zu erreichen. Mit einem Öffnungsverhältnis zwischen sechs und acht ist ein Instrument sehr vielseitig. Unter acht ist die Beobachtung von Galaxien weniger schwierig als das Studium der Planeten im Detail. Tatsächlich gilt: Je größer die Brennweite, desto stärker ist – auch bei gleichem Okular – die Vergrößerung. Aber je stärker die Vergrößerung, desto eingeschränkter ist das Sichtfeld und desto weniger wird das Bild belichtet.

Das hat aber keine Konsequenzen für die Beobachtung der Planeten, die viel Licht reflektieren. Allerdings bringt es Nachteile bei der Betrachtung eher verschwommener Objekte wie Nebel, Galaxien, Kugelhaufen oder Kometen.

SPIEGELTELESKOPE

WAS IST EIN SPIEGELTELESKOP?

Ein Spiegelteleskop ist ein astronomisches Beobachtungsinstrument, dessen Objektiv aus Spiegeln besteht. Diese reflektieren das Licht der Sterne, und die Lichtstrahlen werden im Brennpunkt zu einem vergrößerten Bild vereinigt. Daher nennt man diese Instrumente auch Reflektoren. Es gibt Spiegelteleskope, die nach verschiedenen optischen Systemen konstruiert wurden. Die bekanntesten sind Newton, Cassegrain, Schmidt-Cassegrain und Gregory. Manche Reflektoren enthalten schräggestellte Spiegel, so daß kein zweiter Spiegel in die optische Achse eingesetzt werden muß, mit dem ein Teil der aufgenommenen Lichtstrahlen im Hauptspiegel blockiert würde.

DIE LEISTUNGSFÄHIGSTEN INSTRUMENTE

Nachdem Isaac Newton das Phänomen der Aufspaltung des Lichts (besonders bei Durchquerung eines Prismas) verstanden hatte, baute er 1668 ein Instrument, das keine Farbabweichung (chromatische Aberration) verursachte. Als Objektiv benutzte er statt einer Linse einen konkaven Spiegel. Die Lichtstrahlen, jetzt reflektiert und nicht mehr abgelenkt, wurden auf einen zweiten Spiegel zurückgestrahlt, der vor dem Hauptspiegel liegt und im 45°-Winkel geneigt ist. Damit liegt der Brennpunkt außerhalb der optischen Achse, an der Seite des Teleskops. Sein erster Prototyp hatte ein Objektiv mit 2,5 cm Durchmesser und war nur 15 cm lang, konnte damit aber Vergrößerungen erzielen wie ein Fernrohr von 1,50 m Länge. Leider vermochten die Spiegel jener Zeit nur einen schwachen Teil des gebündelten Lichts zu reflektieren (nur

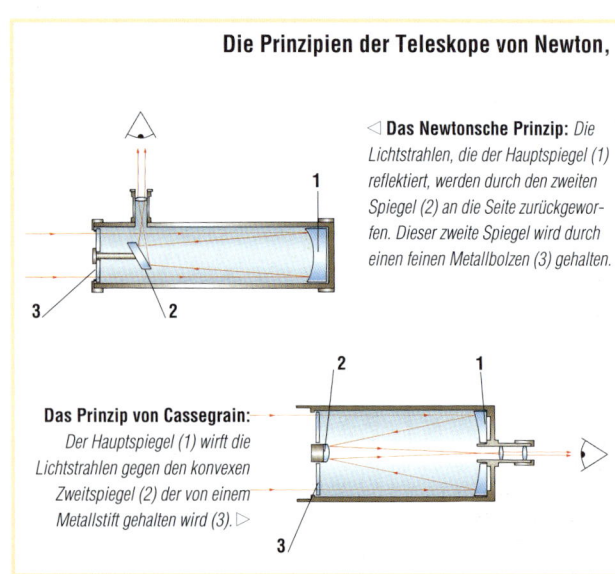

Die Prinzipien der Teleskope von Newton,

◁ **Das Newtonsche Prinzip:** *Die Lichtstrahlen, die der Hauptspiegel (1) reflektiert, werden durch den zweiten Spiegel (2) an die Seite zurückgeworfen. Dieser zweite Spiegel wird durch einen feinen Metallbolzen (3) gehalten.*

Das Prinzip von Cassegrain: *Der Hauptspiegel (1) wirft die Lichtstrahlen gegen den konvexen Zweitspiegel (2) der von einem Metallstift gehalten wird (3).* ▷

rund 20 %) und büßten dadurch enorm viel Lichtstärke ein.

Im Jahr 1672 überarbeitete und veränderte Jean Cassegrain das Prinzip des Teleskops: Der zweite Spiegel wirft die Lichtstrahlen nicht mehr zur Seite, sondern in Richtung des Hauptspiegels zurück. Sie laufen dabei durch ein mittiges Loch zwischen den beiden Hälften des Hauptspiegels hindurch. Daher muß sich der Beobachter hinter dem Tubus plazieren, genau wie bei einem Fernrohr. Aufgrund der schlechten Reflektion der Spiegel verdrängten die Fernrohre die Teleskope jedoch bald wieder. Fernrohre lassen mehr als 90 % des ge-

△ *Nachbildung des ersten, von Isaac Newton gebauten Teleskops.*

sammelten Lichtes passieren. Bis Mitte des 19. Jh. glaubte übrigens niemand, daß Teleskope im Vergleich zu Fernrohren überhaupt eine Zukunft haben könnten. Graf Rosse baute 1845 auf dem Grundstück seines Schlosses im irischen Parsonstown ein Teleskop mit 1,80 m Durchmesser, »Leviathan«, dessen Reflektionsfähigkeit zwar nur bei 60 % lag, mit dem er aber die Spiralnebel-Galaxie M 51 entdeckte. Gegen Ende des Jahrhunderts waren die großen Fernrohre (z. B. von Yerkes, Lick und Meudon) die größten Instrumente der Welt. Ab 1917, mit Inbetriebnahme des 2,50 m großen Teleskops auf dem Mount Wilson in den USA, wurden die Spiegelteleskope deutlich besser. Während sich die gläsernen Linsen mit einem Durchmesser von

Schmidt-Cassegrain, Cassegrain und Gregory

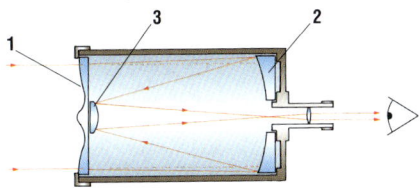

△ **Das Prinzip von Schmidt-Cassegrain:** *Eine Glasplatte (1) lenkt einige Lichtstrahlen an den Rand des Hauptspiegels (2) ab, bevor dieser sie gegen den zweiten Spiegel (3) wirft, der von der Glasplatte gehalten wird.*

Das Prinzip von Gregory:
Der Hauptspiegel (1) wirft die Strahlen gegen einen konkaven zweiten Spiegel (2), der durch einen Metallstift (3) gehalten wird. ▷

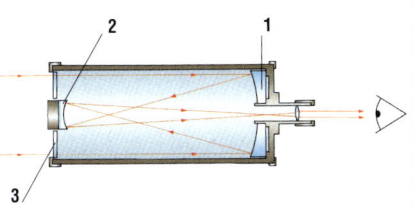

Spiegelteleskope

△ *Das Teleskop »Leviathan« von Graf Rosse, ein Gigant mit 1,80 m Durchmesser, wurde 1845 gebaut.*

mehr als 1 m unter ihrem eigenen Gewicht verformen, behalten die Spiegel, die auf ihrer gesamten Fläche von hinten gestützt werden, ihre Form ohne weiteres bei. Mit dem Bau eines 5-m-Teleskops auf dem Mount Palomar (USA) im Jahr 1948 und eines auf dem Berg Selentschuk (Rußland) 1976 wurde eine Grenze erreicht. Die Spiegel wogen einige Tonnen, was ernsthafte Probleme bereitete. Neue Techniken ermöglichen es heute jedoch, Gewicht zu sparen, indem Spiegelfragmente oder auch weniger dicke und daher leichtere Spiegel eingesetzt werden, deren Form ein Computer errechnet. Die größten Spiegelteleskope sind das VLT (16 m) und das Keck-Teleskop (10 m).

DIE VORTEILE

Der größte Vorteil eines Teleskops gegenüber einem Fernrohr ist sein Preis. Man findet eine Vielzahl an Teleskop-Modellen mit 200 mm Durchmesser, die alle ca. 4000 DM kosten. Ein Fernrohr mit gleichem Durchmesser kostet fast das zehnfache. Teleskope von akzeptabler Qualität sind bis zu einem Durchmesser von 300 mm durchaus finanzierbar. Zudem produziert ein Teleskop keine Farbabweichung. Die Schmidt-Cassegrain-Teleskope haben den Vorteil, daß der Tubus recht kurz ist. Dies gilt auch für große Durchmesser (über 250 mm). Das reduziert den Platzbedarf erheblich.

DIE NACHTEILE

Der Tubus eines Teleskops ist offen (einzige Ausnahme ist das Schmidt-Cassegrain-Teleskop, bei dem eine Verschlußplatte vorgesehen ist), was im Inneren Druckveränderungen verursachen kann. Der zweite Nachteil: Mit der Zeit können sich die Spiegel im Verhältnis zueinander bewegen, was einen leichten Verlust der Bildqualität nach sich zieht. Generell ist die Einstellung des

Teleskops jedoch für jeden verständlich. Der zweite Spiegel verdunkelt einen Teil des Lichts, der ins Teleskop eintritt. Im Vergleich zu einem Fernrohr mit gleichem Durchmesser werden in einem Teleskop durch eine ringförmige Lichtbrechung die kleineren Details der Planetenoberfläche etwas verwischt.

DIE VERSCHIEDENEN MODELLE

Die weniger kostspieligen Modelle sind ohne Zweifel die Newton-Teleskope. Das traditionelle Modell 115/900 (115 mm Durchmesser für 900 mm Brennweite), das Instrument für Einsteiger schlechthin, wird seit vielen Jahren von zahllosen Amateuren benutzt. Für unter 1000 DM können sich zukünftige Astronomen ihrem neuen Hobby hingeben. Die etwas besseren Newtonschen Teleskope (mit 120 oder 130 mm) sind teurer, denn ihre Optik und ihr Gestell sind qualitativ deutlich besser. Dies gilt insbesondere für die Spiegel, denn ein parabolischer Hauptspiegel ist schwieriger herzustellen als ein sphärischer Hauptspiegel mit 115/900 mm. Zudem sind sie mit den ausgereifteren Objektiven ausgestattet. Bis 150 mm gibt jedoch viele Newtonsche Modelle, die um die 2700 DM kosten.

Für ein Teleskop mit 200 mm Durchmesser – nach dem Prinzip von Newton oder von Schmidt-Cassegrain – sollte man mit mindestens 3300 DM veranschlagen. Aber die zum Einsatz ebenfalls nötige Ausrüstung wie einführende Übungssysteme oder Informationsbeilagen über die Objekte am Himmel können den Preis bis um das Vierfache erhöhen. In dieser Instrumentenklasse wird der Preis massiv durch die Wahl des Gestells beeinflußt.

△ Die Kuppeln von Keck 1 und Keck 2, zwei Teleskope mit je 10 m Durchmesser. Sie wurden in den 1990er Jahren auf dem Gipfel des Vulkans Mauna Kea auf Hawaii errichtet.

DAS GESTELL UND DIE MONTAGE

DIE VERSCHIEDENEN GESTELLE

Fernrohre und Teleskope werden so auf Gestelle montiert, daß man leicht verschiedene Regionen des Himmels betrachten kann. Dies geschieht auf zwei grundsätzliche Arten: die azimutale und die parallaktische Montierung. Im ersten Fall kann man das Gerät von Hand um eine vertikale und eine horizontale Achse drehen. Die zweite Montierung weist einen Vorteil auf: Gestirne, die mit dem bloßen Auge nicht sichtbar sind, lassen sich mit Hilfe eines Koordinatensystems auffinden. Dadurch, daß während der Dauer der Beobachtung die Rotation der Erde kompensiert wird, kann der Blickwinkel beibehalten werden. Seit einigen Jahren existiert zudem eine Form der azimutalen Montierung, die Altazimutmontierung, bei der mittels eines Informationssystems die Sterne automatisch anvisiert werden können.

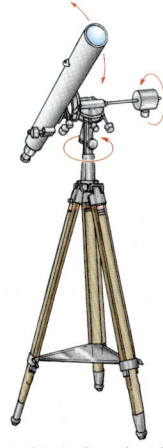

△ *Prinzip einer azimutalen Montierung*

DIE AZIMUTALE MONTIERUNG

Diese sehr einfache Vorrichtung wird meist bei Einsteigermodellen, z. B. bei Fernrohren mit 60 oder 70 mm Durchmesser angewandt. Verwendet man dieses System, muß man sich selbst zurechtfinden, um inmitten der Sterne ein bestimmtes Objekt am Himmel zu finden. Ist es einmal gefunden, wird die Beobachtung mit der Zeit schwieriger, da sich die Erde weiter dreht. Die daraus resultierende Bewegung des Objekts kann beachtlich sein, etwa wenn man den Mond mit starker Vergrößerung betrachtet: Man sieht ihn so lange durchs Bild laufen, bis er ganz verschwindet. Das Gerät muß daher ständig nachjustiert werden. Die Rotation der Sterne ist, solange man nur eine schwache Vergrößerung (weniger als 50fach) benutzt, kein großes Problem. In diesem Fall ist der zu beobachtende Ausschnitt größer, und das Objekt benötigt mehr Zeit, um den Ausschnitt wieder zu verlassen. Die azimutale Montierung wird auch bei den großen Newtonschen Teleskopen (bis 400 mm Durchmesser) verwendet, die nach ihrem Entwickler Dobson-Teleskope genannt werden. Folgender Gedanke steht hinter dem Dobson-Teleskop: Zu einem sehr vorteilhaften Preis erhält man ein großes Instrument, das auch Objekte mit sehr schwachem Licht (Galaxien, Sternenhaufen, Nebel oder Kometen) erkennt. Zusammenfassend läßt sich sagen, daß die azimutale Montierung im Vergleich zur parallaktischen einfach aufzubauen ist. Doch läßt sie keine starken Vergrößerungen oder eine präzise Suche nach schwach leuchtenden Sternen zu. Aber für jemanden, der den Himmel bereits gut kennt, ist ein Dobson-Teleskop ein gutes Hilfsmittel.

DIE PARALLAKTISCHE MONTIERUNG

Es gibt mehrere Arten der parallaktischen Montierung. Die deutsche Montierung ist wohl überall bekannt. Damit sind große Fernrohre und die Einsteiger-Teleskope mit 115/900 mm sowie wie die meisten Newtonschen Teleskope ausgerüstet. Die Benutzung ist ziemlich einfach. Leichte Schwierigkeiten sind jedoch beim Blick in den Zenit gegeben: Ist der Tubus des Teleskops exakt vertikal ausgerichtet, und man berührt einen Fuß des Gestells, ändert sich sofort die Ausrichtung des Teleskops und wird damit die ständige Beobachtung des Sterns behindert.

Die zweite bekannte Montierungsart ist die parallaktische Gabelmontierung. Traditionell wird sie für Cassegrain- oder Schmidt-Cassegrain-Teleskope benutzt, vereinzelt auch für Newtonsche Teleskope. Der Blick in den Zenit bereitet hiermit keine Probleme. Ihr Nachteil ist anderer Natur: Kann eine deutsche Montierung bei verschiedenen Teleskopen angewandt werden, bleibt der Abstand der Gabel-Montierung stets der gleiche.

△ *Prinzip der deutschen Montierung*

Das bedeutet, daß nur ein einziger optischer Tubus befestigt werden kann. Außerdem ist sie weniger stabil als die deutsche Montierung. Darüber hinaus existieren auch noch weitere Montierungsarten (z.B. die parallaktische Montierung mit Kniesäule oder die Springfield-Montierung), die jedoch nur selten auf dem Markt zu finden sind.

In jedem Fall benötigt eine gute parallaktische Montierung, die genau und stabil sein soll, einen Antriebsmotor, der im Lauf der Nacht die Bewegung der Sterne kompensiert – damit ein einmal anvisiertes Objekt im Blickfeld des Teleskops bleibt. So kann man mit Muße beobachten, ohne das Gerät immer neu ausrichten zu müssen. Deshalb ist es auch extrem wichtig, daß man das Instrument korrekt montiert.

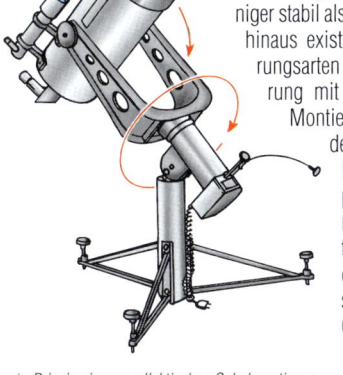

△ *Prinzip einer parallaktischen Gabelmontierung*

DAS AUFSTELLEN EINES INSTRUMENTS MIT PARALLAKTISCHER MONTIERUNG

Die parallaktische Montierung muß auf besondere Art erfolgen. Bei den vorbereitenden Handgriffen bzw. dem Positionieren wird das Instrument nach Norden ausgerichtet (befindet man sich auf der südlichen Halbkugel, nach Süden). Ein Teleskop mit deutscher Montierung muß zudem exakt auf Niveau installiert werden. Dazu muß manchmal das Stativ des Instrumentes anders

Die einzelnen Etappen beim Anvisieren eines Sternes, dessen Koordinaten bekannt sind.

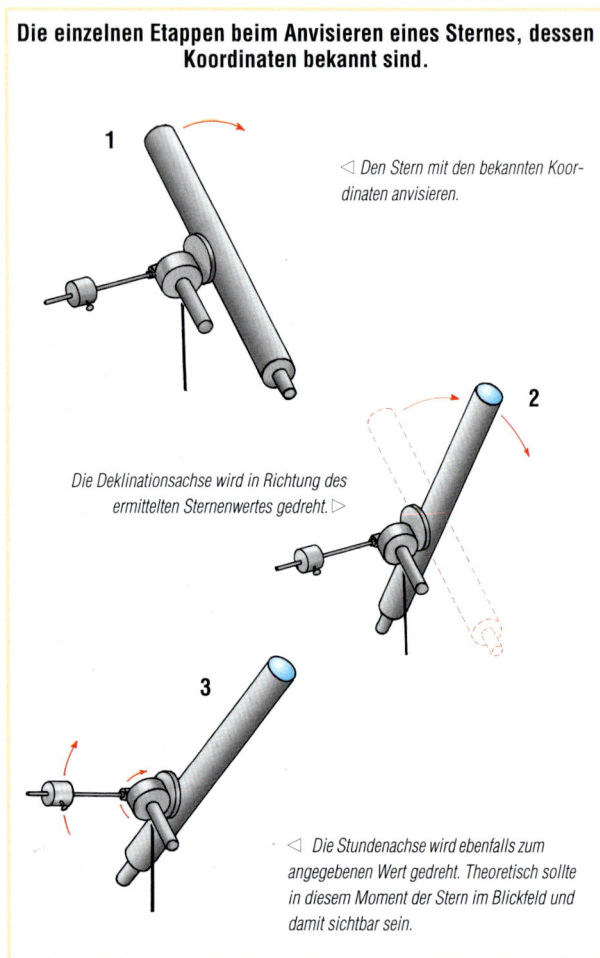

1

◁ Den Stern mit den bekannten Koordinaten anvisieren.

2

Die Deklinationsachse wird in Richtung des ermittelten Sternenwertes gedreht. ▷

3

◁ Die Stundenachse wird ebenfalls zum angegebenen Wert gedreht. Theoretisch sollte in diesem Moment der Stern im Blickfeld und damit sichtbar sein.

eingestellt werden, indem man z. B. die Länge jedes Fußes variiert. Immer häufiger sind die Teleskope mit Vorrichtungen ausgestattet, die diese Einstellungen vereinfachen. Danach stellt man den Deklinationswinkel auf 90° und visiert den Polarstern an, der sich in der Nähe des Himmelsnordpols befindet. Um diesen zu finden, ist es notwendig, vorher die ungefähre geographische Breite des Beobachtungsortes einzustellen. Nachdem dies erfolgt ist und der Polarstern im Beobachtungsfeld erscheint, befindet sich das Instrument in der richtigen Position. Bei den meisten der modernen Teleskope mit deutscher Montierung besitzt das Visier eine integrierte Stundenachse. Zusammen mit der Einstellung der geographischen Breite wird es sehr leicht, den Polarstern anzuvisieren. Mit einer Gabel-Montierung funktioniert die Positionierung durch das Ausrichten eines der Gabelzweige in Richtung des Pols, das Teleskop wird auf 90° Deklination eingestellt. Den Polarstern visiert man präzise an, indem man die geographische Breite genau einstellt. In jedem Fall ist für die Aufnahme von Fotos mit sehr langen Belichtungszeiten eine genaue Positionierung unerläßlich; sie erfordert nicht nur das Anvisieren des Polarsterns, sondern auch einer Position in dessen unmittelbarer Nachbarschaft, die den Pol exakt markiert. Für die Fotografie ist die Einjustierung auf den Polarstern manchmal unzulänglich; es ist vielmehr wichtig, die Ausrichtung auf die Stundenachse zu korrigieren. Ist die Positionierung dann abgeschlossen, können die Beobachtungen beginnen. Es ist auf einen Stern zu zielen, von dem man nur die Koordinaten kennt. Welches Modell auch immer für die Montierung benutzt wird, die Technik bleibt die gleiche. Es muß zuerst ein leuchtender Stern anvisiert werden, dessen Koordinaten bekannt sind (welchem Sternenatlas man die Koordinaten der 15 hellsten Sterne am Himmel entnimmt, ist egal). Hat man den betreffenden Stern gefunden, genügt es, einfach die Stunden- oder Polachse des Teleskops auf den im Atlas angegebenen Wert einzurichten. Stimmt die Positionierung, sieht man, daß der Deklinationsregler automatisch den Wert des Sterns anzeigt. Stellt man eine leichte Verschiebung fest, bedeutet das, daß der Himmelsnordpol nicht exakt anvisiert wurde. Nachdem man die Stundenachse auf den entsprechenden Wert des zu beobachtenden Sterns festgestellt hat, muß man nur noch das Instrument bis zu den beiden Koordinaten des Sterns bewegen. Theoretisch müßte dieser dann im Blickfeld erscheinen.

Wenn Sie über keinen Nachführmotor verfügen, muß dieses Manöver per Hand durchgeführt werden, denn mit der Erdrotation »dreht« sich der Himmel.

Zögern Sie zu lange (etwas länger als 2 Minuten), riskieren Sie, einen an das gewünschte Objekt angrenzenden Bereich zu beobachten und das Objekt selbst zu verfehlen. Mit einem Motor, der der Rotation des Himmels folgt, können Sie sich ausschließlich auf die Beobachtung konzentrieren.

◁ *Das Dobson-Teleskop, ein Newtonsches Teleskop der unteren Preisklasse, mit azimutaler Montierung, erleichtert dem Hobby-Astronomen alle Positionierungen.*

DIE AUSWAHL DES MATERIALS

Die erste Schwierigkeit für den angehenden Hobby-Astronomen liegt in der Wahl des Instruments. Will man ein Gerät, mit dem alle Arten der Himmelsbeobachtung angestellt werden können (Planeten wie die Tiefen des Alls), konzentriert man sich auf jene, deren Öffnungszahl (Verhältnis Brennweite/Objektivdurchmesser) zwischen 6 und 8 liegt. Unter 6 eignet sich ein Instrument eher zur Beobachtung des Weltraums, über 8 erleichtert die hohe Auflösung die Observation der Planeten. Haben Sie sich für einen Typ entschieden, vergewissern Sie sich, ob das Modell folgende Eigenschaften aufweist: optische Qualität, Stabilität und einfache Handhabung.

Die optische Qualität

Es ist schwierig, die Optik eines Instruments zu beurteilen, ohne es mehrere Male benutzt zu haben. Wird bei Teleskopen eine Qualitätsgarantie mitgeliefert, kann man sich auf die Aussage zur Qualität verlassen. Diese Qualität oder auch die Präzision der Optik ist in einem Code »Lambda« (z. B. $\lambda/16$) vermerkt. Je höher der neben λ angegebene Wert, desto besser ist der Hauptspiegel: Bei weniger als 10 wird es mittelmäßig. Bei einem Fernrohr muß das Objektiv mindestens ein doppeltes Achromat sein. Ideal ist ein dreifaches Achromat … aber der Preis von solchen Objektiven ist oft abschreckend. Ein gutes Objektiv nutzt ohne gute Okulare nichts. Das Huygens-Okular (als H bezeichnet) oder das Ramsden-Okular (R oder SR) sind die einfachsten und weniger leistungsfähigen Okulare. Da sie nur aus zwei Linsen bestehen, liefern sie nur mittelmäßige Bilder, in denen jeder Kontrast verlorengeht. Sie werden häufig bei Einsteigermodellen (50–115 mm) mitgeliefert. Kellner-Okulare mit drei Linsen sind schon erheblich besser als die genannten Okulare, ohne wesentlich teurer zu sein. Mit orthoskopischen oder den Ploessl-Okularen ist die Wiedergabe der Bilder phantastisch. Es gibt noch weitere Okular-Typen, aber die erwähnten sind die geläufigsten.

Die Stabilität

Die Stabilität eines Instruments läßt sich am einfachsten beurteilen. Versucht man, es leicht zu schütteln und hat dabei den Eindruck, daß sich nichts bewegt, ist das ein gutes Zeichen. Anders ausgedrückt: Erscheint die ganze Konstruktion leicht und ein bißchen wacklig, sind Montierung und Stativ nicht stabil genug. Dies ist bei vielen Einsteiger-Fernrohren oder den Teleskopen

115/900 der Fall, die auf drei hölzernen Füßen stehen. Der Vorteil dieser Geräte liegt in ihrem niedrigen Preis; und man kann sich damit recht leicht mit dem Himmel vertraut machen. Bei häufigen Beobachtungen von einem Ort aus könnte man das Stativ durch eine Beton-Säule ersetzen.

Einfache Handhabung

Um die einfache Handhabung eines Instruments zu prüfen, vergewissern Sie sich, daß es schnell auf- und abzubauen ist. Wichtig ist auch die Technik, die für die Positionierung verwendet wird. Kann eine einzelne Person das Instrument in weniger als 20 Minuten aufbauen, ist das nicht schlecht, besonders dann, wenn die Öffnung größer als 200 mm ist. Doch Vorsicht: Ab 250 mm werden die einzelnen Teile des Teleskops (Montierung, Tubus, Gegengewichte, Stativ) schwer. Ist das Instrument einmal montiert, benötigt man für die Positionierung nur noch ein paar Minuten. Bei der deutschen Montierung wird dies durch ein Polarvisier noch stark vereinfacht.

Ein guter Sucher ist ein wesentlicher Bestandteil. Dieses kleine Fernrohr, das parallel zum Tubus des großen Fernrohrs oder Teleskops montiert wird, spielt eine sehr wichtige Rolle. Ist es von schlechter Qualität, behindert es die Beobachtung stark. Deshalb benutzt man am besten gleich ein gutes Instrument. Bei Einsteigermodellen haben die meisten Sucher eine Blende von 5 x 24, um die Farbabweichung (chromatische Aberration) zu vermindern. Wenig lichtstarke Sucher liefern nahezu unbrauchbare Ergebnisse; dann kann man sich ebenso leicht mit bloßem Auge orientieren. Besser wählt man ein Instrument, das zwar ein bißchen teurer, dafür aber mit einer achromatischen Blende von 6 x 30 ausgestattet und lichtstark ist. Damit kann man sich bequem unter den Sternen orientieren. Die Instrumente, die an die 200 mm angrenzen, haben manchmal ausgezeichnete Sucher mit 7 oder 8 x 50.

Der einfache Gebrauch eines Teleskops wird außerdem durch einen Informationskatalog über die zu beobachtenden Objekte und ein automatisches Anvisieren gewährleistet. Diese Art der Systeme entwickelt sich immer weiter, v. a. ist es kaum mehr nötig, sich schon vorher gut am Himmel auszukennen (die integrierte Software läßt erkennen, ob das ausgewählte Objekt für den Nutzer sichtbar ist oder nicht!).

◁ *Damit man auch die kleinsten Details in den Sternennebeln erkennen kann, benötigen die Augen ungefähr 20 Minuten, um sich an die Dunkelheit zu gewöhnen.*

Ausrüstung und Vorbereitungen

DIE VORBEREITUNG DER BEOBACHTUNGEN

Bevor man das Instrument im Freien aufstellt, ist das Festlegen eines Orientierungspunktes am Himmel von großem Nutzen. Falls Sie über eine Software verfügen, die imstande ist, die an diesem Datum, zu dieser Stunde und an diesem Ort sichtbaren Sternbilder zu zeigen, werden sie vorab wissen, welche Objekte zu beobachten sind. Ohne Software finden Sie in einer Karte – beweglich oder nicht – die gleichen Informationen. Sie brauchen also keine Zeit damit zu vergeuden, im Dunkeln oder gar in der Kälte zu suchen.

△ Sollten Sie etwas benötigen, verwenden Sie nur gedämpftes rotes Licht.

ANPASSUNGSZEIT

Nachdem Sie das Instrument installiert haben, warten Sie einige Minuten, besonders wenn es kalt ist. Der Tubus des Fernrohrs oder des Teleskops sind mit Luft gefüllt, deren Temperatur zunächst nicht der Umgebung entspricht. Das verursacht Turbulenzen im Instrument, die das Bild stören.

Im allgemeinen dauert die Anpassung an die Temperatur zwischen 20 und 30 Minuten. Lassen Sie den Tubus offen. Sie können inzwischen die Positionierung vornehmen und eventuell den ersten Stern anvisieren. Gleichzeitig gewöhnen sich Ihre Augen langsam an die Dunkelheit. Selbstverständlich sollten Sie kein Licht einschalten und auch den Mond nicht durch das Teleskop betrachten. Die Gewöhnungsphase ist kein Luxus. Sie ermöglicht Ihnen, auch in den Sternennebeln Details zu erkennen. Aber sehen Sie selbst: Beobachten Sie zum Beispiel den Nebel M 42, nachdem Sie 15 Minuten in der Dunkelheit verbracht haben, und wiederholen Sie dies, direkt nachdem Sie kurz ein helles Licht eingeschaltet hatten. Der Unterschied der wahrnehmbaren Details ist verblüffend.

Um übrigens auch die kleinsten Details eines diffusen Objektes zu erkennen, muß man dieses Objekt nicht direkt ins Auge fassen, sondern sollte es eher etwas am Rande beobachten. Mit dieser Technik werden die Konturen der Nebel oder Galaxien klar und deutlich sichtbar. Das liegt daran, daß die Randbereiche der Netzhaut sensibler sind als jene, die in der Mitte unseres Auges liegen.

DIE PLANUNG DER UNTERNEHMUNG

Wenn Sie Ihre Ausrüstung von vornherein geordnet bereitstehen haben, benötigen Sie nicht jedesmal eine Lampe, wenn Sie das Okular wechseln wollen, sondern greifen auch im Dunkeln auf Anhieb nach dem richtigen Okular oder dem gewünschten Accessoire, ohne lange suchen zu müssen.

Brauchen Sie unbedingt ein kleines Licht, z. B. um eine Himmelskarte zu lesen oder um etwas aufzuschreiben, wählen Sie die Lampe sorgfältig aus. Sie sollte durch einen roten Filter gedämpft sein, da diese Farbe am wenigsten blendet.

Diese Maßnahmen bezüglich der Lichtempfindlichkeit Ihrer Augen sind weniger bedeutsam, wenn Sie den Mond oder die Planeten beobachten. Diese Objekte sind hell genug, ja der Mond verbreitet zwischen dem ersten und dem letzten Viertel ein so helles Licht, daß es nahezu unmöglich wird, Sternennebel oder Galaxien zu beobachten.

△ Stellen Sie Ihre Instrumente so früh wie möglich auf, damit sie vor der Beobachtung genügend Zeit haben, sich an die Temperatur anzupassen.

◁ Für eine erfolgreiche Beobachtung ist es unbedingt notwendig, sich selbst gut gegen die Kälte zu schützen.

IN DER STADT

In Industrieländern wird es zunehmend schwieriger, Stellen zu finden, an denen der Himmel einfach schwarz ist. Das ist absolut unmöglich, wenn man in der Stadt wohnt. Für Astronomen ist es unumgänglich, die Siedlungsgebiete zu verlassen und ihre Ausrüstung an einem Ort aufzubauen, wo keine künstlichen Lichter den Blick zum Himmel stören. Muß man aber auf die Astronomie verzichten, wenn man keine Möglichkeit hat, die Ausrüstung zu transportieren? Sicher nicht! Der von Straßen- und Gebäudebeleuchtung erhellte Himmel in der Stadt läßt zwar keine Untersuchung der Sternennebel und Galaxien zu, ist aber durchaus für die Observation von Planeten und Mond geeignet.

WIE BEOBACHTET MAN?

Um mitten in der Stadt ein Fernrohr oder ein Teleskop einzusetzen, benötigt man eine Stelle, von der aus wenigstens ein Teil des Himmels ungehindert sichtbar ist. Weder Gebäude noch Bäume sollten die Sicht zu sehr versperren. Suchen Sie sich daher eine Grünfläche oder eine andere freie Stelle. Ideal ist es, wenn man über einen Südbalkon verfügt. In diesem Fall sind die Planeten und der Mond im Laufe der ganzen Nacht zu sehen. Bei einer Ausrichtung nach Osten muß man sie zur Zeit des Aufgangs, bei einer Ausrichtung nach Westen zur Zeit des Untergangs beobachten. Ungünstig ist eine nördliche Ausrichtung; abgesehen von dem Großen und dem Kleinen Bären (die in einem erhellten Himmel nicht einfach zu erkennen sind) sowie dem Polarstern gibt es kaum besondere Attraktionen. Auch wenn Sie über einen akzeptablen Beobachtungsort verfügen, kann es sein, daß die Positionierung des Instruments erschwert wird, da vielleicht eine Mauer oder ein Gebäude den Polarstern verdecken.

In diesem Fall umgeht man das Hindernis mittels eines Kompasses, mit dem man die Nordrichtung anhand des Magnetfelds bestimmt. Der Tubus des Teleskops muß dann nach Norden ausgerichtet werden. Auch muß man dann die eigene geographische Breite kennen, um bei der parallaktischen Montierung die Polhöhe auf den richtigen Wert einstellen zu können. Durch diese schräge Linie erreichen Sie eine annähernde

Die Lichter der sich immer weiter ausbreitenden Stadt Paris erhellen den Himmel über dem Observatorium von Meudon, früher in einer ländliche Region gelegen. ▷

34

◁ *Das Negativ zeigt die Lichtverschmutung von Europa – ein ernst zu nehmendes Hindernis für die Astronomie.*

Positionierung, die für visuelle Beobachtungen weitgehend ausreicht. Auf jeden Fall muß man sein Instrument eine gute halbe Stunde vor der Beobachtung ins Freie stellen, damit es sich an die Außentemperatur anpassen kann. Dadurch werden die Luftturbulenzen im Inneren des Tubus, die die Qualität der Bilder beeinträchtigen, verringert. Aus den gleichen Gründen sollte man auch bei einer Beobachtung vom Fensterbrett aus darauf achten, daß das Instrument die Außentemperatur angenommen hat. Im Winter muß man die Heizung abdrehen, und man sollte das Instrument, das zur Beobachtung dient, vor Kälte schützen. Im Sommer geben Mauern und Terassen, die im Lauf des Tages der Sonne ausgesetzt waren, auch am Abend noch Wärme ab. Diese warme Luft läßt die im Teleskop entstandenen Bilder verschwimmen. All diese Faktoren bedeuten, daß die praktische Astronomie in der Stadt meist nur unter mittelmäßigen Bedingungen zu betreiben ist, mit denen man umgehen können muß.

WAS KANN MAN SEHEN?

Mond, Venus, Mars, Jupiter und Saturn sind die herausragendsten Objekte am permanent erhellten städtischen Himmel. Um möglichst viele Details an der Oberfläche dieser Himmelskörper zu erkennen, sollten Sie alles beseitigen, was der Qualität der Bilder schaden könnte (s. vorstehendes Kapitel). Sind die bestmöglichen Rahmenbedingungen gegeben, ist auch der Himmel über einer Stadt relativ stabil und gut zu beobachten. Generell gilt aber, daß der frühe Morgen die besten Beobachtungsbedingungen bietet.

Die Doppelsterne gehören zu den leichter erkennbaren Objekten, das Problem besteht jedoch darin, diese an einem Himmel ohne Orientierungspunkte auszumachen.

Es ist selbstverständlich möglich, den Orion- (M 42) oder auch den Andromedanebel (M 31) zu betrachten. Doch der relativ helle Hintergrund des Himmels führt dazu, daß die verschwommenen und ohnehin kaum sichtbaren Ränder dieser Objekte weiter abgeschwächt und die Kontraste noch deutlicher herabgesetzt werden. Lichtvermindernde Filter können diesen Effekt bei den Sternennebeln wie bei den Planeten begrenzen.

AUF DEM LAND

Auf dem Land sind viel günstigere Beobachtungsplätze zu finden als in der Stadt. Aber auch hier kann es immer störendes Licht geben. Es reicht, wenn Sie sich in der Nähe einer Straße befinden, wo die Scheinwerfer vorbeifahrender Autos den Sternenbeobachter blenden.

WIE BEOBACHTET MAN?

Genau wie in der Stadt sind vor Beginn der Observation mit einem Teleskop oder einem Fernrohr einige Vorbereitungen nötig: Vermeiden Sie die Nähe von Terrassen oder Mauern, die während des Tages durch die Sonne aufgeheizt wurden. Bringen Sie das Instrument eine halbe oder eine Stunde vor der eigentlichen Beobachtung nach draußen.

Theoretisch und unter guten Bedingungen liegen die einzigen Einschränkungen bei der Beobachtung im Instrument selbst oder in der Wetterlage.

Aber auch auf dem Land existieren Stellen, die sich für die Himmelsbeobachtung besser eignen als andere. Hochgelegene Punkte bieten sich an, um den atmosphärischen Turbulenzen auszuweichen. In Tallagen kommt es manchmal vor, daß Luftschichten unterschiedlicher Temperatur aufeinandertreffen und dadurch lokale Luftwirbel entstehen, die das Bild stören können. Über 1800 Höhenmetern wird die Luft meist allmählich ruhiger – auch wenn dies nicht immer der Fall ist. Die relative Ruhe der Atmosphäre hat die professionellen Astronomen übrigens dazu gezwungen, ihre Observatorien auf dem Gipfel hoher Berge zu errichten. In Frankreich steht eine Kuppel in 2870 m Höhe auf dem Gipfel des Pic du Midi de Bigorre. Etwas abseits der Gebirgskette der Pyrenäen gelegen, wirken sich die Störungen, die von anderen Gipfeln ausgehen, auf dem Pic du Midi weniger aus. Für die Astronomie ist dies daher einer der besten Plätze der Welt: Selbst ein Amateur-Teleskop auf den Hängen des Pic du Midi liefert viel klarere Bilder als dasselbe Teleskop irgendwo in der Ebene. Man kann die maximal mögliche Zahl von Sternen mit bloßem Auge erkennen; außerdem ist die Ortung der Sterne, die man sucht, viel leichter. Mit Hilfe eines

Der Pic du Midi de Bigorre hat für die Astronomie einen idealen Standort. Die ersten Kuppeln auf diesem Gipfel wurden zu Beginn des 20. Jh. errichtet. ▷

△ *Der Himmel in Richtung des galaktischen Äquators: Sterne in Hülle und Fülle*

guten Sternenatlasses ist es möglich, die meisten Objekte, die im Katalog von Messier oder im New-General-Catalog (NGC) enthalten sind, zu finden, ohne die Koordinaten benutzen zu müssen.

WAS KANN MAN SEHEN?

Bei klarem, dunklem Himmel ist alles gut zu erkennen, besonders auch Nebel und Galaxien. Atmosphärische Turbulenzen stellen für diese Art von Objekten keine große Störung dar. Sie stören jedoch erheblich, wenn man Planeten und Mond mit hoher Auflösung betrachten will. Was in diesem Fall besonders zählt, ist die Qualität des vom Objekt ausgehenden Lichts. Das bedeutet, daß der Durchmesser des Instruments die Grenzen dessen bestimmt, was Sie sehen können.

In jedem Fall kann man die Ausdehnung auch der am schwächsten sichtbaren Teile des Andromedanebels erfassen, ebenso die feinsten Verzweigungen des Orionnebels. Die zahlreichen Galaxien, die zu dunkel sind, um am städtischen Himmel erkennbar zu sein, lassen sich schon mit relativ bescheidenen Instrumenten (bei ca. 100 mm Durchmesser) ausmachen.

Sogar mit bloßem Auge sieht man manchmal künstliche Satelliten passieren. Sie unterscheiden sich von Flugzeugen dadurch, daß sie nicht blinken (sie haben keine Positionslichter), und durch ihre Schnelligkeit: Manche von ihnen durchqueren das Himmelsgewölbe in drei Minuten.

DIE ERFORSCHUNG DER KOMETEN

Trotz der beeindruckenden technischen Mittel, über die professionelle Astronomen verfügen, können auch Amateure immer noch Neues am Himmel entdecken. Kometen sind zweifellos die Objekte, die einem bescheiden ausgestatteten Beobachter die besten Chancen bieten. Jeder kann einen Kometen entdecken – auch mit sehr wenig Geduld oder Methode. Wenn das geschieht, wird der neue Himmelskörper auf den Namen seines Entdeckers getauft. Alljährlich werden durchschnittlich zehn neue Kometen entdeckt, die Hälfte von ihnen von Amateuren. Da es jedoch keine allgemeingültigen Hinweise auf eine Entdeckung gibt, sollte man bei seine Bemühungen besser folgende strategische Ratschläge befolgen.

AUSWAHL EINES GUTEN BEOBACHTUNGSSTANDORTES

Man braucht eine Stelle gänzlich ohne störendes Licht, wo der Horizont in Richtung Osten und Westen frei ist. Städte und ihre direkte Umgebung sind allgemein auszuschließen. Kometen lassen sich nur entdecken, wenn sie nicht in einer Linie zur Sonne liegen. Die größten Chancen für eine Entdeckung bieten sich, wenn man zu Beginn der Nacht am westlichen Horizont und zum Ende der Nacht am östlichen Horizont sucht.

AUSWAHL DES MATERIALS

Der australische Hobby-Astronom William Bradfied entdeckte vor einigen Jahren einen Kometen mit einem einfachen Fernglas (7 x 35). Aber dieser Fall ist eine Ausnahme. Ideal ist ein Instrument mit sehr großer Öffnung, das imstande ist, Objekte mit sehr schwacher Helligkeit zu entdecken. So paßt etwa ein Dobson-Teleskop (ein Newtonsches Teleskop auf einer einfachen azimutalen Montierung) mit einem Durchmesser von 400 mm ausgezeichnet. Die ganze Palette der handelsüblichen astronomischen Instrumente ist dafür geeignet, Kometen zu suchen. Mit einem Durchmesser von 100 mm kann man einen Kometen mit der Helligkeit 12 sehen – Im Moment seiner Entdeckung hatte der Komet

◁ *Der Bradfield-Komet wurde mit einem Fernglas (7 x 35) entdeckt.*

◁ ▽ Den Kometen Hyakutake entdeckte ein japanischer Hobby-Astronom mit einem Fernglas (25 x 150), ähnlich dem im unteren Bild, das auf einem stabilen Fuß installiert ist.

Hale-Bopp bereits eine Helligkeit von 11 erreicht. Es reicht, sein Fernrohr oder sein Teleskop mit einem stark vergrößernden Okular auszurüsten, so daß die großen Sternenfelder unsichtbar sind.

WIE GEHT MAN VOR?

Egal, ob man ein Fernglas oder ein astronomisches Instrument benutzt, die Methode besteht darin, den Himmel in parallelen Streifen peinlich genau abzusuchen, bis ein verdächtiges Objekt ausfindig gemacht wird. Das kann Hunderte von Stunden oder auch mehrere Jahre dauern. Der Amerikaner David H. Levy, ein berühmter Entdecker von Kometen, hatte erst nach 917 Stunden, verteilt auf 19 Jahre, Erfolg. Alan Hale und Thomas Bopp haben im Gegensatz dazu ihren Kometen per Zufall ohne jegliche Suche entdeckt, während sie ein anderes Objekt beobachteten.

Sollte ein verdächtiger Stern zu sehen sein, muß man zunächst prüfen, ob er nicht bereits bekannt ist. Es könnte sich um eine Galaxie, einen Kugelhaufen oder um einen Sternennebel handeln. Eine detaillierte Himmelskarte erspart Verwirrung. Es kann sich auch um einen hellen Kometen handeln, der jedoch bereits seit ein paar Jahren von Astronomen beobachtet wird.

Am besten vergewissert man sich, indem man die exakte Position des Objekts notiert und beobachtet, ob sich innerhalb von einer oder zwei Stunden seine Position in Bezug auf die anderen Sterne verändert. Wenn dem so ist, kann es sich immer noch um einen bereits bekannten Kometen handeln. In vielen dieser Fälle ist es möglich, beim Institut für Himmelsmechanik in Paris die Position aller bekannten Objekte des Sonnensystems nachprüfen zu lassen (Homepage: http://www.bdl.fr).

Wenn sich nach diesen Prüfungen die Entdeckung zu bestätigen scheint, bleibt nichts weiter zu tun, als diese durch die Internationale Astronomische Union (60 Garden Street, Cambridge, MA 02138, USA) für gültig erklären zu lassen. E-mail: bmarsden@cfa.harvard.edu oder auch: dgreen@cfa.harvard.edu. Wenn Sie einer der beiden ersten Anmelder sind, erhält der Komet Ihren Namen.

ORIENTIERUNG
AM
HIMMEL

ALLGEMEINE STERNKARTEN

DER HIMMEL IM FRÜHLING

Die abgebildete Karte zeigt den Sternenhimmel am 15. April um 22 Uhr WZ, wie er einem Betrachter in Westeuropa auf 45° nördlicher Breite erscheint. Weiter im Norden befindliche Beobachter bemerken, daß sich das Sternbild Wasserschlange sehr nahe dem südlichen Horizont befindet, ein Teil des Sternbilds Andromeda dafür am nördlichen Horizont auftaucht.
Für eine sinnvolle Anwendung sollte die Karte hochgehalten und eingenordet werden.

WICHTIGSTE ERKENNBARE STERNBILDER

Wasserschlange, Jungfrau, Löwe, Bootes, Krebs, Zwillinge, Nördliche Krone.

ZEITPUNKTE DER WIEDERKEHR DIESES STERNENHIMMELS

15. Mai um 20 Uhr WZ
15. Dezember um 6 Uhr WZ
15. Januar um 4 Uhr WZ
15. Februar um 2 Uhr WZ
15. März um 0 Uhr WZ

DER HIMMEL IM SOMMER

Die abgebildete Karte zeigt den Sternenhimmel am 15. Juli um 22 Uhr WZ, wie er einem Betrachter in Westeuropa auf 45° nördlicher Breite erscheint. Weiter im Norden befindliche Beobachter bemerken, daß das Sternbild Skorpion überwiegend unter dem südlichen Horizont bleibt, dafür das Sternbild Fuhrmann höher über dem nördlichen Horizont steht.
Für eine sinnvolle Anwendung sollte die Karte hochgehalten und eingenordet werden.

WICHTIGSTE ERKENNBARE STERNBILDER

Schütze, Skorpion, Schwan, Adler, Leier, Schlangenträger, Hercules, Nördliche Krone, Bootes.

ZEITPUNKTE DER WIEDERKEHR DIESES STERNENHIMMELS

15. August um 20 Uhr WZ
15. März um 6 Uhr WZ
15. April um 4 Uhr WZ
15. Mai um 2 Uhr WZ
15. Juni um 0 Uhr WZ

Allgemeine Sternkarten

DER HIMMEL IM HERBST

Die abgebildete Karte zeigt den Sternenhimmel am 15. Oktober um 22 Uhr WZ, wie er einem Beobachter in Westeuropa auf 45° nördlicher Breite erscheint. Weiter im Norden befindliche Betrachter bemerken, daß das Sternbild Bildhauer teilweise unter dem südlichen Horizont bleibt, sich dafür der Große Bär höher über dem nördlichen Horizont befindet.
Für eine sinnvolle Anwendung sollte die Karte hochgehalten und eingenordet werden.

WICHTIGSTE ERKENNBARE STERNBILDER

Walfisch, Pegasus, Andromeda, Widder, Bildhauer, Wassermann, Delphin, Fische, Schwan, Stier.

ZEITPUNKTE DER WIEDERKEHR DIESES STERNENHIMMELS

15. November um 20 Uhr WZ
15. Dezember um 18 Uhr WZ
15. Juli um 4 Uhr WZ
15. August um 2 Uhr WZ
15. September
um 0 Uhr WZ

N

GROSSER WAGEN
(GROSSER BÄR)

HERCULES

FUHRMANN

KLEINER WAGEN
(KLEINER BÄR)

LEIER

CASSIOPEIA

SCHWAN

O

M 31

STIER

ANDROMEDA

ADLER

WIDDER

DELPHIN

PEGASUS

FISCHE

WASSERMANN

STEINBOCK

WALFISCH

SÜDLICHER FISCH

BILDHAUER

S

DER HIMMEL IM WINTER

Die abgebildete Karte zeigt den Sternenhimmel am 15. Januar um 22 Uhr WZ, wie er einem Betrachter in Westeuropa auf 45° nördlicher Breite erscheint. Weiter im Norden befindliche Beobachter bemerken, daß das Sternbild Taube überwiegend unter dem südlichen Horizont bleibt, dafür das Sternbild Hercules teilweise über dem nördlichen Horizont auftaucht.
Für eine sinnvolle Anwendung sollte die Karte hochgehalten und eingenordet werden.

WICHTIGSTE ERKENNBARE STERNBILDER

Großer Hund, Orion, Zwillinge, Stier, Löwe, Widder, Fuhrmann, Krebs, Andromeda.

ZEITPUNKTE DER WIEDERKEHR DIESES STERNHIMMELS

15. Februar um 20 Uhr WZ
15. März um 18 Uhr WZ
15. Oktober um 4 Uhr WZ
15. November um 2 Uhr WZ
15. Dezember
um 0 Uhr WZ

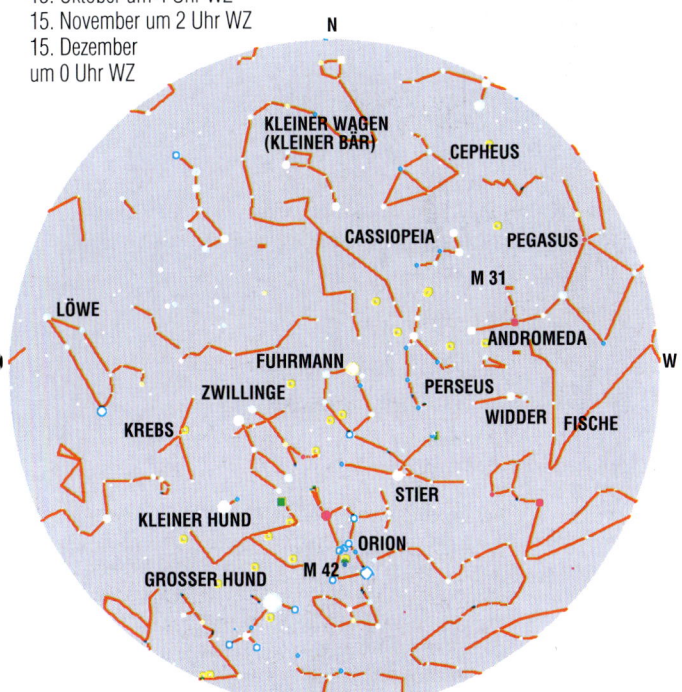

45

DER HIMMEL IM ÜBERBLICK

DIE STERNBILDER

Mit einem einzigen Blick erkennt man, daß das Himmelsgewölbe mit einer Vielzahl an Sternen übersät ist. Diese Sterne erscheinen in einem gigantischen Chaos. Es gibt sie überall, in allen Farben und in allen Helligkeiten. Zur besseren Orientierung in dieser gewaltigen Menge benannten die Astronomen des Altertums die hellsten Sterne nach Figuren, die diese Sterne zusammen mit anderen darzustellen scheinen. Auf diese Art entstanden die Sternbilder; sie trugen Namen von Helden aus der Mythologie oder von Tieren. Die Bezeichnung der Sternbilder Andromeda oder Hercules etwa geht auf jene Zeit zurück.

△ Auf früheren Karten sind neben der Position von Sternen auch die Objekte oder Lebewesen dargestellt, denen ihre Umrisse ähneln.

Im Lauf der Zeit verschwanden einige Namen, andere wurden verändert. Die am südlichen Sternenhimmel sichtbaren Sternbilder erhielten ihre Namen erst im 17. und 18. Jh., nachdem Seefahrer damit begonnen hatten, auch die in Europa unbekannten Sterne zu beobachten. In jüngerer Zeit erhielten einige Sternengruppen Namen moderner astronomischer und anderer Geräte wie Mikroskop, Fernrohr oder Kompaß ...

Mit der Weiterentwicklung optischer Instrumente verloren die Sternbilder ihre ursprüngliche Bedeutung, der Orientierung zu dienen. Auch die Zahl bekannter Sterne, die mit bloßem Auge nicht mehr wahrgenommen werden können, stieg stetig an. Das hieß, man konnte immer weniger Sterne einzelnen Sternbildern zuordnen. Die Wissenschaftler der Intenationalen Astronomischen Union führten daher 1928 eine Umbenennung der Sternbilder durch. Seither sieht man in den Sterngruppen nicht mehr willkürliche Ansammlungen, die die Konturen bestimmter Figuren nachzeichnen, sondern Bereiche des Himmels, die durch Linien eines Koordinatensystems umrissen werden. Der Himmel wird dadurch in 88 Sternbilder gegliedert, die eine Art »Himmelsterritorien« darstellen. Diese Zonen umschließen auch die altbekannten Sternbilder. So umfassen die Grenzen des neuen Sternbilds Orion die Umrisse des Orion und seines sogenannten Jakobsstabs. Doch es gab auch einige Veränderungen. Dies betrifft v. a. das Sternbild Schiff, das in drei einzelne Sternbilder unterteilt wurde: Segel, Hinterdeck und Schiffskiel.

KARTEN UND DER WAHRE HIMMEL

Einem Beobachter erscheint der Himmel als gigantische Halbkugel mit zahlreichen Sternen. Planetarien bieten die beste künstliche Darstellung des Himmels. Bei den Vorführungen befinden sich die Besucher unter einer großen Kuppel, auf die Erscheinungen des Sternenhimmels projiziert werden.
Wie in allen astronomischen Büchern wird die Himmelssphäre auch hier zweidimensional dargestellt. Die in diesem Buch abgebildeten allgemeinen Karten zeigen den für einen Beobachter jeweils zu verschiedenen Zeitpunkten sichtbaren Himmel. Da sie den gesamten sichtbaren Himmel darstellen, sind die Karten kreisförmig. Die Umfangslinie am Rand jeder Karte markiert den Horizont. Das Umfeld der Karte entspricht der Erde, auf der sich der Betrachter befindet. Der Karteninhalt mit seinen Sternen repräsentiert das Himmelsgewölbe (die Kuppel des Planetariums) über dem Kopf des Beobachters. Die am Rand der Karte angezeigten Himmelsrichtungen stimmen mit den Richtungen auf der Erde überein. Bei der Betrachtung des Himmels, dreht man jedoch der Erde den Rücken zu, wodurch sich die Richtungen umzukehren scheinen. Auf einer geographischen Karte ist Norden oben, Sü-

Bei der Darstellung des Himmels auf Karten hilft die Vorstellung, daß alle Sterne in einer gigantischen Kugel mit der Erde im Zentrum den gleichen Abstand zur Erde haben. Zur exakten Lokalisierung der Sterne werden die Koordinaten der Erde in diese Kugel projiziert. ▷

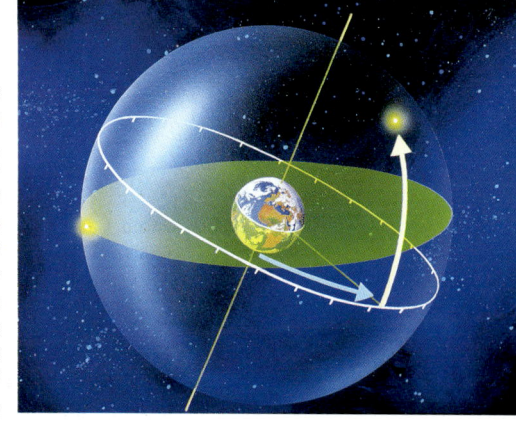

den unten, Westen links und Osten rechts. Auf einer Sternkarte gibt es immer eine Nord-Süd- oder eine West-Ost-Umkehrung. Bei der Betrachtung z. B. des Sternbildes Orion, das sich über dem südlichen Horizont befindet, ist das Sternbild Großer Hund links, aber östlich des Orion. So wird es auch auf der Karte wiedergegeben. Wenn Osten rechts sein soll, muß man die Karte drehen – dann ist aber Norden unten und Süden oben. Diese Umkehrungen mögen ungewöhnlich erscheinen, aber sie entsprechen der Realität. Das liegt daran, daß Sternkarten nur Projektionen von Koordinatensystemen auf das Himmelsgewölbe sind, so wie das Bild eines Menschen im Spiegel nur eine Projektion dieses Menschen auf eine reflektierende Oberfläche ist (im Spiegelbild erscheinen rechts und links vertauscht).

GRÖSSENKLASSEN UND EINTEILUNG DER STERNE

Erstes Kriterium für die Einteilung der Sterne ist ihre Helligkeit. Im Mittelalter erhielten die hellsten Sterne Namen. Doch bereits im Altertum hatte der griechische Astronom Hipparchos die Helligkeit der Sterne in sechs sogenannte Größenklassen eingeteilt. Die hellsten Sterne fielen demnach in die Größenklasse 1, die am schwächsten leuchtenden wurden der Größenklasse 6 zugeordnet. Dieses System wurde von den Astronomen der Neuzeit übernommen, verbessert und präzisiert und ist heute immer noch gültig. Bei sehr günstigen Bedingungen (einem dunklen Himmel ohne künstliche Beleuchtung) können Gestirne der Größenklasse 6 noch mit bloßem Auge wahrgenommen werden. Zur Erkennung weiterer Gestirne braucht man ein Fernglas oder ein Teleskop. Die mittlerweile erweiterte Skala der Größenklassen ist logarithmisch; die mit den leistungsstärksten Teleskopen gerade noch erkennbaren Sterne (solche der Größenklasse 29) sind 600 Millionen

Die fünfzehn hellsten Sterne am Himmel			
Rang	**Stern**	**Sternbild**	**Größenklasse**
1	Sirius	Großer Hund	$-1{,}^m5$
2	Canopus	Schiffskiel	$-0{,}^m7$
3	Alpha Centauri	Zentaur	$0{,}^m0/1{,}^m2$
4	Wega	Leier	$0{,}^m0$
5	Arctur	Bootes	$0{,}^m0$
6	Capella	Fuhrmann	$0{,}^m1$
7	Rigel	Orion	$0{,}^m1$
8	Procyon	Kleiner Hund	$0{,}^m4$
9	Achernar	Eridanus	$0{,}^m5$
10	Agena	Zentaur	$0{,}^m6$
11	Altair	Adler	$0{,}^m8$
12	Beteigeuze	Orion	$0{,}^m4/1{,}^m3$ (verände
13	Aldebaran	Stier	$0{,}^m9$
14	Spica	Jungfrau	$1{,}^m0$
15	Pollux	Zwillinge	$1{,}^m1$

mal weniger lichtstark als jene, die mit bloßem Auge noch sichtbar sind (Größenklasse 6).

Zur Unterscheidung aller Sterne gab es nicht genügend Namen. Der deutsche Astronom Bayer bezeichnete 1603 jeden Stern mit einem Buchstaben des griechischen Alphabets (in alphabetischer Reihenfolge mit abnehmender Helligkeit), dem die Genitivform des lateinischen Namens des Sternbilds angehängt wird. Aldebaran, der hellste Stern im Sternbild Stier, wird demnach zu α (alpha) Tauri. Castor ist α (alpha) Geminorum, Pollux entspricht β (beta) Geminorum. Nachdem sich jedoch die Helligkeit einiger Sterne änderte und auch einige Fehler bei der Einschätzung unterlaufen sind, bezeichnet α (alpha) nicht immer den hellsten Stern. Dies betrifft besonders den Großen Bären, bei dem ε (epsilon) einer höheren Helligkeit als α (alpha) entspricht. Im Jahr 1725 erschien der Sternenkatalog des britischen Astronomen John Flamsteed – sechs Jahre nach dessen Tod. In seinem Werk klassifizierte er alle mit bloßem Auge sichtbaren Sterne nach ihrer Position innerhalb eines Sternbilds von West nach Ost mit fortlaufenden Nummern. Diese Einteilung wird heute nur für Sterne verwendet, die noch keinen griechischen Buchstaben besitzen wie etwa 61 Cygni. Daneben existieren weitere Einteilungen. Mit den Buchstaben R bis Z werden veränderliche Sterne benannt.

STERNENKATALOGE

Kugelsternhaufen, offene Sternhaufen, Nebel und Galaxien werden in verschiedenen Katalogen eingeteilt. Der französische Astronom Charles Messier stellte im 18. Jh. erstmals eine Liste der Nebel auf; mit diesem Begriff wurden damals alle Sternhaufen, Galaxien und Nebel bezeichnet. Er tat dies, um die Positionen flüchtiger (aber unbeweglicher) Objekte zu ermitteln, die ihn bei seinen Forschungen zu Kometen behinderten. Sein Katalog umfaßt 104 Objekte, die mit dem Buchstaben M und einer anschließenden Zahl bezeichnet werden. Vor allem Hobby-Astronomen verwenden diesen Katalog noch heute. Da er nur die nördliche Hemisphäre beobachtete, registrierte Messier ausschließlich am nördlichen Sternenhimmel sichtbare Objekte.

Ein erweiterter, meist von Berufsastronomen verwendeter Katalog erschien 1888. Im »New General Catalogue« erhalten die Objekte eine Folge aus maximal vier Ziffern, denen die Buchstaben NGC vorangestellt werden. Diese Kataloge enthalten fast alle für Hobby-Astronomen sichtbaren Objekte.

Koordinaten	
AR = 6h 45min	D = -16°43,3'
AR = 6h 23,9min	D = -52°41,8'
AR = 14h 39,5min	D = -60°49,5'
AR = 18h 36,9min	D = +38°46,9'
AR = 14h 15,6min	D = +19°11,3'
AR = 5h 16,6min	D = +45°59,7'
AR = 5h 14,4min	D = -8°12,4'
AR = 7h 39,2min	D = +5°13,4'
AR = 1h 37,6min	D = -57°15,7'
AR = 14h 3,7min	D = -60°22,2'
AR = 19h 50,7min	D = +8°52'
AR = 5h 55,1min	D = +7°24,3'
AR = 4h 35,8min	D = +16°30,4'
AR = 13h 25,1min	D = -11°9,4'
AR = 7h 45,2min	D = +28°1,6'

Der Himmel im Überblick

DIE GESTALT DES HIMMELS

Einige Sterne scheinen im Vergleich zu anderen unbeweglich zu sein, da sich auch das Aussehen der Sternbilder im Lauf von einigen Jahren nicht ändert. In Wahrheit bewegen sie sich, aber ihre Ortsveränderung ist zu gering, als daß sie innerhalb einiger Jahrzehnte mit bloßem Auge verfolgt werden könnte. Nur wenige Sterne bewegen sich in solchem Maße, daß dies mit Hilfe eines Teleskops über mehrere Jahre nachvollzogen werden kann.

Gleichzeitig zu dieser scheinbaren Statik »bewegt« sich der gesamte Himmel. Es genügt, zu Beginn der Nacht anhand eines Bezugspunkts auf der Erdoberfläche die Position eines Sterns oder eines Sternbilds festzuhalten, um nach wenigen Stunden zu erkennen, daß die Gestirne nun relativ nach Westen verschoben sind. Es bewegt sich allerdings nicht der Himmel, sondern die Erde, die sich entgegen der registrierten Richtung dreht. Das gleiche Phänomen ereignet sich jeden Tag und führt zum Aufgang der Sonne im Osten und zu ihrem Untergang im Westen.

Theoretisch müßte sich jeder Stern nach 24 Stunden wieder an der gleichen Position wie zuvor befinden. Es gibt jedoch eine leichte Verschiebung zwischen dem 24 Stunden dauernden Sonnentag (Intervall zwischen zwei Meridiandurchgängen der Sonne) und dem 23 Stunden 56 Minuten 4 Sekunden dauernden siderischen Tag (Intervall zwischen zwei Durchgängen eines Sterns an derselben Stelle). Der Unterschied beruht auf der Tatsache, daß sich die Erde bei ihrer täglichen Drehung um sich selbst auf einer Bahn bewegt, die um die Sonne führt. Das hat zur Folge, daß der als Bezugspunkt gewählte Stern jede Nacht zur gleichen Zeit seiner Position der vorigen Nacht um vier Minuten voraus zu sein scheint. Bis zur Rückkehr an die Ausgangsposition zur exakt gleichen Zeit benötigt er ein Jahr. Deshalb zieht der bei Nacht sichtbare Himmel scheinbar vorüber und läßt nach und nach neue Sternbilder erscheinen und alte verschwinden.

Nur die Sterne des Nordhimmels, der den Bereich der Rotation der Erde verkörpert, bleiben das ganze Jahr über sichtbar. Für die anderen Sterne trifft dies nur für begrenzte Zeiträume zu, da sie bei Tageslicht nicht erkennbar sind. Im allgemeinen bezeichnet man Sternbilder, die im Winter vor Mitternacht zu sehen sind, als Wintersternbilder. Dies gilt auch für die anderen Jahreszeiten. Orion ist eines der bekanntesten Wintersternbilder, obwohl es bereits nach Ende des Sommers sichtbar ist, wenn auch erst ab ca. 5 Uhr MESZ (3 Uhr WZ). Außerdem bietet sich von einem Monat zum anderen derselbe Anblick des Himmels jeweils zwei Stunden eher: Ein Stern, der am 1. Oktober um 22 Uhr erscheint, befindet sich am 1. November um 20 Uhr an derselben Position.

Der Anblick des Himmels ändert sich sowohl vom gleichen Standort aus im Lauf der Zeit als auch zur gleichen Uhrzeit von verschiedenen Standorten aus. Drei Menschen, die sich auf dem gleichen Meridian aber auf unterschiedlichen geographischen Breiten befinden, sehen nicht dieselben Bereiche des Himmels. So erkennt etwa ein Betrachter auf 45° nördlicher Breite im Sommer am südlichen Horizont Sterne vom Schwanz des Skorpions. Ein Beobachter auf 30° nördlicher Breite sieht zum gleichen Zeitpunkt die Sterne des Altar unterhalb des Skorpions. Schließlich ist für den Betrachter auf 60° nördlicher Breite nur der am Horizont auftauchende Kopf des Skorpions erkennbar.

Der zur gleichen Zeit vom gleichen Meridian aus sichtbare Himmel bei 60° (Oslo), 45° (Turin) und 30° (Kairo) nördlicher Breite. ▽

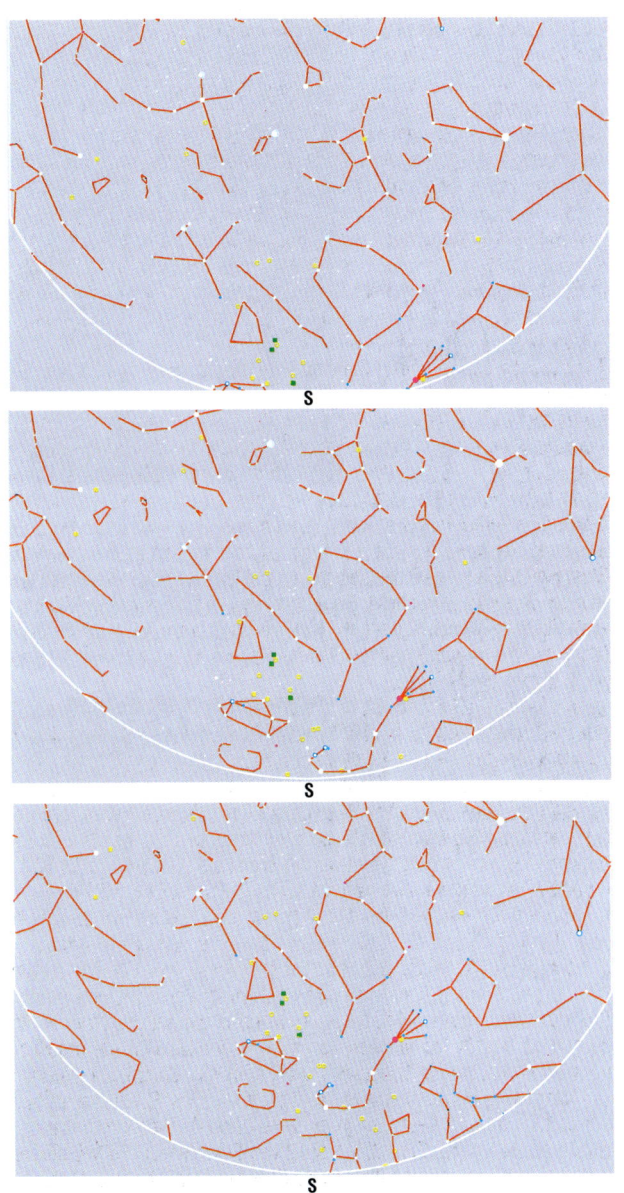

GROSSER UND KLEINER BÄR, POLARSTERN

Astronomie beginnt mit bloßem Auge. Vor dem Aufbau eines Teleskops in Richtung der Sterne bedarf es unbedingt einiger Kenntnisse zur Orientierung am Himmel. Ohne dieses Wissen ist es praktisch unmöglich, einen Nebel, eine Galaxie oder auch nur einen hellen Stern mit bloßem Auge auszumachen. Demgegenüber ist die Orientierung relativ einfach, wenn einige Sternbilder vertraut sind.

DAS AUFFINDEN DES GROSSEN BÄREN

Der erste wichtige Bezugspunkt am Himmel, der einem Betrachter die Orientierung im Sternenmeer ermöglicht, muß unabhängig von der Nacht- und der Jahreszeit sichtbar sein. Für Betrachter auf der Nordhalbkugel, die sich jenseits von 40° nördlicher Breite befinden, ist dies das Sternbild des Großen Bären. Er ist sehr leicht an seiner aus sieben Sternen bestehenden Wagenform (daher auch die Bezeichnung »Großer Wagen«) zu erkennen und zu finden, da er ständig über dem Horizont bleibt. Seine Ausrichtung ändert sich allerdings je nach Nacht- und Jahreszeit – soweit, daß er sich sogar vollständig dreht. Um den Großen Bären zu erkennen, genügt ein Blick in nördliche Richtung. Wenn man nicht weiß, in welcher Rich-

Dieses Foto gibt eine Vorstellung von der Gestalt des Großen und des Kleinen Bären. ▷

52

◁ *Diese mit langer Belichtungszeit erstellte Aufnahme zeigt die scheinbare Bewegung des Himmels: Die Sterne bilden kreisförmige Bögen um den Polarstern, der sich fast exakt in einer Linie mit der Rotationsachse der Erde befindet.*

tung sich Norden befindet, muß man den gesamten Himmel absuchen. Das Bild des Großen Bären ist allerdings so markant, daß man es stets rasch erkennt. Die Sterne, aus denen sich der Große Bär zusammensetzt, sind sehr hell – so hell, daß sie auch am künstlich erleuchteten Himmel über einer Großstadt gut sichtbar sind.

DAS AUFFINDEN DES POLARSTERNS

Vom Großen Bären ausgehend, läßt sich die Nordrichtung ziemlich rasch ermitteln. Bei Verlängerung der Linie zwischen den beiden Hauptsternen Dubhe und Merak auf der rechten Seite des Wagens um etwa das Fünffache

▽ *Anhand des Großen Bären ist der nach Norden weisende Polarstern leicht auszumachen.*

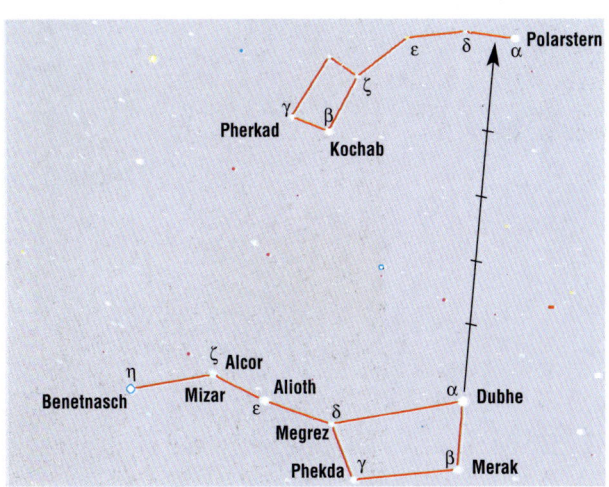

Goßer und Kleiner Bär, Polarstern

nach oben, erreicht man einen hellen, isoliert scheinenden Stern: den Polarstern. Er zeigt exakt nach Norden. Vom selben Bezugspunkt auf der Erde aus gesehen, bleibt der Polarstern immer an derselben Stelle. Wenn man ihn dagegen vom Nordpol aus betrachtet, befindet sich der Polarstern genau über dem Beobachter an der höchsten Stelle des Himmels. Von 45° nördlicher Breite aus (z. B. von Turin) steht der Polarstern genau 45° über dem nördlichen Horizont. Am Äquator bleibt er am Horizont. Der Polarstern ändert seine Position während der Nacht nicht, da er sich nahe der Achse befindet, die Nord- und Südpol verbindet und um die sich die Erde um sich selbst dreht. Alle anderen Sterne scheinen sich dagegen um den Polarstern zu drehen. Nach ein oder zwei Stunden ist leicht zu erkennen, daß der Große Bär seine Lage geändert hat, weil er sich scheinbar um den Polarstern dreht. Der Polarstern ist außerdem der hellste Stern des Kleinen Bären. Dieses Sternbild befindet sich zwischen dem Großen Bären und dem Polarstern. Da es jedoch aus relativ leuchtschwachen Sternen besteht, ist

Diese Karte zeigt einem Betrachter auf 45° nördlicher Breite, wie man die wichtigsten Bezugspunkte unterhalb des Großen Bären erkennt. Sie sind sichtbar, da sich der Große Bär südlich des Polarsterns befindet. Dies ist in Westeuropa vor allem zu Beginn des Frühlings gegen 22 Uhr der Fall. Zu anderen Jahres- und Tageszeiten sind nur einige dieser Sterne sichtbar. ▽

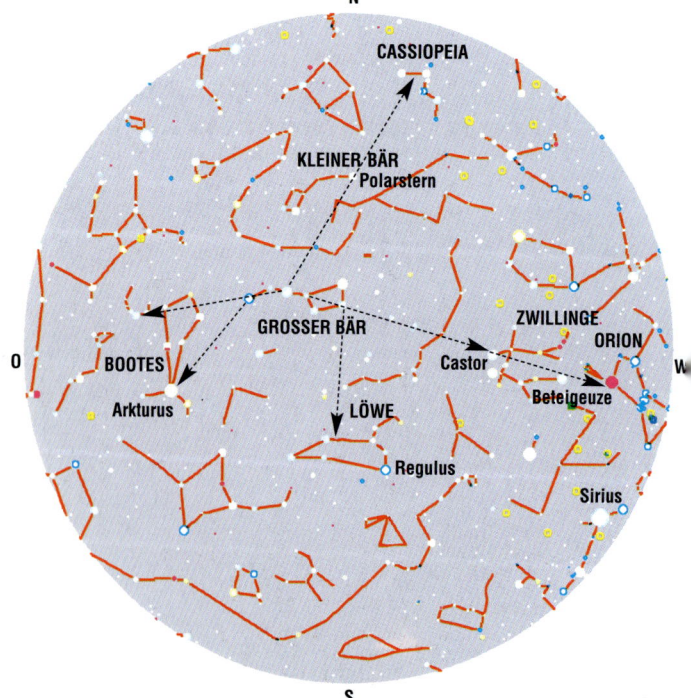

der Kleine Bär oft schwerer zu erkennen, vor allem, wenn der Himmel nicht ganz dunkel ist.

DAS AUFFINDEN ANDERER WICHTIGER BEZUGSPUNKTE

Vom Großen und Kleinen Bären ausgehend, gelangt man zu anderen Sternbildern und Bezugspunkten, die allerdings nicht immer zu sehen sind. Der Große Bär ist dafür ein wichtiger Ausgangspunkt. So muß man zum Beispiel wissen, daß sich das Sternbild Löwe ziemlich weit darunter befindet. Wenn nun also der Kasten des Wagens fast am Horizont steht, befindet sich der Löwe bereits unterhalb des Horizonts und ist demnach nicht mehr zu sehen. So ist es auch beim Schwan – dieser befindet sich oberhalb des Großen Bären jenseits des Polarsterns. Die beiden Himmelskarten unten zeigen, wie man die anderen wichtigen Bezugspunkte (Sterne oder Sternbilder) lokalisieren kann, die in diesem Kapitel beschrieben sind.

Diese Karte zeigt einem Betrachter auf 45° nördlicher Breite, wie man die wichtigsten Bezugspunkte oberhalb des Großen Bären erkennt. Sie sind alle sichtbar, wenn der Große Bär im Norden tief am Horizont steht, wie es in Westeuropa beispielsweise Anfang Oktober gegen 22 Uhr der Fall ist. ▽

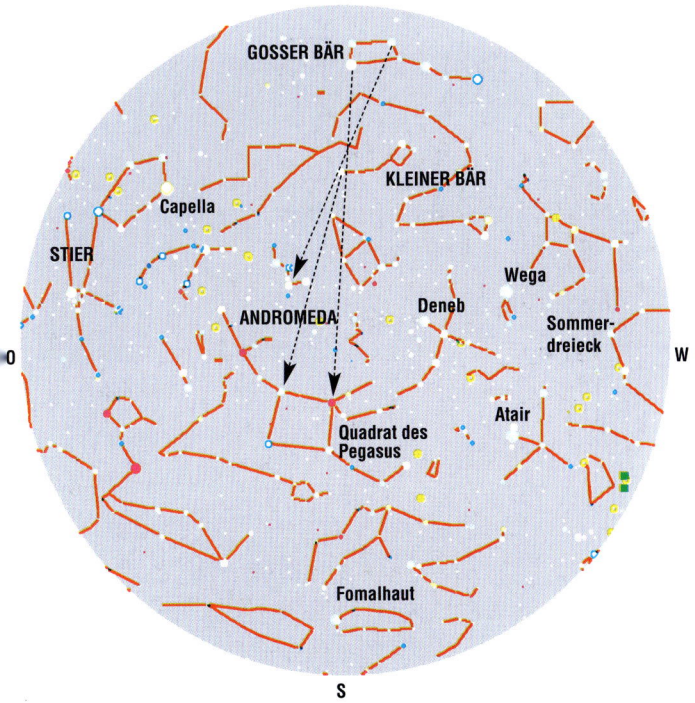

CASSIOPEIA

DAS AUFFINDEN VON CASSIOPEIA

Ebenso wie der Große Bär verschwindet auch das Sternbild Cassiopeia niemals unter dem Horizont, sofern sich der Betrachter auf der Nordhalbkugel jenseits von 40° nördlicher Breite befindet. Es bietet somit einen ständigen Anhaltspunkt, da es ganzjährig jede Nacht zu jeder Stunde am Himmel zu finden ist. Aufgrund der W-Form, die fünf recht helle Sterne bilden, ist Cassiopeia oberhalb des Großen Bären (bei etwa 65°) leicht auszumachen. Cassiopeia findet man am leichtesten, indem man die Verbindungsachse zwischen Dubhe und Merak im Großen Bären und dem Polarstern verlängert. Dabei trifft man fast auf β-(Beta-)Cassiopeia (Caph), der das rechte obere Ende des W bildet (wenn man sich das W richtig herum denkt).

CASSIOPEIA ALS ORIENTIERUNGSPUNKT

Cassiopeia liefert zwar kaum Verbindungslinien, die das Auffinden anderer Sterne oder Sternbilder erleichtern, dient aber als leicht erkennbarer Anhaltspunkt, der allgemeine und ziemlich genaue Orientierungshilfen am Nachthimmel bietet. So findet man z.B. die Sternbilder Andromeda, Pegasus, Fische, Dreieck und Widder etwa unterhalb des aufrechten W. Genauer ge-

▽ *Das Sternbild Cassiopeia am Nachthimmel.*

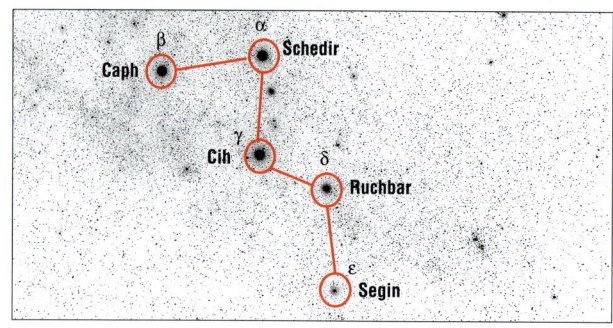

56

sagt, wenn man die kurze Verbindungslinie zwischen γ-(Gamma-) und α-(Alpha-)Cassiopeiae verlängert, gelangt man genau zum Alpheratz oder α-(Alpha-)Andromedae, dem hellsten Stern im Quadrat des Pegasus. Rechts vom W aus gesehen, ist die Position des Sommerdreiecks mit dem Schwan, der Leier und dem Adler. Direkt links davon beginnt das Sternbild Perseus, dessen offener Doppelsternhaufen in der Verlängerung der Sterne γ-(Gamma-) und δ-(Delta-)Cassiopeiae mit bloßem Auge zu sehen ist. Oberhalb von Cassiopeia befinden sich schließlich Cepheus, der Kleine Bär und der Drache.

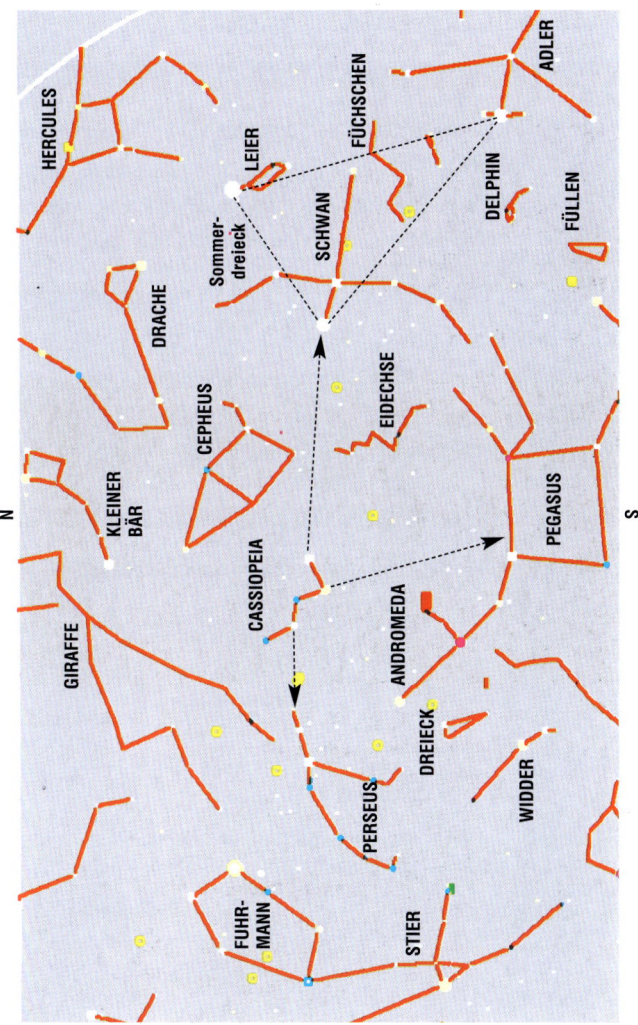

LÖWE

DAS AUFFINDEN DES LÖWEN

Der Löwe ist ein großes und sehr schönes Sternbild, das jedoch nicht ganzjährig sichtbar ist. Es befindet sich in der Nähe des Himmelsäquators und ist nur während des Spätwinters und im Frühjahr zu beobachten. Es befindet sich genau unter dem »Wagenkasten« des Großen Bären. Wenn der Große Bär tief am Nordhorizont steht, kann man den Löwen nicht beobachten, da er bereits unterhalb des Horizonts liegt.

▽ *Das Sternbild Löwe am Nachthimmel.*

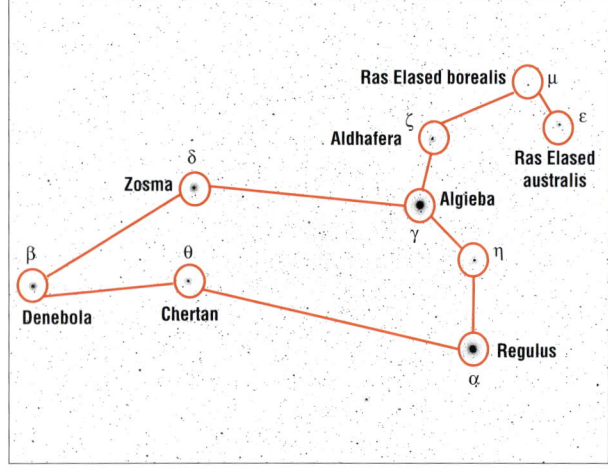

DER LÖWE ALS ORIENTIERUNGSPUNKT

Der Löwe eignet sich sehr gut, um von ihm aus nach Sternbildern zu suchen, die keine hellen und somit leicht auffindbaren Sterne besitzen: Wasserschlange, Sextant, Krebs, Becher, Rabe, Haar der Berenike oder Luftpumpe. Der relativ helle, vereinzelt stehende Stern etwa 20° unterhalb von Regulus ist Alphard, der Hauptstern des Sternbilds Wasserschlange.

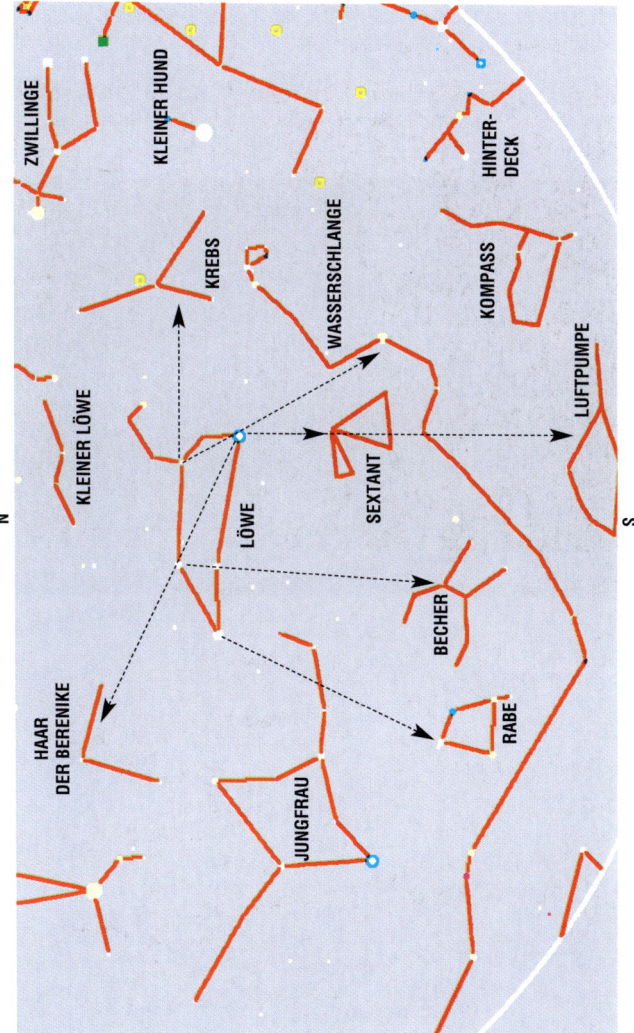

STIER UND PLEJADEN

DAS AUFFINDEN DES STIERS

Der Stier ist ein großes Sternzeichen am Winterhimmel. Er ist im November und Dezember abends gut zu sehen. In dieser Jahreszeit steht er gegen 22 Uhr über dem Südhorizont. Man erkennt ihn an seinem Hauptstern Aldebaran, der unter den hellsten Sternen an 13. Stelle steht und orange schimmert. Unterhalb des Aldebaran befindet sich der »Kopf« des Stiers: Ein Dreieck, das sich aus mehreren Sternen zusammensetzt, die dem offenen Sternenhaufen der Hyaden angehören. 13° westlich des Aldebaran steht eine Sterngruppe, die an eine kleine, fahle Wolke erinnert: der Sternhaufen der Plejaden.

Der Stier und die Plejaden (die zum selben Sternbild gehören), wie man sie mit bloßem Auge sieht. Auf diesem Bild erkennt man auch einen hellen Stern, der auf den Karten nicht eingetragen ist: der Planet Mars. ▽

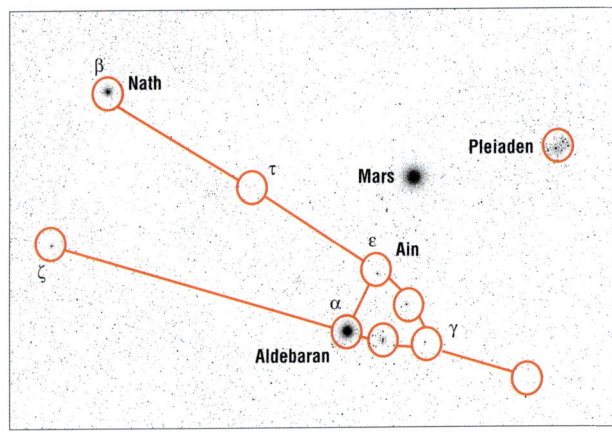

60

DER STIER ALS ORIENTIERUNGSPUNKT

Von verschiedenen Sternen ausgehend, lassen sich die Sternbilder Walfisch, Widder, Fuhrmann, Dreieck und Eridanus leicht lokalisieren. Durch Verlängerung der Achse α-(Alpha-)ζ-(Zeta-)Tauri gelangt man direkt in die Mitte des Sternbilds Zwillinge.

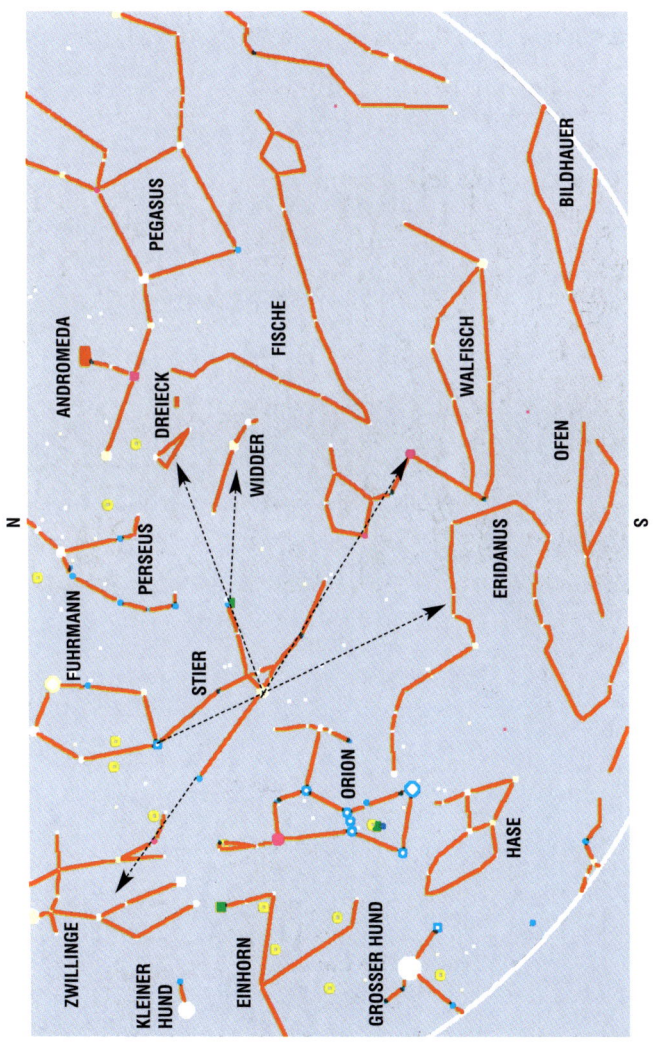

ORION

DAS AUFFINDEN DES ORION

Das Sternbild Orion kann man am Winterhimmel sehr leicht erkennen – selbst mitten in einer Stadt. Im Januar steht er gegen 22 Uhr genau im Süden. Seine vier hellen Sterne, unter anderem Beteigeuze und Rigel, stehen um eine Reihe aus drei kleineren Sternen, die den Gürtel (oder Jakobsstab) des Orion bilden. Der milchige Fleck direkt unterhalb des östlichsten Gürtelsterns ist der Orionnebel (M42).

Das Sternbild Orion auf einem lange belichteten Foto, wie es mit bloßem Auge zu sehen ist. ▷

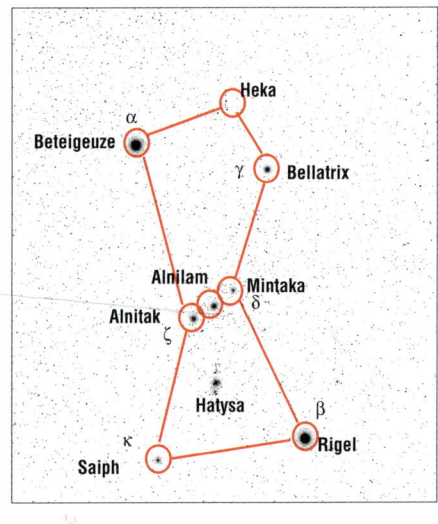

DER ORION ALS ORIENTIERUNGSPUNKT

Der Orion eignet sich hervorragend als Ausgangspunkt zum Auffinden anderer Sternbilder wie etwa des Hasen, der Taube, des Eridanus, des Walfisches, des Einhorns und notfalls auch des Großen Hundes mit Sirius als Hauptstern.

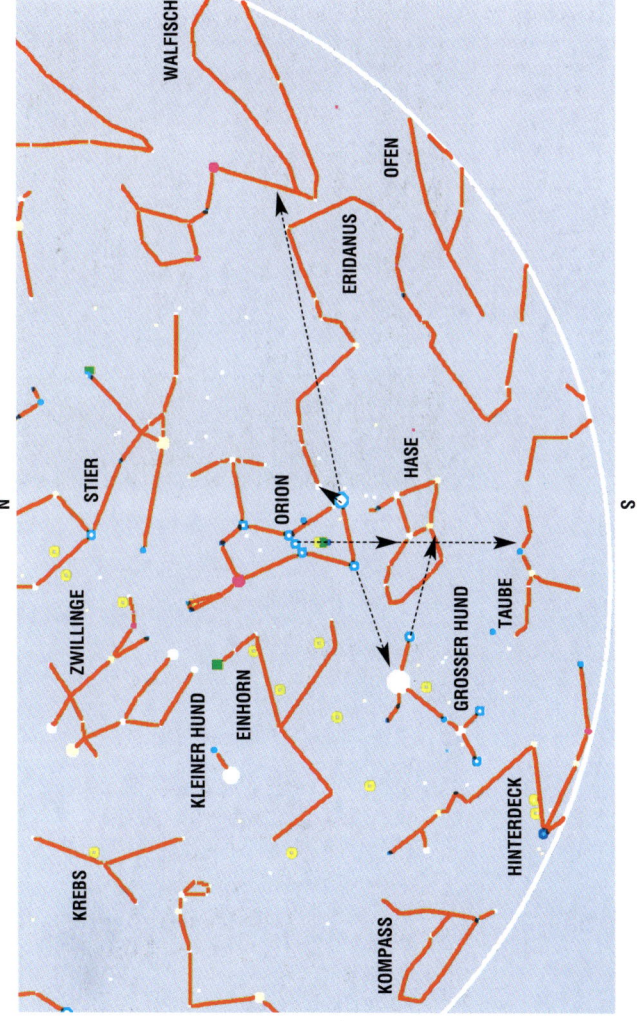

SIRIUS

DAS AUFFINDEN DES SIRIUS

Sirius ist der hellste Stern am Himmel. Er ist 8,61 Lichtjahre entfernt und gehört zum Sternbild Großer Hund. Wenn auch das Sternbild selbst nicht leicht erkennbar ist, so stellt Sirius doch ein richtiges »Leuchtfeuer« am Himmel dar, anhand dessen man andere Sternbilder lokalisieren kann. Wie Orion beherrscht auch Sirius den Winterhimmel, er geht aber erst etwas später auf (ungefähr zwei Stunden nach Rigel).

Der sehr helle Sirius ist auf lange belichteten Fotos als weißer Fleck zu sehen. ▷

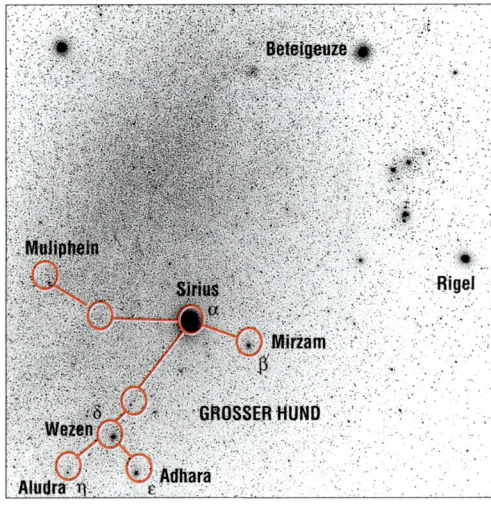

DER SIRIUS ALS ORIENTIERUNGSPUNKT

Vom Sirius ausgehend, kann man leicht die Sternbilder Hinterdeck, Taube, Kompaß, Hase, Wasserschlange und Einhorn auffinden.
Betrachter in höheren Breiten sehen den Sirius jedoch sehr tief am Horizont und können daher manche Sternbilder, wie die Taube oder das Hinterdeck, nicht mehr ausmachen.

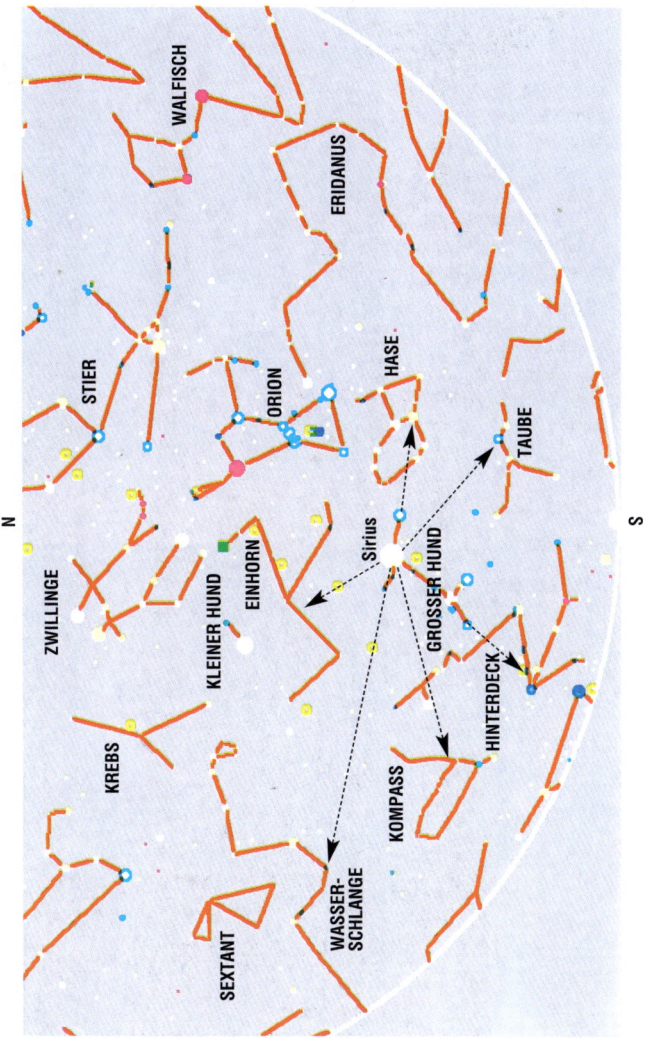

DAS SOMMERDREIECK

DAS AUFFINDEN DES SOMMERDREIECKS

Das Sommerdreieck ist kein eigentliches Sternbild, sondern eine Figur, die von drei hellen Sternen gebildet wird, die unterschiedlichen Sternbildern angehören: Atair (Adler), Deneb (Schwan) und Wega (Leier) bilden zusammen ein großes gleichschenkliges Dreieck, das im Juli und August sehr deutlich am Nachthimmel zu sehen ist. Um Deneb, und damit auch das Dreieck, aufzufinden, folgt man ungefähr der Linie Phekda-Megrez im Großen Bären. Man kann aber auch direkt nach einem sehr hellen, bläulich-weißen Stern suchen — der Wega. Die Wega erkennt man auch daran, daß neben ihr ein kleines Parallelogramm aus vier Sternen der Helligkeit 3^m und 4^m steht.

△ ▷ *Das Sommerdreieck, wie man es mit bloßem Auge sieht. Der Sternhaufen in der Mitte des Dreiecks ist ein Teil der Milchstraße.*

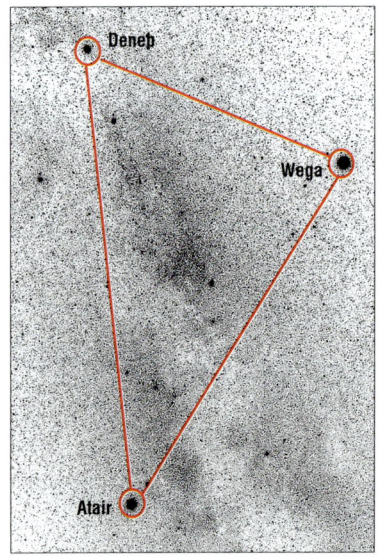

DAS SOMMERDREIECK ALS ORIENTIERUNGSPUNKT

Von dieser großen Figur ausgehend, lassen sich viele Sternbilder leicht lokalisieren, so der Delphin, der Pfeil, das Füchschen, das Füllen, der Schild, der Schlangenschwanz und die Eidechse, die alle in der Nähe des Dreiecks stehen. Aber auch weiter entfernte Sternbilder sind mit Hilfe des Dreiecks leicht aufzufinden: Schütze, Schlangenträger, Wassermann, Steinbock, Pegasus und Hercules.

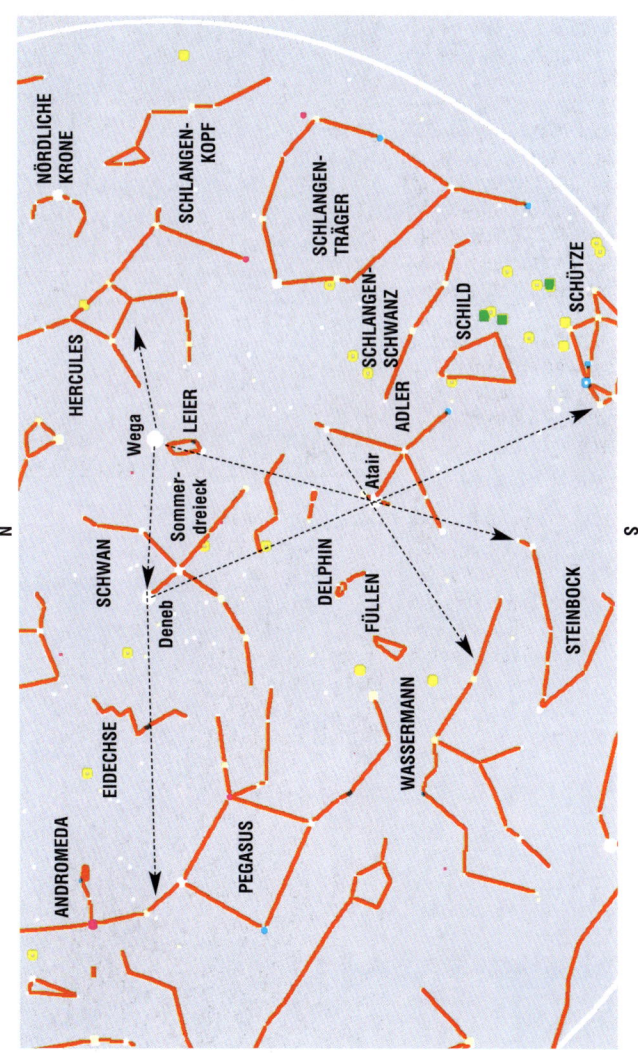

BOOTES

AUFFINDEN DES BOOTES

Bei Bootes handelt es sich um ein Sternbild am Nordhimmel, das an Juniabenden fast im Zenith steht. Es liegt auf der Verlängerung der zum Großen Bären gehörenden »Wagendeichsel«, steht sehr hoch am Himmel und ist jenseits von 65° nördlicher Breite größtenteils zirkumpolar. Zum Bootes gehört der sehr helle Stern Arktur mit der Helligkeit 0,^{m}2, an dem man sich leicht orientieren kann.

Das Sternbild Bootes, wie man es mit bloßem Auge sieht. ▷

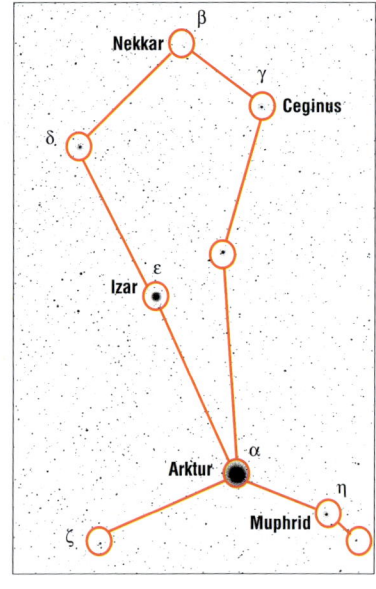

DER BOOTES ALS ORIENTIERUNGSPUNKT

Gleich neben dem Bootes steht das kleine Sternbild Nördliche Krone mit dem Hauptstern Alphekka. Die Verlängerunkg der Achse Arktur-Alphekka führt direkt auf das Trapez des Sternbilds Herkules. Der Bootes dient auch als Ausgangspunkt zur Lokalisation der Sternbilder Schlange, Schlangenträger, Jungfrau, Haar der Berenike und manchmal auch der Jagdhunde.

DAS QUADRAT DES PEGASUS

AUFFINDEN DES PEGASUS

Das Sternbild Pegasus läßt sich leicht durch die Verlängerung der Achse zwischen den Sternen γ-(Gamma-) und α-(Alpha-)Cassiopeiae auffinden. Vicr Sterne des Pegasus der Helligkeit 2^m bis $2,^m9$ bilden zusammen ein gro-ßes Quadrat. Der hellste dieser Sterne gehört übrigens zum benachbarten Sternbild Andromeda. Das Quadrat stellt zwar nicht das gesamte Sternbild dar, es dient aber als wichtiger Orientierungspunkt am Herbsthimmel.

Das Quadrat des Pegasus, wie man es mit bloßem Auge sieht. ▽

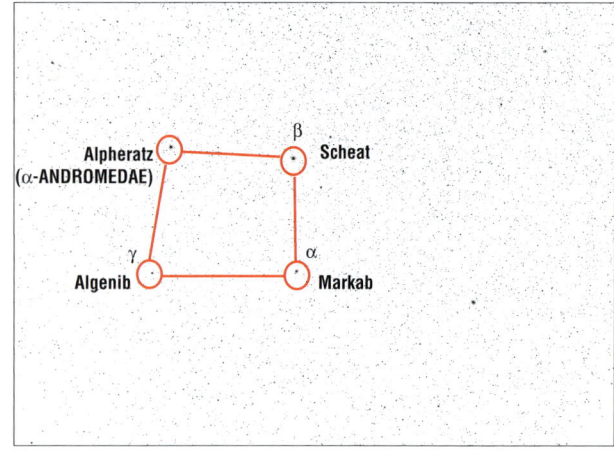

DAS QUADRAT DES PEGASUS ALS ORIENTIERUNGSPUNKT

Dank des Quadrats des Pegasus ist das Auffinden des Sternbilds Andromeda sehr einfach. Außerdem hilft es, die Sternenkonstellationen Dreieck, Fische, Widder, Walfisch, Wassermann, Steinbock, Füllen, Delphin und Südlicher Fisch zu lokalisieren.

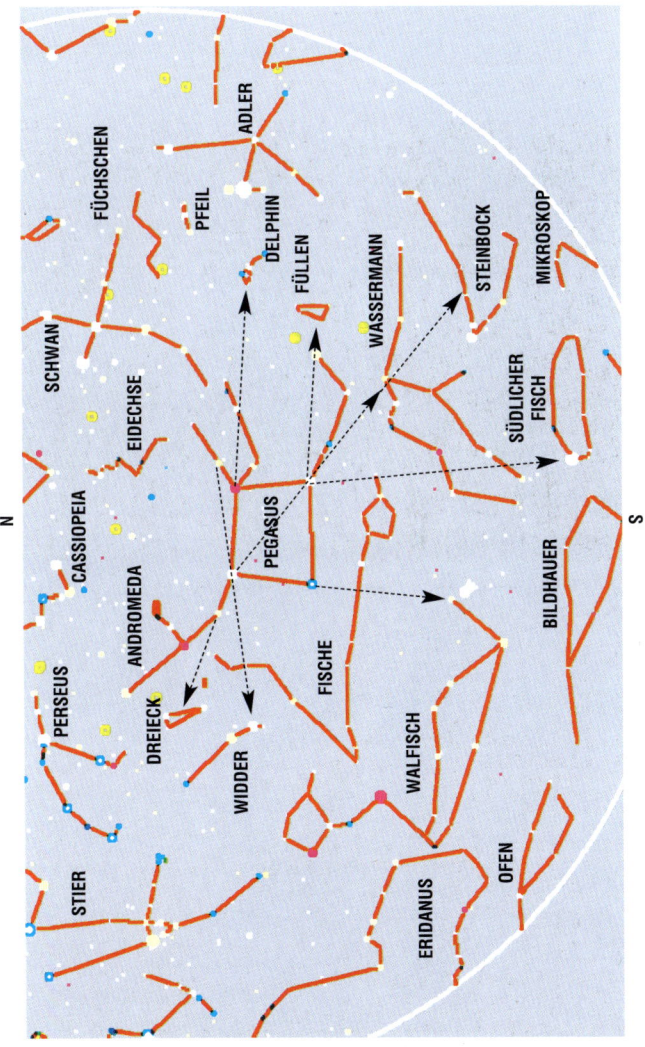

71

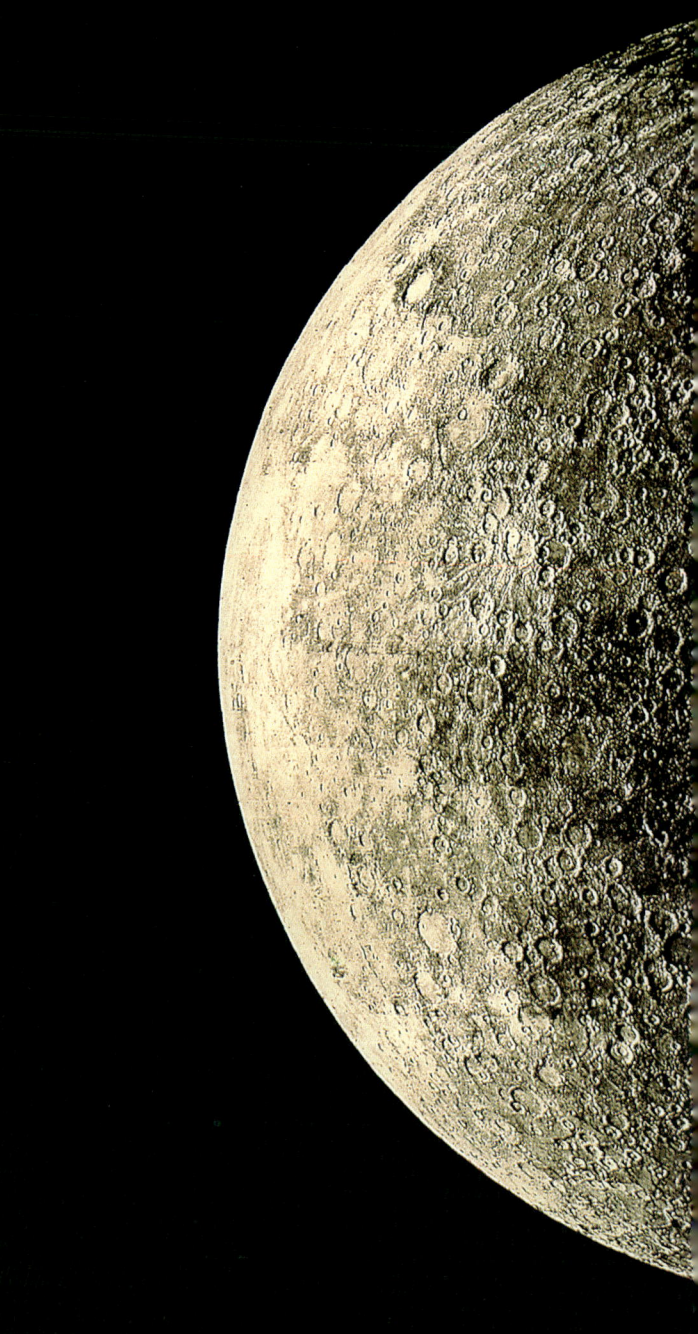

BEOBACHTUNG DES SONNEN-SYSTEMS

GESTIRNE DES SONNENSYSTEMS

EIN VON PLANETEN UMKREISTER FIXSTERN

Das Sonnensystem umfaßt zahlreiche Körper, die um die Sonne kreisen, darunter neun Planeten, die der Anziehungskraft des Zentralgestirns, der Sonne, unterliegen. Dies sind, mit zunehmender Entfernung von der Sonne, Merkur, Venus, Erde, Mars, Jupiter, Saturn, Uranus, Neptun und Pluto. All diese Planeten bewegen sich in etwa nach dem gleichen Schema, scheinbar auf einer unsichtbaren Ebene. Wie die Sonne von Planeten umkreist wird, so haben auch diese – außer Merkur und Venus – natürliche Satelliten. Die Erde wird von einem beachtlich großen Satelliten umkreist: dem Mond mit etwa einem Viertel der Erdmasse. Der Mars hat zwei kleine, feste Monde mit einem Durchmesser von wenigen Kilometern eingefangen: Phobos und Deimos. Um Jupiter, Saturn, Uranus und Neptun schließlich kreisen diverse Satelliten von verschiedener Größe.

Das Sonnensystem umfaßt aber nicht nur größere Planeten und deren natürliche Satelliten, sondern noch zahlreiche kleinere Körper. Dazu gehören z.B. die Asteroiden; die meisten dieser planetenähnlichen festen Himmelskörper kreisen zwischen den Bahnen der Planeten Mars und Jupiter um die Sonne. Ceres, der größte der Asteroiden, hat einen Durchmesser von rund 1000 km, die kleinsten nur wenige hundert Meter. Zu den kleineren Himmelskörpern des Sonnensystems gehören auch die Kometen; anders als die Asteroiden bestehen sie überwiegend aus Eis. Kometen umkreisen die Sonne in großen Umlaufbahnen. Auf ihrem Weg entfernen sie sich mitunter weit von der Sonne (bis jenseits des Planeten Pluto), kommen ihr aber auch sehr nahe (näher als der Planet Merkur). Man vermutet, daß einige von ihnen aus einem ringförmigen Gebilde im Bereich der Bahnen von Neptun und Pluto stammen, dem sogenannten Kuiper-Gürtel. Noch weiter entfernte haben ihren Ursprung in der Oortschen Wolke, einer Art Vorratswolke mit Kometenmaterial, die das Sonnen-

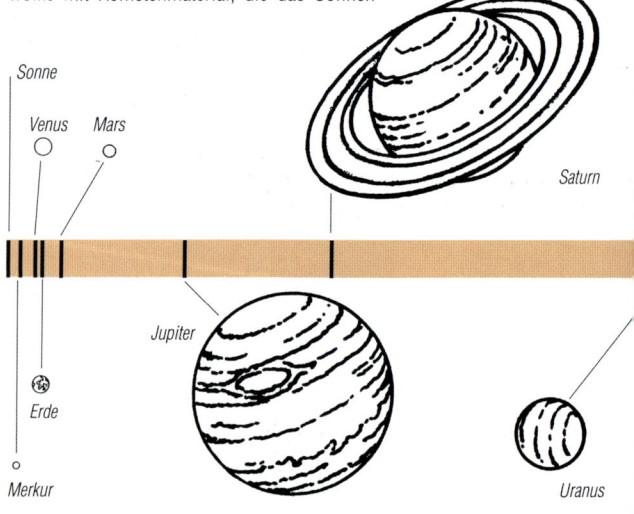

Sonne

Venus   Mars

Saturn

Jupiter

Erde

Merkur   Uranus

◁ Die Erde ist der größte feste Planet.

system in einer Entfernung von etwa 100 Mrd. km umkreist (s. S. 131). Merkur, Mars, Erde und zahlreiche natürliche Satelliten, darunter auch unser Mond, sind feste Körper aus Gestein. Jupiter, Saturn, Uranus und Neptun sind große Gaskugeln und weisen keine feste Oberfläche auf. Ein Raumschiff kann auf diesen Planeten nicht landen; es würde in den Gaswolken einsinken. Pluto und einige Satelliten sind, wie die Erde, zwar feste Körper, aber weithgehend von Eis bedeckt. Asteroiden und Kometen schließlich sind relativ kleine Himmelskörper von unregelmäßiger Form.

AUSDEHNUNG UND GESETZE DES SONNENSYSTEMS

Die Sonne ist das Zentrum des Systems. Dieser Fixstern hat einen Durchmesser von rund 1,4 Mio. km und umfaßt etwa 99,8 % der gesamten Masse des Sonnensystems. Ihre neun Planeten stellen zusammen nur 0,14 % der Gesamtmasse. Die restlichen 0,6 % steuern Kometen und Asteroiden bei. Die Masse des Jupiter, des bei weitem größten Planeten, entspricht dem 318-fachen der Erd-, aber nur etwa einem Tausendstel der Sonnenmasse. Der mittlere Abstand des Jupiter von der Sonne beträgt 5,2 AE, der des Pluto 39,8 AE. Die Planten sind also unterschiedlich weit von der Sonne entfernt; dieser Abstand wird durch die Titius-Bode-Reihe beschrieben, die die beiden namengebenden Astronomen im 18. Jh. aufstellten. Dabei handelt es

Auf dem braunen Streifen sind die relativen Entfernungen der neun Planeten zur Sonne maß-stabsgetreu dargestellt. Die Planeten sind ebenfalls in ihrer relativen Größe abgebildet, erscheinen jedoch im Vergleich zur Entfernung stark überhöht.

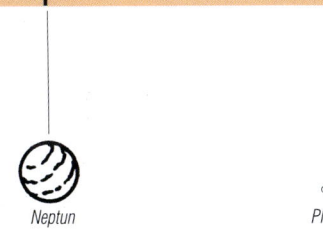

Neptun   Pluto

sich um eine mathematische Reihe, die auf den Werten 0 und 3 aufbaut. Durch Verdoppeln der jeweils vorhergehenden Zahl ergeben sich die Werte 0, 3, 6, 12, 24, 48, 96 usw. Addiert man zu jedem Wert 4, und dividiert man das Ergebnis durch 10, erhält man die Entfernung der Planeten zur Sonne in Astronomischen Einheiten; die Werte lauten 0,4; 0,7; 1; 1,6; 2,8; 5,2 und 10. Bis hin zum Saturn stimmen die Werte erstaunlich genau mit den realen Entfernungen überein: 0,39 AE (Merkur), 0,72 AE (Venus), 1 AE (Erde), 1,52 AE (Mars), 5,2 AE (Jupiter) und 9,54 AE (Saturn). Es gibt jedoch keinen Planeten in einer Entfernung von 2,8 AE. Astronomen begannen mit der Suche, und im Jahr 1801 entdeckte Giuseppe Piazzi den Asteroiden Ceres in einer Entfernung von 2,77 AE zur Sonne; dies schien die Berechnungen zu bestätigen. Die Reihe schien sich zu erhärten, als der Uranus entdeckt wurde, der mit einer Entfernung von 19,19 AE nahe am vorhergesagten Wert 19,6 AE liegt. Die noch später entdeckten Planeten Neptun und Pluto paßten jedoch nicht ins Schema, wodurch es an Glaubwürdigkeit verlor. Dennoch ermöglicht die Titius-Bodesche Reihe die Ermittlung der ungefähren Entfernung eines Planeten von der Sonne mittels einer einfachen Rechnung.

MECHANIK UND FUNKTIONSWEISE DES SONNENSYSTEMS

Die drei zwischen 1609 und 1618 abgeleiteten Keplerschen Gesetze bilden bis heute die Grundlage für das Verständnis der Planetenbewegungen. Kepler verwendete die von Tycho Brahe zusammengetragenen Daten und entwickelte daraus eine Erklärung für Planetenbewegung im Raum.

Sein erstes Gesetz besagt, daß sich die Planeten auf elliptischen Bahnen um die Sonne bewegen, wobei die Sonne in einem der Brennpunkte liegt.

Laut dem zweiten Gesetz überstreicht die Linie zwischen einem Planeten und der Sonne in gleichen Zeitabschnitten gleiche Flächen. Durchläuft also der Planet sein Perihel (minimale Entfernung zur Sonne) bewegt er sich schneller als im Aphel (maximale Entfernung zur Sonne).

Das dritte Gesetz zeigt die Beziehung zwischen der Umlaufzeit eines Planeten und seiner Entfernung von der Sonne: Bei allen Planeten, die die Sonne

DAS SONNENSYSTEM IN ZAHLEN

Planet	Durchm.	Umlaufszeit	Entfernung (in AE)	Größenklasse
Merkur	4878 km	88 Tage	0,39	$-0,^m2 - 1,^m6$
Venus	12 104 km	224,8 Tage	0,72	$-4,^m45 - 3,^m6$
Erde	12 756 km	365,25 Tage	1	—
Mars	6794 km	1 Jahr 321 Tage	1,52	$-2,^m8 - +1^m,8$
Jupiter	142 984 km	11 Jahre 314 Tage	5,20	$-2,^m5$ bis $-1,^m7$
Saturn	120 536 km	29 Jahre 167 Tage	9,54	$0,^m85$ bis $1,^m3$
Uranus	51 118 km	84 Jahre 5 Tage	19,19	$5,^m7$ bis 6^m
Neptun	49 528 km	164 Jahre 290 Tage	30,06	$7,^m8$ bis $7,^m9$
Pluto	2446 km	247 Jahre 256 Tage	39,53	$14,^m5$ bis 15^m

umkreisen, entspricht das Quadrat der Umlaufzeit (in Jahren) der dritten Potenz der großen Halbachse ihrer Bahnellipse (in AE). Der Jupiter z. B. umrundet die Sonne in 11,86 Jahren. Dieser Wert, mit sich selbst multipliziert, ergibt 140,6 und damit fast exakt die dritte Potenz von 5,2, seiner Entfernung von der Sonne in AE. Die Umlaufzeit steigt also mit zunehmender Entfernung von der Sonne.

△ Jupiter, der größte Planet des Sonnensystems, besteht überwiegend aus dichten Gasen.

GESCHICHTE UND ENTDECKUNG

Bereits im Altertum stellten Astronomen fest, daß sich einige Gestirne bewegen, andere hingegen nicht. Die sich bewegenden wurden von den Griechen als Planeten bezeichnet. Die Vorhersage der Bewegungen blieb aber lange Zeit unsicher. Ptolemäus war im 2. Jh. n. Chr. der erste Wissenschaftler, der diese Bewegungen in seinem Werk relativ präzise beschrieb. Er vertrat die Theorie, daß die Erde der Mittelpunkt des Universums sei und von allen anderen Gestirnen (Sternen, Planeten, Sonne und Monden) auf kreisförmigen Umlaufbahnen umrundet werde. Er löste das Problem der rückläufigen Bewegung einiger Planeten (z. B. des Mars, s. S. 106) durch die Annahme von Epizyklen, kleinen kreisförmigen Bahnen, auf denen sich ein Planet bewegt. Bis zur Mitte des 16. Jh. war die wahre Natur von Sonne, Mond und Planeten völlig unbekannt, das Weltbild des Ptolemäus immer noch maßgeblich. Erst die 1543 veröffentlichten Berechnungen von Nikolaus Kopernikus und die 1610 vorgestellten Ergebnisse der von Galileo Galilei mit dem Fernrohr angestellten Beobachtungen bildeten die Grundlage für eine neue Sicht des Sonnensystems mit der Sonne im Zentrum und der Erde als einem Planeten. Kepler fand heraus, daß die Umlaufbahnen Ellipsen beschreiben und nicht kreisförmig sind. Zur gleichen Zeit ermöglichten Beobachtungen mit immer besseren optischen Geräten Aussagen über die Gestalt der Planeten sowie die Entdeckung neuer Himmelskörper (Uranus, Neptun, Pluto). Im Lauf des 20. Jh. wurden alle Planeten außer Pluto mit Raumsonden näher erforscht.

BEOBACHTUNG DES SONNENSYSTEMS

Die Möglichkeit, alle Planeten gleichzeitig zu sehen, bietet sich nur sehr selten. Immerhin sind zu bestimmten Zeiten mehrere Planeten am Himmel erkennbar. Dann stellt man fest, daß sie auf einer Linie angeordnet scheinen. Tatsächlich befinden sie sich innerhalb eines wenige astronomische Grade breiten Streifens an mehreren Stellen der Ekliptik, was eine gute Orientierung ermöglicht.

GESCHICHTE DES SONNENSYSTEMS

Noch heute ist nicht mit Gewißheit zu sagen, welche Ereignisse im Lauf der vergangenen Milliarden von Jahren für die Entstehung der Sonne und ihrer Planeten verantwortlich waren. Um eine Ahnung von den Geschehnissen zu erlangen, hatten die Astronomen eine Vielzahl von Daten auszuwerten, die auf verschiedensten Beobachtungen beruhten. Genauere Informationen konnte man seit Beginn der Raumfahrt mit der Erforschung des Mondes und der meisten Planeten des Sonnensystems mit Raumschiffen und Sonden sammeln. Diese Himmelskörper weisen auf ihrer Oberfläche Spuren früherer Ereignisse auf; somit geben diese Nachbarn unserer Erde Zeugnis von bedeutenden Epochen ihrer Geschichte. Mit Hilfe des Hubble-Space-Teleskops erfolgten zudem in den letzten Jahren Beobachtungen über Entfernungen von Tausenden von Lichtjahren. Die dadurch gewonnenen neuen Erkenntnisse ermöglichen vor allem eine Einschätzung, welche Erscheinungen zur Entstehung der Sonne selbst führten. Auf diese Weise vermögen Astronomen heute grobe Szenarien eines möglichen Ablaufs der Ereignisse zu entwerfen.

DIE ENTSTEHUNG DER SONNE

Wahrscheinlich entstand das Sonnensystem aus einer molekularen Wolke, deren Durchmesser wohl zwischen 50 und 100 Lichtjahre betrug. In der Milchstraße gibt es zahlreiche solcher Wolken. Dabei handelt es sich um nebelartige Gebilde, von denen viele mit bloßem Auge zu erkennen sind. Diese aus Wasserstoff und Staub zusammengesetzte gigantische Wolke entstand nach dem Verglühen ehemaliger Sterne. Unter dem Einfluß der Schwerkraft verdichtete sie sich immer stärker – bis zu einer Dichte von mehreren Tausend Molekülen pro Kubikzentimeter. In diesem Zustand verhinderten die Interaktionen zwischen dem magnetischen Feld und der Materie eine weitere Kontraktion.

Theoretisch hätte dieser Zustand Bestand haben können. Er bedurfte äußerer Einwirkung, wie des Ausbruchs einer relativ nahen Supernova, um eine Druckwelle zu erzeugen, die eine Komprimierung der Wolke auslöste. In deren Innerem sind Gase und Staub nicht gleichmäßig verteilt; vielmehr gibt es dichtere Ansammlungen von Materie in Form von Klumpen. Diese sogenannten dichten Kerne zogen sich immer stärker zusammen. Im zentralen Teil wurden die Gase so stark komprimiert, daß sie sich erhitzten.

Der amerikanische Satellit IRAS machte 1983 im Inneren der dichten Kerne, die Durchmesser von 0,3 bis 1,6 Lichtjahre aufweisen, Infrarotstrahlung aussendende Körper aus. Dies ließ Schlußfolgerungen über die Entstehung der Sterne zu. Tatsächlich beginnt der Prozeß der Sternbildung im Zentrum des dich-

◁ *Die starre Oberfläche des Merkur zeigt Krater von schweren Meteoriteneinschlägen von bis vor 3,8 Mrd. Jahren.*

△ Der Nebel des Adler (M 16), aufgenommen mit dem Hubble-Space-Teleskop. Die kleinen, an der Oberseite der Wolke sichtbaren Gaskugeln sind dichte Kerne, aus denen einmal Sterne hervorgehen werden. Auf ähnliche Art bildete sich vor 4,5 Mrd. Jahren die Sonne.

ten Kerns; diese sphärische Erscheinung ist keine bloße Gaswolke mehr, aber auch noch kein Stern. Vielmehr stellt dieses junge, sternartige Objekt die Basis für die weitere Entwicklung zum Stern dar: Es zieht aus den anderen Bereichen des dichten Kerns weitere Materie an und gewinnt so an Umfang. Auf diese Weise entstehen – je nach der anfangs zur Verfügung stehenden Masse an Materie – Sterne von sehr unterschiedlicher Größe. Mit hoher Wahrscheinlichkeit entstand auch die Sonne auf diese Weise.

Das neu entstandene Gestirn ist anfangs noch von einer Wolke aus Gas und Staub umgeben – dem Rest des ursprünglichen Nebels. Unter Einwirkung der Schwerkraft erwärmt sich der Stern immer mehr, bis es zu thermischen Kernreaktionen kommt. Damit beginnt der neue Stern zu leuchten. Bis zu dieser Stufe hat die Entstehung der Sonne aus der ursprünglich vorhandenen Gaswolke weniger als 1 Mio. Jahre gedauert. Ein Teil der vorhandenen Gase und Staubteilchen fällt jedoch nicht direkt in die Sonne und vergrößert deren Masse, sondern »verfehlt das Ziel« und bildet eine die Sonne umgebende Scheibe. Diese Struktur hat man inzwischen bei mehreren Sternen beobachtet, so etwa bei β-Pictoris, dem zweiten Objekt im Sternbild Maler, das von Mitteleuropa aus allerdings nicht mehr zu sehen ist.

Geschichte des Sonnensystems

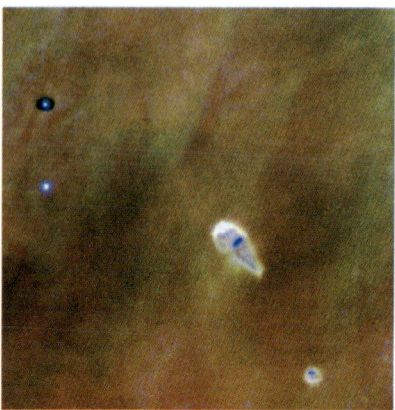

△ *Das Hubble-Space-Teleskop zeigt im Orionnebel (M 42) sehr junge Sterne, die weiträumig von Gasringen umgeben sind. So oder so ähnlich dürfte vor rund 4,5 Mrd. Jahren das sich entwickelnde Sonnensystem ausgesehen haben.*

GAS UND STAUB

Vor etwas mehr als 4,5 Mrd. Jahren lag auch um die Sonne ein gigantischer Ring aus Gas und Staub, der sich in ständiger Bewegung befand. Im Lauf der Zeit ballte sich der Staub zu immer größeren Kugeln zusammen. Bei ihrer Bewegung um die junge Sonne kollidierten die Kugeln und bildeten dabei Blöcke mit Durchmessern von anfangs einigen Metern bis später mehreren Kilometern. Bis zum Erreichen dieses Zustands reichten einige zig Millionen Jahre – eine für das Sonnensystem sehr kurze Zeitspanne.

Auf den Umlaufbahnen von Merkur, Venus, Erde bis zum Mars verdichteten sich die kleinen Staubkörner immer weiter und formten schließlich harte Blöcke. Ab der Umlaufbahn des Jupiter jedoch bildete sich aufgrund der dort herrschenden niedrigen Temperaturen eine Eisschicht um sie herum, das heißt, die Gase verfestigten sich. Dieser Unterschied ist maßgeblich für die Entstehung der tellurischen (festen) inneren oder unteren Planeten und Asteroiden einerseits sowie der gasförmigen Planeten und Kometen andererseits (s. S. 108–111 für Asteroiden und S. 130–133 für Kometen) verantwortlich.

Einige dieser sogenannten Planetesimale waren größer als andere; sie lagerten das Material anderer Körper an und entwickelten sich zu Protoplaneten, den eigentlichen Vorläufern der gegenwärtigen Planeten. Die Protoplaneten waren wesentlich größer als die anderen Objekte und lagerten die in ihrer Reichweite befindliche Materie an. Mit zunehmendem Wachstum entwickelten sie sich zu den heute bekannten Planeten. Einige von ihnen fingen kleinere Planeten ein, die ihre Satelliten wurden, während auf ihrer Oberfläche Asteroiden in allen Größen einschlugen. Diese Meteoritenhagel erreichten vor 4,5 Mrd. Jahren ihren Höhepunkt, setzten sich aber mit hoher Intensität noch weitere 700 Mio. Jahre fort. Während der letzten 3,8 Mrd. Jahre verlangsamte sich die Entwicklung des Systems deutlich. Die Planeten hatten das Sonnensystem von Gas, Staub und den meisten vorhandenen Asteroiden »gereinigt«, und es treten nur noch selten Kollisionen auf. Die Mondkrater erinnern an die Epoche intensiver Meteoriteneinschläge. Seit Astronomen das Weltall mit Spezialinstrumenten beobachten, erlebte die Menschheit nur eine einzige große Kollision: den Aufprall von Bruchstücken des Kometen Shoemaker-Levy 9 auf den Jupiter.

Dies bedeutet jedoch nicht, daß sich solch ein Ereignis nicht auch auf der Erde zutragen könnte. Am 30. Juni 1908 zerbarst in Sibirien, genauer gesagt in der Region Tunguska, in 10 km Höhe ein Meteorit mit einem Durchmesser von 30 m und verwüstete ein glücklicherweise nur dünn besiedeltes Gebiet von 2000 km². Vor 65 Mio. Jahren, erdgeschichtlich gesehen also vor recht kurzer Zeit, schlug ein großer Meteor in der Region Yucatán im heutigen Mexiko ein. Der durch den Aufprall aufgewirbelte und in die Atmosphäre gelangte Staub verursachte gewaltige klimatische Veränderungen, die für das Aussterben der Dinosaurier verantwortlich sein könnten. Das Sonnensystem befindet sich gegenwärtig in einer relativ stabilen Phase, die noch etwa 5 Mrd. Jahre anhalten dürfte. Dann wird die Sonne »sterben«, was große Veränderungen nach sich ziehen wird (s. S. 86).

ANDERE SONNENSYSTEME?

Können die Planeten ihre Bahnen auch um andere Sonnen, also um andere Sterne ziehen? Diese Frage wurde in zahlreichen Studien erörtert, die bis ins 20. Jh. hinein spekulativ bleiben mußten. Erst 1992 ermittelte eine Gruppe von Radioastronomen drei kleine Planeten, die einen Pulsar umkreisen. Aber diese Himmelskörper, die sich in der Nähe von Neutronensternen (s. S. 244–245) befinden, scheinen unwirtlich und auf recht absonderliche Art entstanden zu sein.
Gegen Ende des Jahres 1995 entdeckten die Schweizer Astronomen Michel Mayor und Didier Queloz um den Stern 51 Pegasi (s. S. 184) einen Planeten, der kaum kleiner als Jupiter ist. Seither haben Astronomen noch sieben andere Planetensysteme gefunden.
Damit ist der Beweis erbracht, daß das Sonnensystem nicht einzigartig ist. Jüngsten Untersuchungen zufolge werden allerdings nur etwa 3 % der sonnenähnlichen Sterne von Planeten umkreist.

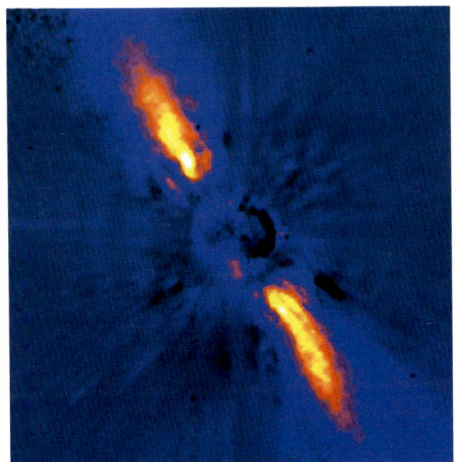

◁ Der Stern β-Pictoris entstand vor nur wenigen hundert Millionen Jahren und ist noch immer von einem Staubring umgeben. In diesem wurden Kometen nachgewiesen, was bedeutet, daß sich darin bereits Himmelskörper mit einem Durchmesser von mehreren Kilometern und wahrscheinlich auch Planeten gebildet haben.

SONNE

EIN GEWÖHNLICHER STERN

Die Sonne ist nichts anderes als ein Stern. Das heißt, sie ist eine gigantische Gaskugel und so heiß, daß sie Licht ausstrahlt. Ihr im Vergleich zu anderen Sternen wesentlich stärkeres Leuchten liegt einfach an ihrer Nähe zur Erde. Alpha Centauri, ein unserem Sonnensystem relativ naher Stern, ist von der Erde 4,3 Lichtjahre enfernt, die Sonne hingegen nur 8 Lichtminuten. Beide Gestirne haben etwa die gleiche Größe; bei annähernd gleicher Entfernung würde Alpha Centauri also von der Erde aus ähnlich der Sonne erscheinen. Seit über 4,55 Mrd. Jahren bescheint die Sonne ihre Umgebung mit hellem Licht (s. S. 78). Unter der Einwirkung der enormen Masse der Sonne wird der überwiegende Teil ihres Hauptbestandteils Wasserstoff verdichtet, erhitzt und durch Kernfusionen in Helium umgewandelt. Der aus der Schwerkraft der Sonne resultierenden Kontraktion wirkt ständig die durch die dabei erzeugte Wärme entstehende Ausdehnung entgegen. Insgesamt läßt sich die Sonne als ein auf thermonuklearer Fusionen basierender Reaktor bezeichnen, der der Schwerkraft unterliegt. Jede Sekunde werden 4 Mio. t Wasserstoff in Helium und Strahlung umgewandelt. Im Inneren des riesigen »Reaktors« erreichen die Temperaturen 15 Mio. Grad Celsius.

Die sichtbare Oberfläche (Photosphäre) weist maximale Temperaturen von 5500 °C auf. Sie besteht aus Granulen genannten Konvektionszellen; diese im Durchmesser mehrere tausend Kilometer großen Regionen können mit genauen Teleskopen er-

◁ *Die Sonne, wie sie durch ein Teleskop betrachtet erscheint: ein mit dunklen Flecken übersäter leuchtender Körper.*

kannt werden. Diese Geräte zeigen die Konvektionsbewegungen, die die innere Hitze entweichen lassen. Die auf der Sonne verstreuten dunklen Flekken sind »kühlere« Zonen (um 3500 °C), die an elektrische Feldlinien gebunden sind. Die Photosphäre wird von der Chromosphäre überlagert. Diese ist mit Temperaturen von bis zu 1 Mio. Grad extrem heiß. Die Chromosphäre wird gelegentlich von aus der Photosphäre ausgeworfenem Material erreicht; diese Vorgänge bezeichnet man als Protuberanzen. Beim Blick durch ein Teleskop wird deutlich, daß sich diese gigantischen Lichterscheinungen über Hunderttausende von Kilometern erstrecken, sich in nur wenigen Minuten abspielen und eine der faszinierendsten Erscheinungen im All darstellen.

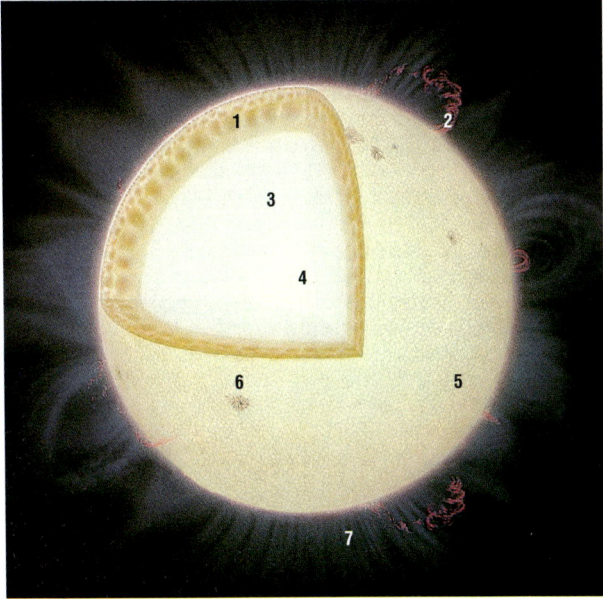

△ *Das Innere der Sonne. 1. Konvektionszone – 2. Protuberanz – 3. Strahlungszone – 4. Kern (15 Mio. Grad) – 5. Photosphäre (5500 °C) – 6. Sonnenfleck – 7. Chromosphäre.*

GESCHICHTE DER ENTDECKUNG

Die Entstehungsgeschichte der Sonne blieb der Menschheit lange Zeit ein Rätsel. Um 1600 waren sich Astronomen unter dem Einfluß der Arbeiten von Nikolaus Kopernikus einig, daß die Sterne sehr weit entfernt sind und ihre Helligkeit daher die der Sonne wohl übertreffe. Diese Überlegung führte zur Erkenntnis, daß die Sonne ein Stern ist wie viele andere – sie ist der Erde lediglich viel näher.

In den 1860er Jahren berechneten Astronomen die Masse der Sonne. Sie gingen davon aus, daß die Sonne aus Kohle bestehe – in jener Zeit das Material mit der größten Brennbarkeit. Daraus leiteten sie ab, daß die Vorräte seit

Sonne

der Entstehung der Sonne nur für höchstens 5000 Jahre reichen würden. Forschungsarbeiten von Geologen und Biologen zeigten jedoch, daß die irdischen Gesteine und die auf der Erde lebenden Arten mindestens einige Millionen Jahre alt waren. W. Thomson Lord Kelvin und Hermann Ludwig Ferdinand von Helmholtz unterstellten einen Prozeß der Kontraktion, demzufolge die Sonne ein Alter von 30 bis 100 Mio. Jahren hatte. Im Zuge weiterer Forschungen schätzten Geologen das Alter der ältesten auf der Erde vorkommenden Steine auf etwa 1 Mrd. Jahre. Erst mit Hilfe der 1905 von Einstein erstellten Gleichungen (vor allem $E = mc^2$) fand man heraus, wie lange es bereits Kernreaktionen im Inneren der Sonne gibt: seit etwa 10 Mrd. Jahren.

BEOBACHTUNG DER SONNE

Die Sonne ist unstreitig das am leichtesten zu lokalisierende Gestirn; die Beobachtung der Sonne birgt jedoch auch größte Gefahren. Ohne die unentbehrlichen Schutzmaßnahmen – sei es mit oder ohne optische Geräte – kann die Beobachtung der Sonne schwerste Verletzungen an der Netzhaut hervorrufen, die im Extremfall bis zur völligen Erblindung führen können. Ein direktes Betrachten der Sonne mit bloßem Auge, selbst bei einer Sonnenfinsternis, sollte man daher auf jeden Fall vermeiden. Um Unfälle zu umgehen, ist ein ausreichender Schutz unbedingt erforderlich.

Das längere Beobachten des Tagesgestirns mit bloßem Auge ist ohne Risiko nur mit Hilfe einer Spezialfolie bzw. eines Sicherheitsdeckels möglich. Sonnenbrillen bieten keinen ausreichenden Schutz. Außerdem kann man die Sonne auch durch einen Sonnenfilter betrachten, der hinter dem Okular aufgeschraubt wird. Die Schutzvorrichtung eignet sich nicht für Teleskope, ist aber für Beobachtungen mit bloßem Auge ausreichend. Einziger Nachteil: Man benötigt mindestens

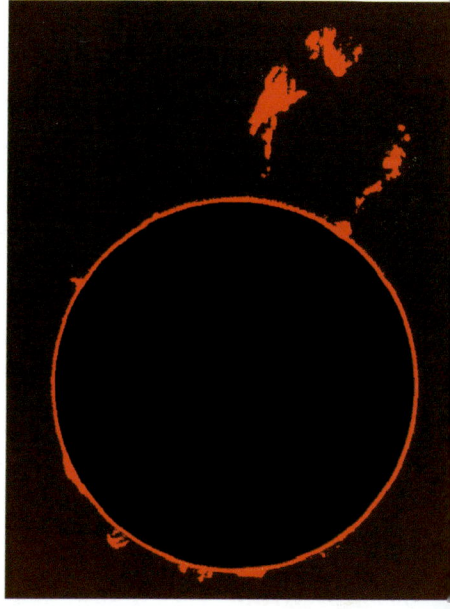

Protuberanzen der Sonne sind spektakuläre Auswürfe von Materie, die sich in wenigen Minuten ereignen können. Zur Beobachtung benötigt man einen Coronographen (ein Gerät, das die Sonne künstlich verfinstert) oder Spezialfilter. ▷

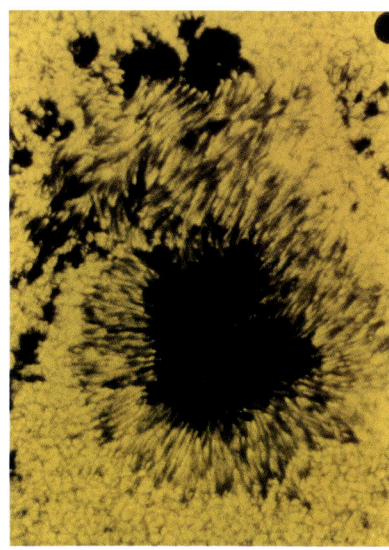

△ *Großaufnahme von Sonnenflecken und der Granulation, fotografiert im Observatorium am Pic du Midi de Bigorre.*

zwei Filter, um mit beiden Augen hindurchschauen zu können. So oder so, im schlimmsten Fall sieht man ohne Instrument nur eine kleine runde Scheibe. Im günstigsten Fall lassen sich bei starker Sonnenfleckenaktivität auch größere dunkle Flecken erkennen. Für den problemlosen Zugang zu Einzelheiten der solaren Sphäre genügt das einfachste astronomische Fernrohr. Bereits mit einer 50-fachen Vergrößerung erscheinen auch bei mittlerer Aktivität Flecken – schwarz in der Mitte, grau am Rand. Im Lauf von einigen Tagen sieht man, wie die Flekken ihre Form verändern und sogar verschwinden können, während andere erscheinen. Sie scheinen sich in Längsrichtung zu bewegen, doch in Wahrheit bewegt sich die Sonne selbst. Wenn ein Fleck lange genug besteht, kann man ihn verfolgen und findet ihn nach 28 Tagen – nach einer vollständigen Drehung der Sonne um sich selbst – in seiner Ausgangslage wieder. Alle Beobachtungen, die mit technischen Geräten (Brennweite 50–115 mm) gemacht werden, benötigen natürlich entsprechende Schutzvorrichtungen. Im allgemeinen werden die Geräte mit Sonnenfiltern geliefert, die auf die Okulare aufgeschraubt werden. Unangenehm ist, daß die Filter nahe dem Brennpunkt liegen, also an der Stelle, an der alle Sonnenstrahlen zusammenlaufen. Deshalb sind die Filter hohen Temperaturen ausgesetzt, die sie leicht platzen lassen. Diese Schutzvorrichtung ist also nicht frei von Risiken. Bei einem 60-mm-Fernrohr platzt der Filter sehr selten. Dagegen geschieht dies bei einer Brennweite von 100 mm oft. Man kann die Risiken begrenzen, indem man die Sonne nicht länger als 30 Sekunden lang fixiert. Anschließend sollte man eine Minute verstreichen lassen, damit sich der Filter abkühlen kann. Auf jeden Fall reduziert die Veränderung der Brennweite auf 50 mm die Erwärmung. Man kann das Gerät auch ohne Schutzvorrichtung belassen und die Sonne betrachten, indem man ihr Bild auf eine Leinwand nur wenige Dezimeter hinter dem Okular projiziert. Bei dieser Technik sollte man allerdings beachten, daß das Gerät nicht mit Schutzvorrichtung versehen ist und niemand durch das Okular blicken darf!
Am besten versieht man sein Gerät mit einer Schutzvorrichtung, die vor dem Objektiv angebracht wird. Filter aus optischem Glas gibt es für alle Brennwei-

ten. Ihr einziger Nachteil ist der hohe Preis. Sie ermöglichen lange Beobachtungen der Sonnenoberfläche mit hoher räumlicher Auflösung und ohne eine Gefährdung der Augen. Günstiger ist eine vor das Objektiv gespannte Folie. Diese Art eines Filters hat allerdings den Nachteil, daß er sich schnell abnutzt. Nach einiger Zeit erhält die Folie kleine Risse, die die Strahlen passieren lassen. Dann muß sie unverzüglich ausgewechselt werden. Astronomische Geräte verfügen bei unsachgemäßer Verwendung nicht über ausreichenden Schutz. Es ist daher streng untersagt, die Sonne mittels dieser Instrumente anzupeilen. Die Peilung erfolgt durch Beobachtung des Schattens, der vom Teleskop auf den Boden projiziert wird. Ein schärferes Bild erhält man nach einigem Herumprobieren. Benutzer von Geräten mit einer Brennweite ab 200 mm verwenden Filter, die vor

dem Objektiv installiert werden. Dies liegt daran, daß die freigesetzte Wärme den Gebrauch jedweden Filters am Okular unmöglich macht und außerdem die Oberfläche beschädigen kann. Mit einem Gerät von 200 mm Brennweite lassen sich detaillierte Beobachtungen der Sonnenflecken anstellen; auch hellere Bereiche, die sogenannten Sonnenfackeln, sind damit erkennbar. Bei

DAS ENDE DER SONNE

Die »thermonukleare Anlage« der Sonne verfügt noch über genügend Wasserstoff, um noch weitere ca. 5 Mrd. Jahre zu brennen. Im Lauf dieser langen Zeit wird irgendwann fast der gesamte Wasserstoff zu Helium umgeformt. Dann kommt die Kernfusion zum Erliegen, und die Energieproduktion geht stark zurück. Dies führt zu einer Kontraktion des Heliums, das sich unter dem Druck des eigenen Gewichts in Kohlenstoff umwandelt und dieser wiederum zu Sauerstoff verschmilzt. Während dieser Vorgänge wird sich die Gashülle der Sonne einige hundert Millionen Jahre lang ausdehnen und schließlich Merkur und Venus erreichen. In diesem Stadium ist die Sonne ein Roter Riese, der über eine Entfernung von 1600 Lichtjahren mit bloßem Auge sichtbar ist. Dann stößt ihr Kern die gesamte Hülle schichtweise ab, wodurch ein Planetennebel entsteht. Im Innersten bleibt ein zwergenhafter Stern (ein sogenannter Weißer Zwerg) übrig, der langsam abkühlt, bevor er endgültig erlischt.

△ Eine Methode, um die Sonne ohne Gefahr für das Augenlicht zu beachten, ist ihre Projektion auf eine weiße Folie.

◁ Für die Beobachtung der Sonne – egal, ob mit oder ohne Gerät – ist ein geeigneter Schutz für die Augen unerläßlich.

Gebrauch eines H-Alpha-Filters (der fast so teuer ist wie ein Teleskop) lassen sich auch die Protuberanzen auf der Sonnenoberfläche erkennen. Ein weiteres geeignetes Instrument zur Beobachtung der Protuberanzen am Rand der Sonnenscheibe ist der Koronograph.

MERKUR

INFOBOX

Erster Planet von innen (sonnennächster Planet)
Mittlere Entfernung von der Sonne: 0,39 AE
Umlaufzeit um die Sonne: 88 Tage
Dauer der Rotation: 58,65 Tage
Abplattung: 0
Neigung des Äquators gegen die Bahnebene: 7°
Durchmesser: 4878 km (38 % der Erde)
Volumen: 5,4 % der Erde
Masse: 5,5 % der Erde
Temperatur an der Oberfläche: tagsüber 467°C, nachts -183°C
Atmosphärischer Druck an der Oberfläche: 10^{-12} bar
Monde: 0

DER PLANET MIT DEM EISENKERN

Der Merkur entstand vor 4,5 Mrd. Jahren durch Anlagerung kleiner Gesteinsbrocken. Diese Entwicklung scheint jedoch durch ein dramatisches Ereignis beschleunigt worden zu sein. Der Merkur ist mit weitem Abstand der dichteste Planet des Sonnensystems. Er enthält einen aus Eisen aufgebauten Kern, der 40 % seines Volumens und zwei Drittel seiner gesamten Masse ausmacht. Die Entstehung eines solchen eisenreichen Körpers läßt sich nicht allein durch Anlagerungsprozesse erklären. Dies gilt auch, wenn sich der Merkur in einem der Sonne sehr nahen Bereich bildete, wo die leichtesten Elemente (Wasserstoff, Helium, Sauerstoff) von der Sonne quasi weggeblasen wurden und nur die Silikate zurückblieben. Nach der derzeit anerkanntesten Theorie wurde der Merkur während seiner Entstehung von einem großen Meteoriten getroffen, wodurch sein Gesteinsmantel verschoben wurde und im Weltraum zersplitterte. Somit blieb nichts übrig – außer dem aus Eisen aufgebauten Kern.

Die Beobachtung der Oberfläche enthüllt ein weiteres Problem: Mit einem Alter von 3,9 Mrd. Jahren ist sie sehr alt. Auf dem Mond sowie auf anderen Planeten kam es nach der Beendigung der Phase der Me-

Die Oberfläche des Merkur ist schwarz wie Kohle, ihre Gestalt ähnelt der des Mondes: Krater und glatte Ebenen. ▷

teoriteneinschläge zur Bildung weiterer Krater. Dies ist beim Merkur nicht der Fall. Außerdem läßt sich auf der Oberfläche keine echte Spur vulkanischer Aktivität ausmachen. Sie ist sehr dunkel und reflektiert nur 5,5 % der Sonnenstrahlung. Die Raumsonde Mariner 10 ermittelte ein schwaches Magnetfeld. Das Magnetfeld eines tellurischen Planeten steht in Beziehung zur Rotation des flüssigen Eisenkerns. Aber die Rotationsperiode des Merkur dauert mit knapp 59 Tagen sehr lange, und das Fehlen vulkanischer Aktivität deutet darauf hin, daß der Eisenkern nicht flüssig ist.

Der Merkur hat eine dem Callisto – einem der von Galilei entdeckten Monden des Jupiter – vergleichbare Größe; eine Atmosphäre existiert aber praktisch nicht. Trotzdem wurden Spuren von Helium entdeckt. Das von der Sonne ausgestoßene Gas könnte für kurze Zeit vom Merkur eingefangen werden.

△ *Das im Durchmesser 1300 km große Caloris-Becken zeigt Spuren gewaltiger Einschläge.*

GESCHICHTE DER ENTDECKUNG

Der Merkur ist – wie auch Venus, Mars, Jupiter und Saturn – seit dem Altertum bekannt. Astronomen beobachteten ihn lange Zeit mit dem Fernrohr, konnten aber keine Einzelheiten der Oberfläche erkennen. Zum einen lag das an der Nähe des Planeten zur Sonne. Urbain Le Verrier, der einige Jahre zuvor aufgrund von mathematischen Berechnungen den Planeten Neptun entdeckt hatte, erklärte 1859 die langsame Verschie-

Merkur

◁ Der Merkur von der Raumsonde Mariner 10 aus gesehen.

bung des Perihels des Merkur mit der Existenz eines weiteren Planeten, der der Sonne noch näher sei.

Ein solcher Planet blieb aber unauffindbar. Erst im 20. Jh. gelang Albert Einstein die Erklärung mit Hilfe der Relativitätstheorie. Gegen Ende des 19. Jh. hatte der Italiener G. V. Schiaparelli eine erste Merkurkarte erstellt. Sie wurde in den 20er Jahren des 20. Jh. von E. M. Antoniadi weiterentwickelt.

Lange Zeit konnten jedoch keine gesicherten Informationen über den Planeten gesammelt werden. Im Jahr 1965 mit dem Radioteleskop von Arecibo in Puerto Rico erstellte Messungen ergaben, daß sich der Merkur in etwas weniger als 59 Tagen um sich selbst dreht; dieser Zeitraum entspricht genau zwei Dritteln seiner Umlaufzeit um die Sonne.

Nur eine Raumsonde – die Mariner 10 – begab sich auf den Weg zum Merkur. Sie überflog den Planeten dreimal: am 29. März 1974, am 21. September 1974 und am 16. März 1975. Bei allen drei Flügen war jedoch dieselbe Halbkugel von der Sonne beleuchtet. Deshalb kennen die Astronomen bis heute nur eine Hälfte des Planeten.

Die von Mariner 10 aufgenommene Landschaft erinnert deutlich an die des Mondes: eine mit zahlreichen Spuren früherer Meteoriteneinschläge übersäte Oberfläche. Astronomen glaubten im Jahr 1991, in den Tiefen einiger Einschlagkrater Eis erkannt zu haben.

Tatsächlich erhalten die tiefen Bereiche der in Polnähe gelegenen Krater keine Sonnenstrahlung. Die Temperatur steigt dort nie über −170 °C. Das abgelagerte Eis dort dürfte seit Milliarden von Jahren existieren. Um diesen Sachverhalt endgültig aufzuklären, bedarf es allerdings einiger weiterer Untersuchungen. Dafür muß eine neue Raumsonde zum Merkur geschickt werden – ein Unternehmen, das die Europäische Raumfahrtbehörde voraussichtlich im Jahr 2004 in Angriff nehmen wird: mit der Raumsonde Mercury Orbiter.

MÖGLICHKEIT DER BEOBACHTUNG DES MERKUR

Es ist nicht leicht, den Merkur zu erkennen. Der Planet entfernt sich nie um mehr als 28° von der Sonne. Sein Untergang bzw. Aufgang ereignet sich also maximal 2 Stunden und 15 Minuten nach bzw. vor dem der Sonne. Das bedeutet auch, daß der Merkur nur zu sehen ist, wenn der Himmel noch nicht völlig dunkel ist. Daher gibt es wohl nur wenige astronomische Laien, die den Merkur je gesehen haben.

Am besten sind die Chancen, den Merkur zu entdecken, wenn man den Zeitpunkt der maximalen Elongationen kennt. In den europäischen Breiten bieten sich die besten Gelegenheiten während der östlichen Elongationen im Frühling (Anfang Mai) sowie während der westlichen Elongationen im Herbst (Ende Oktober).

Die beste, wenn auch sehr seltene Gelegenheit, den Planeten zu sehen, ist während einer totalen Sonnenfinsternis. Dann ist der Merkur, dessen Größenklasse zwischen -0,2 und -1,7 schwankt, irgendwo auf der Linie erkennbar, die zwischen der Sonne und der Venus oder einem anderen der ebenfalls sichtbaren Planeten verläuft. Hat man den Planeten einmal ausfindig gemacht, kann man ihn auch nach dem Ende einer Sonnenfinsternis tagsüber weiterverfolgen. Die letzte totale Sonnenfinsternis in Deutschland ereignete sich am 11. August 1999.

Bei der Beobachtung mit dem Teleskop zeigt sich der Merkur – wie die Venus – in Phasen. Ist der Planet vollständig beleuchtet – im Moment seiner größten Entfernung –, überschreitet sein scheinbarer Durchmesser nie 4,6" (wenig mehr als Uranus); wenn er als schmale Sichel erscheint, erreicht er 12,9". Zur Beobachtung dunkler Flecken auf der Oberfläche des Merkur benötigt man ein Teleskop mit einer Brennweite von mindestens 150 mm. Aber auch mit dem leistungsfähigsten Instrument sind die Chancen sehr gering.

◁ *Die Antipoden von Caloris: Das chaotisch anmutende Gebiet entstand durch die Druckwelle, die das Einschlagbecken auf der anderen Seite des Planeten bildete. Der Krater Petrarca füllte sich sofort mit Lava; dies verleiht ihm sein Erscheinungsbild, das an die Maria auf dem Mond erinnert.*

VENUS

Zweiter Planet von innen
Mittlere Entfernung von der Sonne: 0,72 AE
Umlaufzeit um die Sonne: 224 Tage 19 Stunden 12 Minuten
Dauer der Rotation: 243 Tage (rückläufig)
Abplattung: 0
Neigung des Äquators gegen die Bahnebene: 117,4°
Durchmesser: 12 104 km (95 % der Erde)
Volumen: 85 % der Erde
Masse: 82 % der Erde
Temperatur an der Oberfläche: 475 °C
Atmosphärischer Druck an der Oberfläche: 90 bar
Satelliten: 0

EINE GEHEIMNISVOLLE HÖLLE

△ *Das von der Raumsonde Magellan aufgenommene Radarbild zeigt das Relief der Venus und dichte Wolkenbänder.*

Aufgrund ihrer Größe, ihrer Lage im Sonnensystem und ihres Aussehens im Weltraum galt die Venus lange als Zwillingsplanet der Erde. Ihre Atmosphäre wird aber von schwefelsäurehaltigen Wolken geprägt, und bei den hier herrschenden Temperaturen schmilzt Blei. Diese heiße Welt unterscheidet sich sehr von unserer. Auch die Geologie der Venus ist anders: Wo die Wissenschaftler hofften, Anzeichen für eine Plattentektonik zu erkennen, fanden sie rätselhafte, auf vulkanischer Aktivität beruhende Strukturen.

Wie die anderen Planeten des Sonnensystems entstand die Venus vor 4,5 Mrd. Jahren durch Anlagerung von kleinen Gesteinskörpern. Zu jener Zeit stieß ihre überhitzte Oberfläche Gase aus, die heute die dichte Atmosphäre bilden. Aber mit einer Entfernung von der Sonne von nur 108 Mio. km ist die Venus dieser viel näher als die Erde und deshalb auch wärmer. Aufgrund der herrschenden Temperaturen konnte der Wasserdampf nicht kondensieren und Meere bilden wie auf der Erde. Im Gegenteil: Wasserdampf und Kohlendioxid führten zu einem starken Treibhauseffekt, durch den die Atmosphäre weiter aufgeheizt wurde. Der ultravioletten Strahlung der Sonne ausgesetzt, entwich der Wasserdampf ins All, bis er vollständig aus der Atmosphäre verschwand. Einige Astronomen glauben, daß das Fehlen von Wasser die außergewöhnliche Härte der Gesteine der Venus ebenso erklärt wie das Fehlen jeglicher Plattentektonik. Dieses Phänomen, bei dem an einigen Stellen Gestein ins Innere des Planeten abtaucht und anderswo Gestein zur Oberfläche emporsteigt, führt dazu, daß 95 % der inneren Energie der Er-

Koronae sind seltsame kreisförmige Erscheinungen, die nirgendwo sonst innerhalb des Sonnensystems beobachtet wurden. ▷

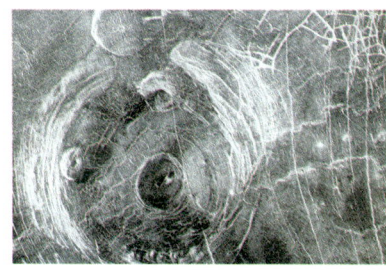

de entweichen. Aufgrund ihrer mangelnden Biegsamkeit verformte sich die Kruste der Venus nicht; somit gab es auch keine tektonischen Bewegungen wie auf der Erde. Jüngst angestellte Untersuchungen durch die amerikanische Raumsonde Magellan ergaben ein Alter der Venusoberfläche von nur 600 Mio. Jahren. Dafür spricht auch die geringe Zahl an Meteoritenkratern (nur etwa 1000), die trotz der schützenden Atmosphäre viel höher sein müßte, wenn die Oberfläche 4,5 Mrd. Jahre alt wäre. Das bedeutet, daß sich die Venusoberfläche auch ohne Plattentektonik veränderte. Es ist unwahrscheinlich, daß diese Veränderungen allein durch die auf der Venus entdeckten Tausende von Vulkanen hervorgerufen wurden. Die derzeit anerkannte Hypothese besagt, daß sich die starre Kruste so sehr verdichtete, daß die Temperatur im Inneren des Planeten anstieg. Jenseits einer kritischen Temperatur ergossen sich die heißen Gesteine des Mantels über die Kruste und breiteten sich über die Oberfläche aus, die so völlig umgestaltet wurde. Dann kühlte die Magma ab, und der Kreislauf begann von neuem. Einige Besonderheiten der Venus sind jedoch bis heute nicht geklärt. Die Entstehung der kreisförmigen Koronae etwa ist völlig unbekannt. Sie bildeten sich in ineinander verschachtelten Falten und können Durchmesser von 200 km erreichen. Nicht bekannt ist darüber hinaus die Entstehung der ausgedehnten, unregelmäßig gestreiften Terrassen, die in parallel zueinander verlaufenden Verwerfungen angelegt sind.

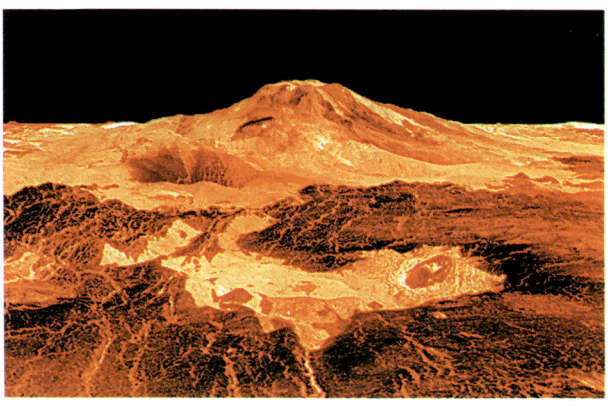

△ *Im Unterschied zur Erde gibt es auf der Venus zwar keine driftenden Kontinentalplatten, wohl aber Tausende von Vulkanen aller Typen.*

Venus

Die Oberfläche der Venus von der Raumsonde Venera 14 aus gesehen. ▷

Wie entstanden die kuppelartigen Vulkane mit Durchmessern von bis zu 25 km und Höhen von nur bis zu 750 m? Trotz ihrer Nähe zur Erde und einiger vergleichbarer Eigenschaften hat die Venus ein ganz anderes Gesicht.

GESCHICHTE DER ENTDECKUNG

Galileo Galilei war 1610 der erste, der den Planeten Venus mit Hilfe eines optischen Geräts näher beobachtete. Nachdem er sie einige Monate lang studiert hatte, stellte er fest, daß es die Venus – wie der Mond – mehrere Phasen aufwies. Diese Erkenntnis sollte sich als wichtig erweisen, denn sie erhärtete die heliozentrische Theorie, die Nikolaus Kopernikus 66 Jahre zuvor aufgestellt hatte. Galilei sah durch sein einfaches Fernrohr die gesamte beleuchtete Seite der Venus wie den Vollmond. Dabei bemerkte er, daß der Durchmesser der vollständig beleuchteten Venus kleiner wirkte als in der Phase, in der sie nur als schmale Sichel erscheint. Damit gelang ihm der Beweis, daß die Venus um die Sonne kreist. In den folgenden Jahrhunderten wurden trotz beachtlicher Fortschritte in der Entwicklung astronomischer Geräte kaum neue Erkenntnisse über die Venus gesammelt. Dies änderte sich erst im Zeitalter der Raumfahrt. Die amerikanische Sonde Mariner 2 war 1962 das erste Raumschiff, das sich der Venus auf 36 600 km näherte. Die Forschungen ergaben eine Bodentemperatur von etwa 450 °C und eine ausgeprägt trockene Oberfläche. Am 17. Oktober 1967 lieferte die Raumsonde Mariner 5 eine genaue Messung des Durchmessers der Venus am Äquator. Außerdem konnte ermittelt werden, daß die den Atmosphäre des Planeten über 100 km mächtig ist und zu 96 % aus Kohlendioxid besteht. Die sowjetische Sonde Venera 4 war das erste Raumschiff, das auf der Venus landete und Meßdaten zur Erde sendete. Ihr folgten 14 weitere sowjetischen Sonden, die auf dem Planeten landeten. Eine von ihnen, Venera 9, nahm 1975 das erste Foto der Oberfläche auf.

Die Atmosphäre der Venus ist ständig wolkenverhangen; diese Aufnahme stammt von der Sonde Mariner 10. ▷

Die beiden Vega-Raumsonden warfen 1984 auf ihrem Weg zum Halleyschen Kometen ein Fahrwerk und einen atmosphärischen Ballon ab. Von den amerikanischen Sonden lieferte Mariner 10 im Jahr 1974 die ersten Bilder der Venus; darauf waren in der Atmosphäre des Planeten die großen Wolkenfelder zu erkennen. Zwischen 1978 und 1992 gelang der Pioneer Venus die ersten Radarkartographie. Eine bessere räumliche Auflösung der Radarbilder erzielte Magellan zwischen 1989 und 1994. Diese Aufnahmen halfen, die Geologie der Venus zu erklären.

MÖGLICHKEIT DER BEOBACHTUNG DER VENUS

Die Venus am Himmel aufzufinden ist nicht sehr schwer, handelt es sich doch um das nach Sonne und Mond hellste Gestirn. Man erkennt sie am besten nach Sonnenuntergang im Westen oder vor Sonnenaufgang im Osten. Die Venus erscheint als großer weißer Stern, der nicht funkelt. Sie ist aber nicht ständig sichtbar. Steht sie hinter der Sonne (Opposition) oder zwischen Sonne und Erde (Konjunktion) versinkt sie gleichsam im Sonnenlicht. Ihre genaue Position liefern astronomische Kalender. Steht sie im Sternbild Zwilling, erscheint die Venus als sehr heller Stern; nur wenn sie sich sehr nahe der Erde bewegt, erscheint sie als dünne Sichel. Bereits mit einem kleinen Fernglas mit 35facher Vergrößerung ist sie als Planet zu erkennen. Bei großer Entfernung zur Erde (vor oder nach der Opposition) erscheint sie mit einem scheinbaren Durchmesser von etwa 10" als eine winzige, weiß glänzende Kugel. Nähert sie sich der Konjuktion, erreicht sie bis zu 65". In diesen Fällen leuchtet der Planet bei Nacht. Macht man die Venus vor Sonnenaufgang aus, kann man sie auch tagsüber verfolgen. Je geringer der Kontrast zum Himmel ist, desto einfacher fällt die Beobachtung. Mit herkömmlichen Instrumenten ist es jedoch unmöglich, Details ihrer einheitlich weiß erscheinenden Oberfläche wahrzunehmen. Mit Hilfe von Spezialfiltern und leistungsfähigen Teleskopen läßt sich die meist wolkenverhüllte Struktur des Planeten, wie sie von den Raumsonden ermittelt wurde, erkennen.

Die Phasen der Venus, gesehen durch ein Teleskop. ▷

MOND

EIN ERSTARRTER PLANET

Die Oberfläche des Mondes ist eine trostlose Weite. Die 37 960 000 km²
Fläche sind mit Kratern aller Größen übersät. Nach der Erstarrung vor einigen hundert Millionen Jahren sammelten sich im Lauf der Zeit Spuren an,
die die großen Etappen der Geschichte des Sonnensystems illustrieren. Die
Geschichte des Mondes begann vor etwas mehr als 4,5 Mrd. Jahren. Während aber die Prozesse, die zur Entstehung der festen und gasförmigen Planeten führten, mehr oder weniger be-
kannt sind, ist noch nicht sicher, auf
welche Weise es zur Entstehung des
Mondes kam. Die Annahme, daß sich
der Mond unter ähnlichen Bedingungen wie die Erde bildete, setzt voraus,
daß er eine ihr ähnliche Zusammensetzung hat. Dies ist aber nicht der
Fall: Der Mond zeigt einen auffallen-
den Mangel am Element Eisen. Aus
diesem Grund könnte man annehmen,
daß er in einem Bereich des Sonnensystems entstand, der von deutlich
anderem Material geprägt ist als die
Erde und daß er später von dieser eingefangen wurde. Dies scheint jedoch
unmöglich, da ein Planet keinen Satelliten einfangen kann, der sich bereits in einer benachbarten Umlaufbahn bewegt. Das bedeutet, daß der
Mond in der gleichen Region wie die
Erde entstanden sein muß. Seit 1975

gehen Astronomen davon aus, daß der Mond aus einem Zusammenstoß zwischen der jungen Erde und einem Protoplaneten etwa von der Größe des Mars hervorging. Der Zusammenprall erfolgte nicht frontal, sondern seitlich. Dabei wurde der Protoplanet in einzelne Teile aus Mantelgestein oder aus dem eisenhaltigen Kern zerrissen. Durch die Kollision gebremst, bewegte sich der Kern zunächst um die Erde und schlug dann endgültig auf ihrer Oberfläche ein. Das Mantelgestein dagegen lagerte sich in der Umlaufbahn um die Erde zusammen und bildete rasch einen relativ großen Körper: den Mond. Dieses Szenario stimmt mit der chemischen Zusammensetzung des Mondes überein.

Auf dem Weg der Abkühlung

Die ältesten von Astronauten der Apollo-Missionen gefundenen Gesteine haben ein Alter von 4,6 Mrd. Jahren. Im Sonnensystem gab es damals noch Gas, Staub und kleine Felsbrocken, die überwiegend auf den Planeten einschlugen. Die zahlreichen Zusammenstöße setzten eine enorme Wärme frei; der glühende Mond war vollständig von einem gigantischen, 450 km mächtigen Lavameer bedeckt. Die Lavamassen kühlten im Lauf der folgenden 100 Mio. Jahre aus und begannen auszukristallisieren. Die dichtesten Bestandteile (Olivin und

Die Oberfläche des Mondes: eine alte, von Einschlagkratern übersäte Kruste. ▷

◁ *Die Maria des Mondes sind Einschlagbecken, die sich mit inzwischen verfestigter Lava füllten.*

Pyroxen) wanderten ins Innere des Planeten und bildeten dort den Mantel, während die leichteren (Feldspate) an der Oberfläche blieben; aus ihnen setzt sich heute die Kruste des Mondes zusammen. Dies ist noch zu sehen, da die sogenannten *terrae* des Mondes hell erscheinen. Vor 4,4–3,8 Mrd. Jahren erhielt die Mondoberfläche durch massive Einschläge von Meteoriten ihre immer noch erkennbaren Narben, etwa die Krater Clavius und Gassendi.

Mond

Zur gleichen Zeit schufen sehr heftige Einschläge ausgedehnte Becken. Im Verlauf einiger hundert Millionen Jahre füllten sich diese Becken mit aufsteigendem Basalt, wodurch weite Ebenen entstanden: die *maria*. Dieser Prozeß dauerte etwa 500 Mio. Jahre, bis die vulkanische Aktivität auf dem Mond mangels ausreichender Energie im Mondinneren zum Erliegen kam. Die letzten Aufstiege von Basalt ereigneten sich vor 1–2 Mio. Jahren in schon lange zuvor erstarrten Maria. Der Mond ist heute ein erstarrter Planet, dessen Oberfläche zahlreiche Spuren von Meteoriteneinschlägen aufweist. Die Bergketten am Rand der *maria* sind – wie z. B. die Apenninen – nichts anderes als die Einschlagbecken umrahmende Wälle. Die kurze Phase vulkanischer Aktivität auf dem Mond (von vor 3,8 bis 3,2 Mrd. Jahren) erklärt das Fehlen von Vulkanen, wie sie auf der Erde vorkommen. Fraglich bleibt, warum die *maria* 31,2 % der sichtbaren Oberfläche, aber nur 2,6 % der nicht sichtbaren Hemisphäre einnehmen. Seismische Messungen ergaben, daß sich unter der 60–80 km dicken Kruste der etwa 1000 km mächtige Mantel langsam abkühlt. Im Innersten des Mondes befindet sich der vielleicht aus den schwersten vorhandenen Elementen zusammengesetzte Kern, dessen Durchmesser rund 300 km beträgt.

GESCHICHTE DER ENTDECKUNG

Vor der Erfindung des Fernrohres bestand keine Klarheit über die Gestalt des Mondes. Er erschien von der Erde aus als leuchtende Kristallkugel oder

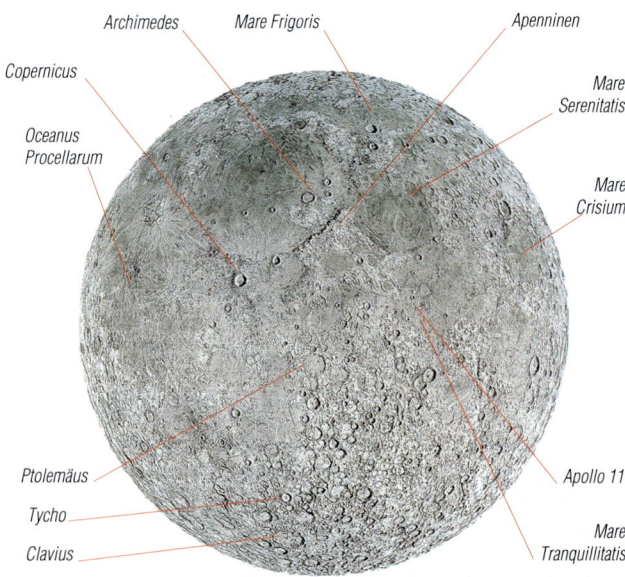

△ Mondkarte mit Elementen, die mit dem bloßen Auge, einem Fernglas oder einem kleinen astronomischen Instrument sichtbar sind.

△ *Von 1969 bis 1972 erforschten 12 Astronauten den Mond.*

als ein riesiger Spiegel, der das Bild der Erde zurückstrahlt. Im 16. Jh. vermutete Leonardo da Vinci, daß es sich bei den dunklen Flecken auf dem Mond um Meere und bei den hellen Bereichen um festes Land handeln könnte. Die erstmals mit einem Fernrohr angestellten Beobachtungen Galileis 1610 schienen zu bestätigen, daß es sich beim Mond um einen Planeten mit Meeren und Festland handle.

Erstellung von Mondkarten

Galilei zeichnete seine Beobachtungen einschließlich der Krater, die er als nicht erklärbare »kreisförmige Hochebenen« bezeichnete. In der Folgezeit galt der Mond als Zwillingsschwester der Erde. Die Astronomen erforschten und benannten seine Topographie – wie die Seeleute in der Südsee. 1651 fertigte G. B. Riccioli eine Mondkarte an, auf die die noch heute gültige Nomenklatur zurückgeht. Da die dunklen Ebenen wirklich als Meere angesehen wurden, erschienen auf den Karten *maria* wie Mare Tranquillitatis, Mare Crisium und Mare Vaporum. Die Bezeichnung der Krater verewigte an die Namen bedeutender Astronomen wie Archimedes, Aristoteles, Tycho Brahe und Kopernikus, dessen Theorien zum Aufbau des Sonnensystems eine der größten Auseinandersetzungen in der Geschichte der Wissenschaften auslösten. Im 18. Jh. ermöglichten Fortschritte in der Optik dem deutschen Forscher Johann Schröter die Erstellung der ersten detaillierten Mondkarte. Doch auch er suchte noch nach Spuren der Seleniten (Mondbewohner), von deren Existenz man damals noch vielfach überzeugt war.

Ein kleiner Schritt für einen Menschen ...

Im 20. Jh. wurde der Mond mit Hilfe von unbemannten und bemannten Raumsonden erforscht. Die erste Umrundung des Mondes erfolgte Ende Dezember 1968 durch die Raumkapsel Apollo 8; an Bord waren die drei Astronauten Borman, Lovell und Anders. Am 21. Juli 1969 setzten Neil Armstrong und Edwin Aldrin, Astronauten von Apollo 11, als erste Menschen den Fuß auf den Mond. Bis Dezember 1972 wurde der Mond von insgesamt zwölf Astronauten betreten, die etwa 400 kg Gesteinsmaterial mit zur Erde brachten. Einige von ihnen unternahmen sogar mit speziell angefertigten Fahrzeugen weitere Ausflüge. Parallel zu den amerikanischen Weltraummissionen entsandte auch die Sowjetunion zahlreiche Raumschiffe zum Mond. Die Son-

Mond

de Lunik setzte zwei kleine, ferngesteuerte Roboter ab, die ein Gebiet von einigen zig Kilometern erforschten. Luna 16, 20 und 24 brachten auch Gesteinsproben vom Mond mit auf die Erde. Die im Jahr 1994 den Mond umfliegende amerikanische Raumsonde Clementine lieferte wichtige Daten für eine Kartierung der Mondoberfläche, darunter auch genaue Höhenmessungen. Bei dieser Mission wurde ein zuvor wenig bekanntes, 270 000 km² großes Gebiet nahe dem Südpol erfaßt.

MÖGLICHKEIT DER BEOBACHTUNG DES MONDES

Der Mond läßt sich leicht mit dem bloßen Auge beobachten. Bei seinem scheinbaren Durchmesser von 0,5° lassen sich besonders bei Vollmond gut dunkle Flecken ausmachen – die *maria*. Vor allem das Mare Crisium, das Mare Tranquillitatis, Mare Serenitatis, Oceanus Procellarum und Mare Vaporum sind ohne jegliches Instrument sichtbar.

In einem Mondzyklus wechseln mehrere Phasen einander ab. Direkt nach Neumond sieht man abends kurz nach Sonnenuntergang eine schmale Mondsichel. Ganz leicht erscheint der in der Nacht versunkene Teil des Mondes, das sogenannte aschgraue Mondlicht. Vom Mond aus betrachtet, ist die Erde nahezu vollständig beleuchtet. Der überwiegende Teil des von der Erde reflektierten Sonnenlichts bescheint den im Dunkeln liegenden Teil des Mondes, den wir somit ansatzweise wahrnehmen. Mit einem Teleskop sind die quasi im Halbschatten liegenden Hauptkrater des Mondes gut zu erkennen. Wenn die rechte Hälfte des Mondes beschienen ist, spricht man vom Ersten Viertel. Eine Woche später ist der Mond vollständig erleuchtet und erscheint rund – Vollmond ist erreicht. Eine weitere Woche später zeigt sich das Letzte Viertel; dann ist nur die linke Hälfte des Mondes beschienen. Als Neumond bezeichnet man es, wenn der Mond völlig im Dunkeln liegt und unsichtbar ist. Dieser Kreislauf wiederholt sich innerhalb von 29,5 Tagen – so lange dauert ein synodischer Monat. Der siderische Monat umfaßt den Zeitraum, in dem der Mond einmal um die Erde kreist. Steht der Mond im Sternbild Zwilling, sind die größten Krater wie Copernicus, der hell leuchtende Tycho und Clavius sicht-

Die Hauptphasen bei der Bewegung des Mondes um die Erde (gegen den Uhrzeigersinn): Neumond (1), erste Sichel (2), Erstes Viertel (3), zunehmender Mond (4), Vollmond (5), abnehmender Mond (6), Letztes Viertel (7), letzte Sichel (8). ▷

◁ *Der kreisför-
mige Krater
Copernicus hat
einen Durch-
messer von
85 km und zählt
zu den spekta-
kulärsten Forma-
tionen der
Mondoberfläche.*

bar. Auch einzelne Bergketten, etwa die Apenninen, und der Golf der Iris sind
dann leicht auszumachen. Verwendet man ein einfaches Fernrohr, stellt sich
leicht das Gefühl ein, als fliege man über den Mond. Bereits bei 35facher
Vergrößerung sind Krater von nur wenigen Kilometern Durchmesser gut zu
erkennen.
Ein Teleskop mit einer Brennweite von 200 mm läßt Details von weniger als
1 km Größe ausmachen. Die kleine Karte auf Seite 98 zeigt die groben
Strukturen der Mondoberfläche; zur besseren Orientierung mit einem Fernrohr oder einem Teleskop lohnt es sich jedoch, präzise Sternkarten oder At-
lanten hinzuzuziehen. Vollmond ist nicht die beste Zeit, um den natürlichen
Satelliten der Erde zu beobachten, da die Sonnenstrahlung den Mond dann
vertikal erreicht und das Relief kaum erkennen läßt.

MARS

INFOBOX

Vierter Planet von innen
Mittlere Entfernung von der Sonne: 1,52 AE
Umlaufzeit um die Sonne: 1 Jahr 321 Tage
Dauer der Rotation: 24 Stunden 37 Minuten 23 Sekundes
Abplattung: 0,006
Neigung des Äquators gegen die Bahnebene: 25° 11'
Durchmesser: 6794 km
Volumen: 15 % der Erde
Masse: 11 % der Erde
Temperatur an der Oberfläche: -111°C bis +26°C
Atmosphärischer Druck an der Oberfläche: 0,08 bar
Monde: 2

DER WÜSTENPLANET

In seinen endlosen Weiten aus ockerfarbenem Sand und Steinen erinnert der Mars an die Sahara oder an die Wüste Gobi. Nur die starken saisonalen Sandstürme, die manchmal auf dem gesamten Planeten toben, stören die Ruhe dieser toten Welt. Dennoch gibt es in den großen trüben Räumen dieses Planeten, der nur etwa halb so groß ist wie die Erde, Spuren, die darauf hinweisen, daß er nicht immer in Kälte erstarrt war. Ausgetrocknete Flußbetten, Krater mit hohen Auswürfen, gigantische Vulkane und tiefe Canyons legen nahe, daß der Mars vor langer Zeit der Erde ähnelte – zweifellos allerdings nicht in historischer Zeit, sondern vor mehreren Milliarden Jahren.

Seit der Erforschung durch die amerikanischen Viking-Sonden konnten die Astronomen die Entwicklung des Planeten seit seiner Entstehung rekonstruieren. Vor 4,5 bis 3,8 Mrd. Jahren war der Mars, genau wie Erde oder Venus einem intensiven Bombardement durch Meteoriten ausgesetzt. Während dieser Zeit entluden sich erhebliche innere Kräfte in einem sehr intensiven Vulkanismus. Die durch die Vulkane freigesetzten Gase aus dem Inneren des Planeten – vor allem CO_2 und Wasserdampf – bildeten zunächst eine schwere, heiße Atmosphäre, die allerdings nach irdischen Maßstäben giftig ist. Doch gab es unter solchen Temperatur- und Druckbedingungen Wasser in flüssiger Form an der Oberfläche. Tatsächlich entdeckte man an der Marsoberfläche ausgetrocknete Flußbetten, die in diese Epoche datiert werden können. Möglich

◁ *Der Mars, gesehen durch das Hubble-Space-Teleskop.*

102

ist auch, daß in dieser weit zurückliegenden Zeit Seen und Meere einen Teil der Marsoberfläche bedeckten. Der rote Planet und unsere Erde ähneln sich sehr, auch wenn die Temperaturen auf dem Mars deutlich niedriger sind, da er weiter von der Sonne entfernt liegt. Sollte es je Leben auf dem Mars geben haben, dann in dieser Epoche. Auf der Erde existierten gleichzeitig und unter ähnlichen Bedingungen bereits Mikroorganismen.

△ *Olympus Mons, der größte Vulkan im Sonnensystem. Er brach seit 800 Mio. Jahren nicht mehr aus. Es ist ein gigantischer Schildvulkan mit fast 600 km Durchmesser und 26 km Höhe.*

Aber das Schicksal des Mars und seiner eventuellen Bewohner veränderte sich bald darauf dramatisch. Der uns benachbarte Planet ist zu klein, um größere eigene Energien zu speichern, daher erstarrte er nach und nach. Der Vulkanismus hörte auf, und die Atmosphäre konnte sich nicht mehr erneuern. Ein Teil des CO_2 verdunstete ins All, andere Teile reagierten mit Substanzen im Boden zu Karbonaten. Während auf der Erde durch die Vulkane unaufhörlich CO_2 in die Atmosphäre gelangte, wurde auf dem Mars die Luft immer dünner, bis sie praktisch komplett verschwand. Unter diesen Bedingungen konnte es auch kein flüssiges Wasser mehr geben. Entweder verdampfte es oder fror im Boden. Gleichzeitig wurde wohl selbst das primitivste Leben ausgelöscht.

Die ausgetrockneten Flüsse

Seit der Planet trocken und ohne Atmosphäre ist, fließen keine Flüsse mehr, außer nach gelegentlichen Meteoriteneinschlägen oder kleinen Ausbrüchen vulkanischer Aktivität. Vor 800 Mio. Jahren etwa wurde das Tharsis-Plateau, wo sich die imposantesten Vulkane des Sonnensystems erheben (u. a. der Olympus Mons mit 26 km Höhe) vorübergehend wieder aktiv. Dadurch wurden zwar Teile der Mars-Kruste wieder aufgewärmt und große Eismengen verflüssigt, doch es kam nur zu kurzen, aber katastrophalen Fluten.

Valles Marineris, entstanden am Fuße des vulkanischen Plateaus Tharsis, ist der größte Canyon des Sonnensystemes: 4000 km lang, 200 km breit und an einigen Stellen 7 km tief. Dieser Abfluß von enormer Weite scheint nirgends zu beginnen und nirgends zu enden. Ohne ausreichenden Druck bleibt Wasser nur kurze Zeit flüssig. Der letzte Wasserab-

◁ *Valles marineris, entstanden am Fuß des vulkanischen Plateaus Tharsis, ist der größte Canyon des Sonnensystems: 5000 km lang, 600 km breit und an einigen Stellen 7 km tief.*

Mars

△ Der Fluß Mangala führte vor 3,8 Mrd. Jahren zweifellos Wasser, das sich durch die Hochebenen des Südens schlängelte und sich sich in die Ebenen des Nordens ergoß.

fluß hat vor lediglich 2 Mio. Jahren stattgefunden, was zeigt, welch große Menge Wasser wohl noch im Marsboden gebunden ist. Unter dem Sand verstecken sich wohl Spuren einer gänzlich anderen vergangenen Zeit. Auf seiner Oberfläche ist der Mars ein Planet der Gegensätze: ebenes Land auf der nördlichen Hemisphäre kontrastiert mit der von Kratern durchsetzten Südhalbkugel. Hier finden sich auch der Olympus Mons sowie die Valles Marineris. Auch finden sich hier alte Flußbetten, die Spuren gewaltiger als der Amazonas hinterließen – in einem Gebiet, das trockener ist als die Sahara.

GESCHICHTE DER ENTDECKUNG

Galilei war 1610 der erst, der den Mars durchs Fernrohr beobachtete. Aufgrund seines mangelhaften Geräts konnte er den Mars lediglich als eine kleine rötliche Scheibe erkennen. Er beschrieb ihn als kugelförmigen, von der Sonne beleuchteten Körper. Während der nächsten 200 Jahre gelang es auch anderen Astronomen nicht, weitere wichtige Details zu entdecken, auch wenn schließlich J.-D. Cassini bedeutende Veränderungen an den Polkappen beobachtete und die Dauer der Marsrotation auf ca. 24 Stunden schätzte. Erst 1869 brachte die Erforschung des Mars mit dem Teleskop eine sehr interessante Wende, als Pater Angelo Sechi die Planetenoberfläche zeichnete. Seine Skizzen zeigten dunkle Linien, die er »canali«, »Kanäle«, nannte.

Der Mythos des Marsianer

Zehn Jahre, nachdem Asaph Hall 1877 die beiden Marsmonde Phobos und Deimos entdeckt hatte – zwei Asteroiden mit wenigen Kilometern Durchmesser, die durch den Planeten eingefangen wurden –, beobachtete G. Schiaparelli 1887 durch ein Fernrohr mit 49 cm Durchmesser ebenfalls Sechis Kanäle (engl. *canals*, frz. *canaux*) und interpretierte sie als Bauwerke von den Händen einer fremden Form intelligenten Lebens. Mehr war nicht nötig, um den Mythos der Marsmenschen ins Leben zu rufen. Dieses Thema gewann zu Beginn des 20. Jh. große Popularität, nachdem der amerikanische Astronom Percival Lowell mit Hilfe eines Fernrohrs mit 60 cm Brennweite, speziell entworfen, um eine komplette Karte vom Mars anzufertigen, ebenfalls ein unentwirrbares Netz von Kanälen verzeichnete. Geblendet durch das Erscheinen von »Krieg der Welten« und beeinflußt durch den Bau der großen Kanäle wie dem Suez-Kanal (1869), dem Kanal von Korinth (1893) und dem Panama-Kanal (1914), hielt Lowell den Mars für einen Planeten mit einer sehr trockenen

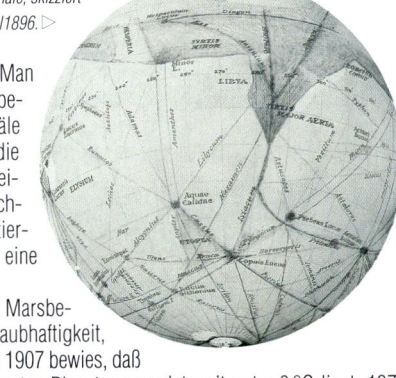

Die Marskanäle, skizziert von Percival Lowell 1896. ▷

Zone um den Äquator. Man vermutete, daß die Marsbewohner die langen Kanäle bauten, um Wasser in die trockenen Regionen zu leiten. Die jahreszeitlich wechselnden Farben interpretierte man als Beweis für eine üppige Vegetation.

Die Theorie Lowells der Marsbewohner verlor sehr an Glaubhaftigkeit, als Alfred Russel Wallace 1907 bewies, daß die Temperatur auf dem roten Planeten zumeist weit unter 0 °C liegt. 1971 sendete die Sonde Mariner 9 insgesamt 7000 Fotos von der Marsoberfläche zur Erde. Die Bilder zeigen Krater, Gebirge, Vulkane und weite Täler. 1976 wurden mit Viking 1 und Viking 2 zwei neue Sonden in eine Umlaufbahn um den Mars gebracht. Sie fertigten sehr genaue Karten der Marsoberfläche an und setzten zwei Sonden aus, die nach eventuell vorhandenen Formen bakteriellen Lebens suchen sollten. Die Ergebnisse aus den Versuchen, die mit den Proben angestellt wurden, sind kaum aussagekräftiger als Messungen der Bedingungen direkt auf dem Marsboden. Dennoch scheint die Existenz von Mikro-Organismen höchst fraglich. 20 Jahre später, 1996, flammte die Frage nach Leben auf dem Mars erneut auf: Eine Gruppe von NASA-Forschern behauptete, in einem Meteoriten Spuren fossilen Lebens gefunden zu haben, der vor 13 000 Jahren auf die Erde fiel und vor 16 Mio. Jahren durch einen großen Meteoriten aus dem Mars herausgesprengt wurde. Allerdings sind diese Aussagen sehr kritisch zu sehen, da es nicht möglich ist, definitiv zu sagen, ob die untersuchten Kohlenstoffspuren Versteinerungen von Mikroorganismen sind oder einfach Phänomene chemischer Reaktionen.

Im Juli 1997 schließlich landete die unbemannte Raumsonde Mars Pathfinder auf dem Mars und erforschte mit Hilfe eines kleinen mobilen Roboters die Region einer einstigen katastrophalen Flut. Einen Monat später befand sich Mars Global Surveyor in einer Umlaufbahn um den Roten Planeten, um präzisere Karten zu machen, als es den Viking-Sonden möglich war.

◁ *Im Ares Vallis kam es zu einer plötzlichen Flut. Die Sonde Mars Pathfinder landete an der durch ein Kreuz markierten Stelle.*

Mars

MÖGLICHKEIT DER BEOBACHTUNG DES MARS

Der Mars unterscheidet sich durch seinen rötlichen Glanz deutlich von allen anderen Planeten. Obwohl ein direkter Nachbar unserer Erde, ist er doch ein mit dem Teleskop schwer zu beobachtender Himmelskörper. Außerhalb der Oppositionen, d. h. während des geringsten Abstandes von unserem Planeten, sieht man den Mars nur als eine kleine orange Scheibe, auf der sich kaum

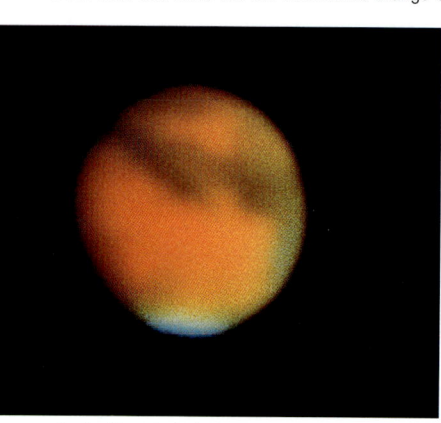

△ Der Mars, durch ein Teleskop gesehen.

Details ausmachen lassen. Um den Mars zu beobachten, lohnt es sich also, auf Oppositionen zu warten. Marsoppositionen gibt es alle zwei Jahre, sie sind aber nicht alle gleichwertig.

So erschien der Mars etwa im März 1997 als Scheibe mit einem Durchmesser von 14,2", im April 1999 waren es 16,2" und im Juni 2001 werden es 20,8" sein. Eine Opposition, die man nicht verpassen sollte, wird der Mars im August 2003 einnehmen. Er befindet sich dann nur 56 Mio. km von der Erde entfernt und weist einen Durchmesser von 25,1" auf. Auch außerhalb dieser idealen Bedingungen, in weniger günstigen Oppositionen, kann man mit einem Fernrohr mit 60 mm Durchmesser unter Umständen die Polkappen und verschiedene größere topographische Formen erkennen. Mit einer 100 oder 200 mm großen Öffnung und einer 150er oder 200er Vergrößerung sowie einer Oberflächenkarte des Mars ist es möglich, auch die meisten dunklen Regionen auszumachen, z. B. Syrtis Major, Utopia oder Mare Acidalium. Sogar das Abschmelzen und Wiederanwachsen der Polkappen ist dann sichtbar. Den Mars zu beobachten ist relativ schwierig. Blickt man das erste Mal durch das Teleskop, passiert es nicht selten, daß man nichts anderes als eine kleine ockerfarbene Kugel sieht und enttäuscht ist. Geduld und Übung sind not-

RÜCKWÄRTSBEWEGUNG

Vor und nach den Oppsoitionen scheint der Mars anzuhalten, ja umzukehren, ehe er sich wieder in die richtige Richtung bewegt. Diese Rückwärtsbewegung ist eine optische Täuschung aufgrund der relativen Positionen von Mars und Erde. Venus, Jupiter und Saturn durchlaufen dieselbe rückläufige Bewegung.

wendig, ehe man Details auf dem Planeten ausmachen kann. Nach einigen Minuten vermag das Auge auch farbliche Nuancen wahrzunehmen, die beim ersten Versuch noch nicht zu erkennen waren. Die genaue Beobachtung des Mars ist eine gute Übung für die Observation der anderen Planeten.

△ Marslandschaft in der Umgebung der Marssonde Pathfinder. In der Mitte der kleine Roboter Sojourner, der die Umgebung untersucht.

Einfache Karten vom Mars

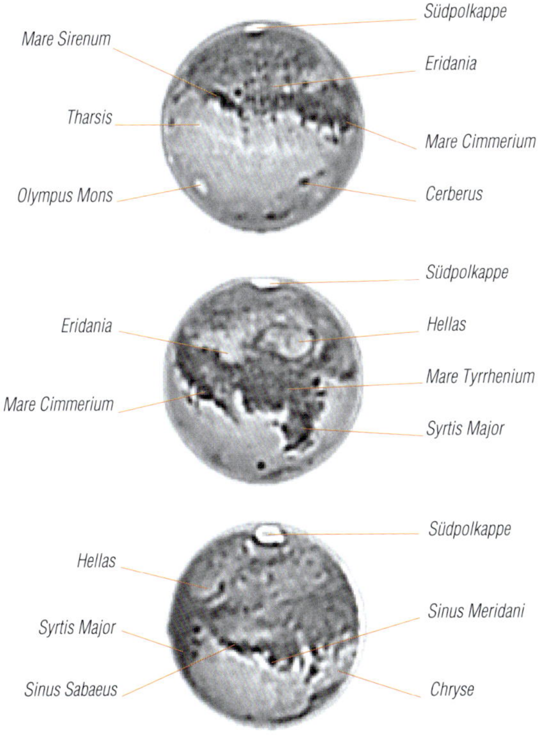

Mare Sirenum
Südpolkappe
Eridania
Tharsis
Mare Cimmerium
Olympus Mons
Cerberus

Eridania
Südpolkappe
Hellas
Mare Tyrrhenium
Mare Cimmerium
Syrtis Major

Hellas
Südpolkappe
Syrtis Major
Sinus Meridani
Sinus Sabaeus
Chryse

ASTEROJDENGÜRTEL

DIE SPUREN DER VERGANGENHEIT

Zwischen Mars und Jupiter erstreckt sich der sogenannte Asteroidengürtel, eine Art Ring aus einer Vielzahl von Kleinplaneten. Der größte, Ceres, ist ein roher Felsblock von ca. 800 km Durchmesser. Die kleinsten sind Bruchstücke mit unregelmäßigen Formen und weniger als 50 m Radius.

Der Begriff »Ring« soll den Asteroidengürtel beschreiben. Man darf sich jedoch nicht vorstellen, daß die Felsbrocken aufgrund einer hohen Dichte im Raum ständig kollidierten. Im Durchschnitt ist jeder der größeren Asteroiden ca. 5 Mio. km von seinem Nachbarn entfernt. Kommt es dennoch von Zeit zu Zeit zur Kollision, dann vielleicht alle 100 000 Jahre einmal.

Der Asteroidengürtel liegt in einem Bereich zwischen 2 und 4 AE im Sonnensystem, wo sich aufgrund von Störungen durch den Jupiter keine Planeten befinden. Manche Astronomen gehen davon aus, daß viele dieser kleinen Körper aus der Entstehungszeit des Sonnensystems stammen, als die Planeten noch nicht existierten. Die kleinen Felsen kreisen also bereits ca. 4,5 Mrd. Jahre länger um die Sonne als die Planeten. Jenseits von 3 AE bestehen diese Körper zwar aus Gesteinen, sind aber komplett vereist, was sich durch die in dieser Entfernung von der Sonne herrschenden niedrigen Temperaturen erklärt. Unter 3 AE können die Vereisungen nicht bestehen, und nur durch die Umgruppierung von Silikaten konnten sich Planetoiden bilden. Auf diese Weise entstanden die Asteroiden. Die meisten von ihnen wurden allerdings von großen Körpern angezogen: So formten sich die Planeten. Die Planeten wirkten also wie gigantische »Staubsauger« und »säuberten« den Raum von Asteroiden – eben bis auf den Gürtel zwischen Mars und Jupiter. Daher sieht man viele dieser Felsbrocken im All als Beweis für die Bedingungen an, die vor 4,5 Mrd. Jahren im Sonnensystem vorherrschten.

△ *Phobos und Deimos (verglichen mit Gaspra): zwei Asteroiden in der Umlaufbahn des Mars.*

△ Gaspra ist dank der Sonde Galileo der erste aus der Nähe betrachtete Asteroid.

Doch nicht alle Asteroiden sind so primitive Körper. Die Astronomen haben deutliche Unterschiede in ihrer Zusammensetzung festgestellt. Ungefähr 60 % gehören zum Typ C und stammen wahrscheinlich aus der Zeit der Entstehung des Sonnensystems. Die anderen sind entweder Gesteine (Typ S) oder bestehen aus Metallen (Typ M). Sie gingen aus der Auflösung viel größerer Objekte hervor, die über 200 km Durchmesser hatten. Tatsächlich reicht auch bei dieser geringen Größe der Planeten die durch die eigene Schwerkraft verursachte Hitze, um eine Trennung der unterschiedlichen Bestandteile auszulösen: Im Magma sinken schwere Elemente wie z. B. die Metalle ins Zentrum ab und bilden einen Kern. Die leichten Stoffe, etwa die Gesteine, bilden einen schwimmenden Mantel. Zerbricht ein solches Gebilde infolge einer

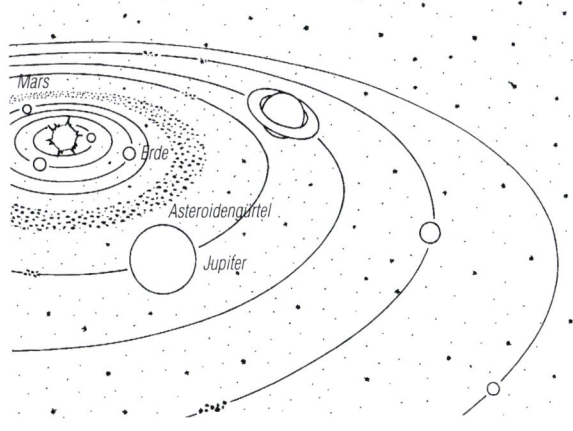

△ Die Mehrzahl der Asteroiden findet sich zwischen Mars und Jupiter.

△ Ida ist ein großer Felsblock von 52 km Länge. Er besitzt einen kleinen Satelliten, Daktylus, der den Asteroiden im Abstand von 100 km umkreist.

Kollision, werden die Teile des Kerns zu Asteroiden vom Typ M und die Bruchstücke des Mantels zu einem Asteroiden vom Typ S. Einige dieser Planetoiden folgen einer eigenen Bahn, die weit von den anderen entfernt ist und außerhalb des Asteroidengürtels verläuft.

Abgelenkt durch die Hauptplaneten, kreuzen einige Asteroiden manchmal auch die Erdumlaufbahn, so Eros, einer der größten. Seine Form ähnelt einem Rugby-Ball von 14 x 14 x 40 km. Dasselbe gilt für Adonis, der bekannter ist, da er im Comic »Reise zum Mond« die Rakete von Tim und Struppi streift. Phobos und Deimos, die beiden Mars-Satelliten, sind ebenfalls Asteroiden. Auf ihrer Bahn außerhalb des Asteroidengürtels wurden sie von der Anziehungskraft des Mars eingefangen. Ähnliches geschah mit Amalthea, einem der kleineren Satelliten des Jupiter.

Insgesamt teilen sich etwa 50 Asteroiden, die sogenannten Trojaner, die Bahn mit dem Planeten Jupiter. Sie befinden sich im Verhältnis zur Sonne in einem Winkel von jeweils 60° vor und hinter dem Planeten Jupiter.

GESCHICHTE DER ENTDECKUNG

Gegen Ende des 18. Jh. versuchten zahlreiche Astronomen das Gesetz von Titus-Bode zu überprüfen, das besagte, daß die Entfernung aller Planeten durch ihr Verhältnis zur Sonne zu bestimmen sei. Zwischen Mars und Jupiter gab es aber ein Loch, bis G. Piazzi 1800/1801 den Asteroiden Ceres entdeckte. Mit weniger als 1000 km Durchmesser war er jedoch sehr klein in Anbetracht eines erwarteten Planeten. Wenig später wurden weitere Planetoiden in der gleichen Region entdeckt. Pallas 1802, Juno 1804 und Vesta 1807 waren nur die ersten von heute fast 10 000. Damit war die Existenz des Asteroidengürtels bewiesen. Zu Beginn des 20. Jh. glaubte man, bei diesen Objekten handle es sich um Spuren eines durch eine Katastrophe zerstörten Planeten. Wahrscheinlicher erscheint heute, daß sich hier ein oder mehrere

Planeten nie fertig ausbildeten. 1991 fotografierte die amerikanische Sonde Galileo auf dem Weg zum Jupiter zum ersten Mal einen Asteroiden aus unmittelbarer Nähe. Der 1916 entdeckte, 20 x 12 km große Asteroid Gaspra hat eine unregelmäßige Form und ist übersät mit Einschlagkratern, die das ungefähre Alter der Oberfläche bestimmen lassen: ca. 500 Mio. Jahre. Zwei Jahre später überflog dieselbe Sonde den Asteroiden Ida. Dieser ist etwa 52 km lang und besitzt selbst einen Satelliten von ca. 1,5 km Durchmesser (Daktylus). Im Juni 1997 fotografierte die Sonde NEAR, die 1999 in ihre Umlaufbahn um Eros erreichte, den ovalen Planetoiden Mathilde, der Ida sehr ähnelt.

MÖGLICHKEIT DER BEOBACHTUNG VON ASTEROIDEN

Asteroiden lassen sich durch das Teleskop beobachten. Die Schwierigkeit besteht darin, sie von den Sternen zu unterscheiden. Zudem sind sie so klein, daß sie auch bei starker Vergrößerung nur als Punkte erscheinen und leicht wieder verloren gehen. Die größten unter ihnen können, falls man ihre Position genau kennt, auch mit einem Fernglas ausfindig gemacht werden. Voraussetzung ist dann allerdings, daß man eine gute Himmelskarte besitzt. Es geschieht häufig, daß sich die Position der Asteroiden in ihrem Verhältnis zu den Sternen von einem Tag auf den anderen verändert.

Viel mehr können Amateur-Astronomen allerdings nicht tun. Manche Beobachter rüsten ihre Teleskope mit Kameras aus, um die unterschiedliche Lichtintensität der verschiedenen Asteroiden und die Dauer ihrer Rotation zu ermitteln. Anderen gelingt es sogar, während einer langen, gleichbleibenden Einstellung neue Asteroiden zu entdecken. Diese unglaublich ausdauernden Amateure gehören zu den besten Himmelsbeobachtern und sind keineswegs einfache Dilettanten.

△ Dieser Brocken heißt Mathilde. Ein riesiger Krater von 20 km Durchmesser an der Oberfläche entstand durch einen Einschlag, der den Planetoiden beinahe gesprengt hätte.

JUPITER

DER GIGANT IM SONNENSYSTEM

Der Planet Jupiter ist so groß, daß er leicht für einen Stern zu halten wäre, der allerdings nicht leuchtet. Im Unterschied zur Erde, Merkur, Venus oder Mars hat Jupiter keine Gesteinskruste, sondern die Oberfläche besteht aus einer riesigen Gaskugel. Ein Raumschiff könnte folglich ebensogut dort landen wie ein Flugzeug auf einer Wolke. Soweit man weiß, brennen die Gase des Jupiter nicht und produzieren daher auch kein Licht wie die Sonne. Trotz seiner gewaltigen Größe ist Jupiter doch zu leicht, um thermonukleare Fusionen in seinem Inneren auszulösen, die ihn zu einem Stern machen würden. Er müßte mindestens das 80fache seiner Masse erreichen, um zu einem braunen Zwerg zu werden, d. h. zu einem der kleinsten Sterne.

Der Planet Jupiter unterscheidet sich stark von der Erde. Dennoch begann seine Geschichte etwa zur gleichen Zeit und mit einem ähnlichen Szenario vor 4,5 Mrd. Jahren. Die Sonne war zum Teil noch umgeben von den Nebeln, aus denen sich der Planet schließlich bildete. In der Gas- und Staubscheibe, die sich um die Sonne drehte, begannen sich immer größere Brocken zu verdichten, bis sie zu Protoplaneten herangewachsen waren. In weniger als 3 AE Entfernung von der Sonne verhindert vermutlich die dort durch die Sonneneinstrahlung erzeugte Temperatur, daß Eis als fester Körper bestehen bleiben kann. Lediglich Silikate und Metalle konnten sich in einem festen Kern des Planeten verdichten, wie dies bei der Erde oder beim Mars geschah. Jenseits von 3 AE Entfernung von der Sonne behielten

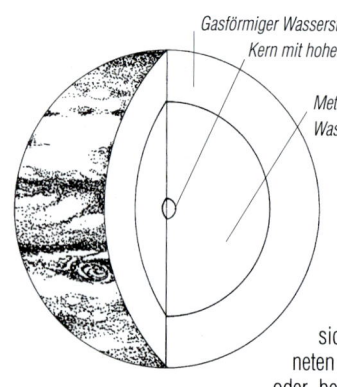

Gasförmiger Wasserstoff
Kern mit hoher Dichte
Metallischer Wasserstoff

△ *Die innere Struktur des Jupiter*

außer Silikaten oder Metallen auch andere Elemente ihre stabile feste Form, so etwa Wasser, Kohlenstoff, Methan und Ammoniak. Dieser ursprüngliche Materialüberschuß ermöglichte die Bildung der größeren Planetenkerne. Der Kern des Jupiter ist ungefähr zehnmal dichter als der der Erde, was ausreichte, um die Gase des ursprünglichen Nebels anzuziehen. Während vieler hundert Millionen Jahre hat der Kern des Jupiters buchstäblich alle umgebenden Gase »verschluckt«, und es entstand der gigantische, vorwiegend aus Gasen bestehende Planet, wie wir ihn kennen. Heute macht der ursprüngliche Kern nicht mehr als 0,03 % der Masse des Planeten aus. Der Rest besteht im wesentlichen aus Wasserstoff (78 %), Helium (20 %) und Spuren von Wasserdampf, Methan, Ammoniak sowie Ammoniumhydrosulfid (2 %).

Eine Reise ins Zentrum des Jupiter

Eine Reise ins Zentrum des Jupiter gelang mit Hilfe eines automatischen Moduls, das die Sonde Galileo im Dezember 1995 abwarf. Das Gerät schwebte an einem Fallschirm durch die obersten Wolkenschichten, bis es schließlich durch den atmosphärischen Druck zerstört wurde, als dieser das 24fache der Erde erreichte. Ein imaginäres Raumschiff, das diese extremen Bedingungen aushalten könnte, träfe auf seinem Weg auf eine immer höher werdende Dichte. Nach und nach wird der Wasserstoff flüssig. Dann, 8500 km unter der Oberfläche, ist er so verdichtet, daß er zu metallischem Wasserstoff wird (er hat dann die gleichen leitenden Eigenschaften wie Metalle). Der Druck überschreitet 2 Mio. terrestrische Atmosphären, und die Temperatur übersteigt 10 000 °C. 57 000 km unterhalb der Wolken unterliegt der ursprüngliche Kern einem Druck von 45 Mio. Atmosphären und wird dadurch auf 30 000 °C aufgeheizt. Diese Hitze, zusammen mit der Sonneneinstrahlung, ist vielleicht der Ursprung der Bewegungen, die man mit dem Teleskop im Kern des Jupiter erkennen kann. Winde mit Geschwindigkeiten von 180 m/s wurden auf dem Planeten gemessen. Aber der »lokale Wetterbericht« ist nicht immer verständlich. Besonders der »Große Rote Fleck« (GRF) stellt ein Geheimnis dar. Diese gigantische antizyklonale Tubulenz, die größer ist als die Erde,

△ Jupiter, begleitet von zwei seiner größten Satelliten: Io und Europa.

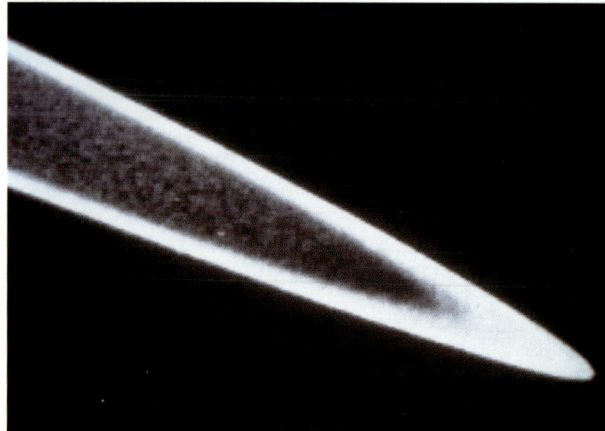

△ *Die Ringe des Jupiter, die 1979 von der Sonde Voyager 1 entdeckt wurden.*

besteht seit mindestens 350 Jahren. Die Umstände dieser Erscheinung sind nach wie vor unbekannt, ebenso wie die Gründe für die rötliche Färbung.
Wie der Planet Saturn besitzt auch Jupiter ein System von Ringen. Diese sind jedoch so dünn, daß sie erst 1979 durch Voyager 1 entdeckt wurden. Für Teleskope auf der Erde bleiben sie aufgrund der Wellenlängen ihres Lichtes aber unsichtbar.

Io, Europa, Ganymed und die anderen

Vier große Satelliten begleiten Jupiter. Io, dem Planeten am nächsten, ist ein Mond mit starker vulkanischer Aktivität: Auf der Jupiter zugewandten Hemisphäre gibt es viele aktive Vulkane, die v. a. Schwefel ins All befördern. Io ist mit 3630 km Durchmesser zu klein, um einen aktiven Kern aufzuweisen. Der Vulkanismus ist daher eine Folge der Gezeiten des Jupiter (der lediglich 421 800 km entfernt ist). Sie erwärmen den Satelliten und schüren dessen Vulkanismus.

Europa, ein kleinerer Trabant des Jupiter (3120 km Durchmesser), unterliegt ebenfalls der Gezeitenwirkung des Jupiter. Aber da er mit 671 400 km viel weiter entfernt und nahezu vollständig von Eis bedeckt ist, äußert sich das auf ganz andere Weise. Die Bilder, die von den Raumsonden geliefert wurden, zeigen, daß die Oberfläche von Europa aus Packeis besteht, das auf einem flüssigen Ozean schwimmt.

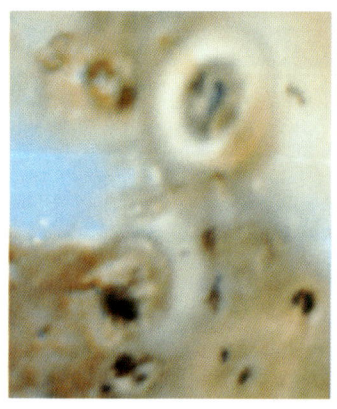

Diese Eishülle ist an hunderten verschiedenen Stellen gerissen, und die Risse verändern sich in ihrem Verhältnis zueinander je nach den Gezeiten des Jupiter. Wahrscheinlich quillt durch einzelne dieser Spalten von Zeit zu Zeit das unter dem Eis liegende flüssige Wasser hervor – etwa in Form von Geysiren.

Ganymed, der größte der Jupitermonde, ist ebenfalls vereist und besitzt möglicherweise auch einen flüssigen Ozean unter seiner Eiskruste. Kallisto, der am weitesten von Jupiter entfernte relativ große Mond, scheint seit seiner Entstehung vor 4,5 Mrd. Jahren versteinert zu sein.

Zwölf weitere Satelliten begleiten Jupiter bei seiner Umkreisung der Sonne. Aber sie sind nicht die einzigen. Im der gleichen Umlaufbahn wie der Planet, ca. 60° vor und 60° hinter ihm, finden sich die sogenannten Punkte von Lagrange. Es handelt sich dabei um kleine Himmelskörper, die man auch als Trojaner bezeichnet. Sie zählen zu den Asteroiden.

▽ *Ein aktiver Vulkan an der Oberfläche von Io.*

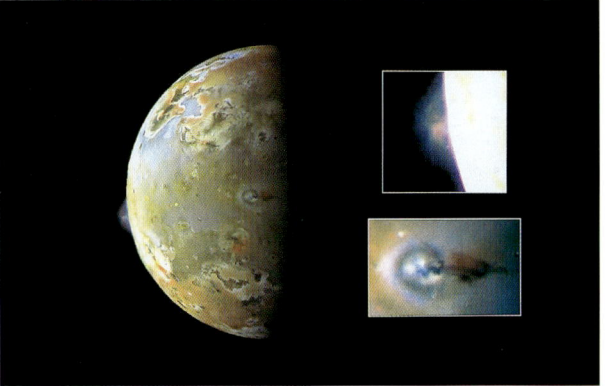

GESCHICHTE DER ENTDECKUNG

Im Jahr 1610 sah Galileo Galilei als erster den Planeten Jupiter durch ein astronomisches Instrument. Bei dieser Gelegenheit entdeckte er auch die vier wichtigsten Satelliten entdeckt, die seitdem als Galileische Monde bezeichnet werden. 1664 er-

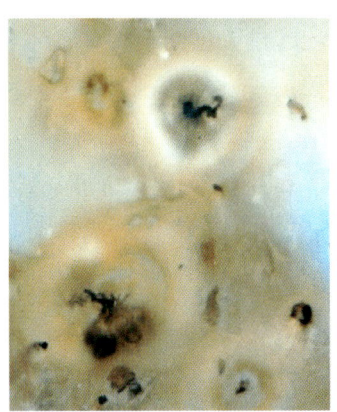

◁ *Die Oberfläche von Io (beobachtet im Abstand von 17 Jahren) verändert sich ständig durch den Vulkanismus.*

Jupiter

kannte der Engländer R. Hooke die Farbstrukturen auf der Planetenscheibe. Ein Jahr. darauf entdeckte J.-D. Cassini den Großen Roten Fleck, einen riesigen Antizyklon, der in der Stärke seither nicht nachgelassen hat, sowie die breitesten Wolkenbänder des Jupiter.

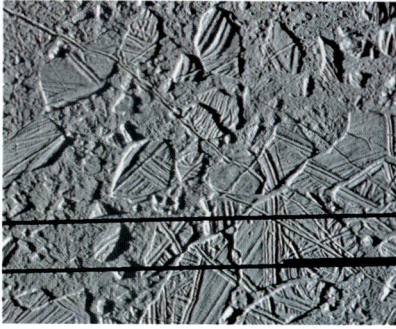

△ Unter der rissigen Packeisdecke des Mondes Europa erstreckt sich vielleicht ein Ozean aus flüssigem Wasser.

Bis zum Beginn des 20. Jh. wurde Jupiter per Teleskop erforscht. 1955 entdeckten die Astronomen Radiostrahlung, die vom Jupiter ausgeht. Danach kam die Zeit der Raumsonden. Insgesamt flogen fünf Sonden zum Jupiter. 1973 maß Pioneer 10 das sehr starke Magnetfeld des Planeten, das noch in 1 Mio. km Entfernung besteht. Im folgenden Jahr fotografierte Pioneer 11 den Großen Roten Fleck und die Polregionen. 1979 lüfteten die unbemannten Raumsonden Voyager 1 und 2 den Schleier über dem Jupitersystem. Sie machten die ersten hochauflösenden Bilder des Planeten und seiner Satelliten, beobachteten die aktiven Vulkane und entdeckten neue Satelliten. Im Dezember 1995 trat die Sonde Galileo in eine Umlaufbahn um den Jupiter ein. Sie setzte eine Sonde ab, die die Zusammensetzung der Atmosphäre bestimmte. Trotz einer Panne an der Hauptübertragungsantenne lieferte sie Filmaufnahmen aus unmittelbarer Nähe der Satelliten. Im Juli 1994 ermöglichte sie den Astronomen, den Einschlag einzelner Fragmente des Kometen Shoemaker-Levy 9 auf dem Jupiter zu beobachten. Der Aufprall dieser Eisblöcke mit einem Durchmesser von ca. 1 km richtete Verwüstungen an, die mit dem Teleskop sogar von der Erde aus leicht zu beobachten waren.

MÖGLICHKEIT DER BEOBACHTUNG DES JUPITER

Der Planet Jupiter läßt sich ohne Probleme sogar mit dem bloßen Auge ausmachen, auch wenn man keine Vorstellung davon hat, in welcher Region er zu suchen ist. Nach der Venus ist er der hellste Stern am Himmel. Jupiter unterscheidet sich in einer dunklen Nacht von den anderen hellen Sternen, da er nicht schimmert. Nur mit der Venus kann er verwechselt werden, die am Abend bei untergehender Sonne oder am Morgen im Osten zu sehen ist. In diesem Fall hilft schon ein Fernglas mit zehnfacher Vergrößerung: Damit lassen sich die Galileischen Monde um Jupiter leicht entdecken. Diese Vergrößerung reicht auch aus, um mehr zu sehen als nur einen Planeten in Form eines Punktes, wie es mit bloßem Auge der Fall ist. Dagegen reicht sie nicht aus, um Details wie etwa die Wolken auszumachen.
Obgleich Jupiter der Erde nie näher als 630 Mio. km kommt, ist er auch für Amateure leicht zu beobachten. Selbst Einzelheiten dieser riesigen Kugel mit

dem 11,2fachen des Erddurchmessers kann man mit einfachsten astronomischen Instrumenten erkennen. Mit einem 60-mm-Fernrohr sind die Hauptwolkenbänder, die den Planeten gestreift erscheinen lassen, zu sehen. Unter idealen Bedingungen zeigen sich auch die großen Gasformationen. Der Große Rote Fleck bleibt dagegen unsichtbar, v. a. aufgrund des schwachen Farbkontrastes zur restlichen Bewölkung. Dennoch genügen einige Minuten, um zu bemerken, daß die vier Galileischen Trabanten ihre Position verändern. Es ist möglich, eine Verfinsterung eines der Satelliten im Schatten des Planeten mitzuerleben, oder auch wie ein Mond aus unserer Perspektive vor ihm entlangwandert. Im letzten Fall jedoch, wenn ein Satellit einen Schatten auf die Wolken des Jupiter projiziert, ist sein Durchmesser zu klein, um noch erkennbar zu sein. Manche Kalender in den Spezialzeitschriften veröffentlichen allmonatlich auf den Tag genau die exakten Koordinaten der Satelliten, an denen die beschriebenen Phänomene sichtbar sind. Mit einem Instrument mit 100–120 mm hat auch ein Amateur die Möglichkeit, den Großen Roten Fleck zu suchen. Außerdem kann man damit auch sekundäre meteorologische Gebilde in den Wolkenbändern ausmachen. Im Juli 1994 war der Aufschlag des Kometen Shoemaker-Levy 9 mit solchen Instrumenten teilweise zu erkennen. Auch die Schatten der Satelliten, die vor dem Jupiter passieren, sind dadurch zu sehen, wenn sie auch schwer auszumachen sind.

Mit einem 150-mm-Teleskop (oder größer) werden noch mehr Details des Jupiter sichtbar. Auf den Wolkenbändern zeichnen sich viele Unregelmäßigkeiten ab. Viele der Flecken können markiert werden, um die Rotation des Planeten für mindestens 10 Stunden zu beobachten. In langen Winternächten ist es ohne weiteres möglich, eine komplette Rotation zu erleben. Mit einem größeren Instrument (>150 mm) wird die Beobachtung der Satelliten vor dem Planeten komfortabel.

△ 1994 schlugen Fragmente des Kometen Shoemaker-Levy 9 in der Atmosphäre des Jupiter ein und verursachten enorme dunkle Flecken.

◁ Der Große Rote Fleck ist ein Antizyklon, ein Bereich extrem hohen Druckes, der bereits seit mindestens 350 Jahren existiert.

SATURN

DER PLANET DER RINGE

Wie Jupiter ist Saturn eine riesige Gaskugel. Es handelt sich auch hier um einen Planeten auf dem man nicht landen könnte. Seine Oberfläche liegt unter Wolken unterschiedlichster Farben. Ein Raumschiff, das die Absicht hätte, den Planeten zu untersuchen, müßte sie zunächst durchqueren. Saturn besteht wie Jupiter aus einer 30 000 km dicken Schicht gasförmigen Wasserstoffs, auf die unmittelbar eine weitere Schicht metallischen Wasserstoffs folgt. Unter dem atmosphärischen Druck, der 2 Mio. mal so stark ist wie der auf Meeresniveau der Erde, erreichen die Temperaturen bis zu 8000 °C. Wie der Jupiter hat der Saturn einen sehr kleinen festen Kern, der nicht einmal ein Viertel des Durchmessers des Planeten (nur ca. 30 000 km) ausmacht. Die Temperaturen dort steigen allerdings bis auf 15 000 °C. Auch wenn er 95mal so schwer ist wie die Erde, zählt Saturn doch zu den leichteren Planeten, da seine Dichte noch unter der von Wasser liegt. Das bedeutet, gäbe es ein

△ *Saturn, aufgenommen von Voyager 2.*

entsprechend großes Meer, würde Saturn darauf schwimmen.

Die Unwetter auf dem Saturn

Die Atmosphäre des Saturn besteht zu 88 % aus Wasserstoff und zu 10 % aus Helium. Die restlichen 2 % sind eine Mischung aus Methan, Ammoniak, Ammoniumhydrosulfid und Wasser. Im Rhythmus von 30 Jahren tobt an der Oberfläche ein enormes Unwetter, das sich sehr rasch über den ganzen Planeten ausbreitet und Windgeschwindigkeiten bis zu 1800 km/h erreicht. Diese im Sonnensystem

△ Die Wolken des Saturn, aufgenommen von Voyager 2

einzigartigen Orkane brechen stets in der Mitte des Saturn-Sommers aus. Ihr Auslöser ist bisher zwar unbekannt, doch es scheint sich um ein saisonales Phänomen zu handeln.

Außerhalb der Perioden heftigster Unwetter scheint die Atmosphäre des Planeten sehr ruhig zu sein. Wie auf Jupiter gibt es Wolkenbänder, die allerdings viel weniger kontrastreich sind. Man vermutet, daß eine Oberflächenschicht aus Ammoniak die Farben verwischt. Aber auch wenn gerade kein Sturm herrscht, sind die Winde generell viel stärker als auf Jupiter.

Saturn entstand wie die andern Planeten auch vor ungefähr 4,5 Mrd. Jahren. Gemäß einem Entwicklungsprozeß, der genauso verlief wie der des Jupiter, ballte sich ein großer Kern aus Eis und Silikaten zusammen. Diese Masse reichte aus, um Wasserstoff und Helium der protosolaren Nebel anzuziehen, die im umgebenden Raum vorhanden waren. Diese Gase bilden heute die Atmosphäre des Saturn. Von der Oberfläche der höchsten Wolken sind die Ringe, die um den Planet kreisen, sehr gut zu sehen – wie ein großer Bogen oder ein weiter Regenbogen, der den Himmel von einem Ende bis zum anderen überspannt. Allerdings gilt das nur für einen Blickwinkel aus dem Bereich des Saturn-Äquators, da in Polnähe die

◁ Skizze der Position der verschiedenen Ringe und der nächstliegenden Trabanten des Saturn.

Enceladus

Mimas

Pandora

Epimetheus

Prometheus
Janus

Atlas

Saturn D C B A

Saturn

◁ Wie man auf diesen Fotos des Hubble-Space-Teleskops (Bild oben) und dem Observatorium auf dem Pic du Midi gut erkennen kann, verändert sich die Neigung der Saturnringe im Lauf der Jahre deutlich. Auf dem letzten Bild liegen die Ringe exakt horizontal zur Blickrichtung und scheinen daher fast verschwunden zu sein.

Ringe, die immerhin einen Durchmesser von 280 000 km aufweisen, aufgrund der Wölbung des Planeten stetig hinter dem Horizont verschwinden. Dagegen sind sie selbst mit einem kleinen Amateur-Fernrohr von der Erde aus leicht zu erkennen. Trotz ihres homogenen Aussehens bestehen sie aus einer unendlichen Anzahl von mit Eis überzogenen Gesteinsbrocken. Die kleinsten unter ihnen haben die Größe von Staubteilchen (wenige Mikrometer), die größten erreichen zwischen einigen hundert Metern und 1 km Durchmesser. Es ist übrigens Eis, das das Licht stark reflektiert und den Ringen ihre Brillanz verleiht. All die Trümmer, aus denen die Ringe bestehen, umkreisen den Saturn wie viele ganz kleine Satelliten. Überraschenderweise glänzt diese Scheibe intensiv, obwohl sie nicht dicker ist als maximal 1 km. Darüber hinaus sind die Ringe nicht durchgehend eben, sondern leicht gewellt – sie gleichen eher einem Fahrradreifen mit einem Achter – mit einer Amplitude von bis zu 5 km.

Der Ursprung der Ringe ist derzeit noch ungewiß. Im wesentlichen gibt es zwei Hypothesen: Die eine besagt, daß sich die Mehrzahl der Satelliten noch nicht gebildet hat. Das würde bedeuten, daß die einzelnen Bestandteile der Ringe noch kleine, schon sehr alte Objekte sind, die noch aus einer Zeit vor der Bildung der Planeten stammen. Daß sie sich noch nicht zu Satelliten zusammengeballt haben, liegt daran, daß sie sich zu nahe am Planeten befinden. Tatsächlich liegen die dichteren Ringe (die von der Erde aus mit dem Teleskop sichtbar sind) weniger als 140 000 km vom Zentrum des Saturn entfernt. Vielleicht handelt es sich aber auch genau um die Distanz, bei der die Gezeitenkräfte bei allen Satelliten die Kohäsionskräfte ausschalten. Die zweite Hypothese zur Entstehung der Ringe stützt sich auf einen kleinen Planeten, der erst in jüngerer Vergangenheit vom Saturn eingefangen wurde. Bis unter die Gezeitengrenze angezogen, könnte ein solches Objekt zerborsten sein und seine Überreste sich in den Ringen angeordnet haben. Man unterscheidet die Ringe durch Teilungen wie die Cassini-Teilung und die Enckesche Teilung. Am äußeren Rand der dichten Ringe wurden 1995 sogenannte temporäre Satelliten beobachtet. Einige Wochen lang schienen sich die Eisbrocken zu einem Satelliten zu formieren, und bildeten einen kleinen, ringförmigen Bogen. Aber die Gezeitengrenze und die Störungen durch Nachbarn auf der Umlaufbahn verhinderten dies. Heute nehmen die Astronomen an, daß es in den Ringen des Saturn permanent zu solchen Phänomenen kommt.

Jenseits der dichteren Ringe, umkreisen den Saturn einige Satelliten und zwei weitere Ringe, die jedoch von der Erde aus unsichtbar sind. Einige Satelliten – etwa Telesto, Tethys und Calypso oder auch Dione und 1980S6 – teilen sich dieselbe Umlaufbahn. Der größte aller Saturntrabanten ist Titan mit einem Durchmesser von 5150 km. Seine Oberfläche ähnelt der des Merkur, und er weist als einziger eine dichte, undurchsichtige Atmosphäre auf, deren Druck in Bodenhöhe dem 1,6fachen des terrestrischen Luftdrucks auf Meereshöhe entspricht. An seiner gefrorenen Oberfläche (-179 °C) existieren vielleicht Kontinente, die von zähflüssigem Teer bedeckt und von Methanozeanen umgeben sind. Auch wenn es schneit oder regnet, handelt es sich um Methan. Titan ist einer der geheimnisvollsten Monde im Sonnensystem.

DIE GESCHICHTE DER ENTDECKUNG

Saturn ist der am weitesten entfernt liegende jener Planeten, die bereits seit der Antike bekannt sind. Aber erst Galileo Galilei, der den Saturn 1610 durch sein Fernrohr beobachtete, konnte genaueres über dessen Aufbau feststellen. Für ihn war Saturn eine Welt wie der Mond, Jupiter, Venus oder die Erde. Ihn verwirrten jedoch die fremdartigen Auswüchse, die wie Ohren auf beiden Seiten des Planeten aussahen. Er nahm zuerst an, daß es sich um zwei Satelliten handelte, stellte aber sehr schnell fest, daß sie sich im Gegensatz

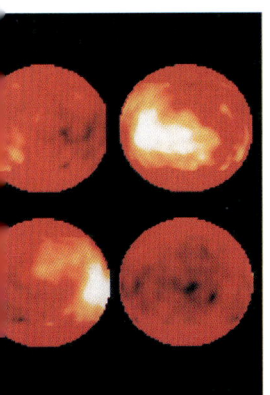

zu denen des Jupiter unabhängig vom Planeten bewegen. Zwei Jahre später schienen sie sogar völlig verschwunden zu sein. Heute wissen wir, daß das System der Ringe einfach horizontal zum Betrachter lag und daher nicht zu sehen war.

Die Antwort auf dieses Rätsel fand jedoch erst Christiaan Huygens 1654. Er erkannte erstmals, daß Saturn auf Höhe seines Äquators von einem Ring umgeben sein mußte. Kurze Zeit später entdeckte J.-D. Cassini,

◁ *Dem Hubble-Space-Teleskop gelang es durch die Beobachtung der Infrarot-nahen Lichtwellenbereiche, die Wolken des Titan teilweise zu durchdringen und ein vages Relief des Himmelskörpers zu erstellen.*

Saturn

daß der Ring durch einen »leeren« Bereich unterteilt ist. Dieser Bereich heißt seitdem Cassini-Teilung. Er war auch der erste, der die Idee vertrat, daß die Ringe aus einer Menge kleiner Satelliten bestehen und keinen feste Struktur aufweisen. Es dauerte bis 1898, ehe es Keeler anhand des Spektrums gelang zu beweisen, daß die Ringe mit unterschiedlicher Geschwindigkeit um den Saturn kreisen, wie es viele kleine Satelliten tun würden.

1979 gelangte Pioneer 11 als erste Raumsonde in die Nähe des Planeten Saturn. Sie fand einen weiteren Ring außerhalb der anderen (der sogenannte Ring E). Im folgenden Jahr ergaben die Missionen von Voyager 1 und 2, daß es sich in Wirklichkeit um Tausende von Ringen handelt. Bei dieser Gelegenheit wurden auch die wichtigsten Satelliten fotografiert. Zwischenzeitlich, noch während der Reise der Sonden, wurden von der Erde aus weitere Satelliten entdeckt: Atlas, Prometheus, Epimetheus, Telesto, Calypso und 1980S6.

MÖGLICHKEIT DER BEOBACHTUNG DES SATURN

Um den Saturn mit bloßem Auge zu finden, muß man im Ausschlußverfahren vorgehen. Wie auch die anderen Planeten, könnte man ihn als einen nicht strahlenden Stern bezeichnen. Wenn ein Planet im Westen zu Beginn der Nacht oder auch im Osten zum Ende der Nacht hell scheint und recht weiß aus-

△ Saturn, wie er durch ein Amateur-Gerät zu sehen ist.

sieht, ist die Wahrscheinlichkeit groß, daß es sich um die Venus handelt. Scheint er aber mitten in einer dunklen Nacht, ist es Jupiter. Ist er rot, dürfte es sich um den Mars handeln, und ist er nichts von alledem, sieht man den Saturn. Am Wichtigsten bleibt aber der Tageskalender, der Auskunft darüber

△ Die Saturnringe, wie sie sich ein Künstler vorstellte.

△ *Das große Unwetter von 1990, das im Observatorium auf dem Pic du Midi entdeckt wurde, gesehen durch das Hubble-Space-Teleskop*

gibt, wo und zu welcher Zeit man Saturn suchen muß. Ein kleines Fernrohr mit 50 oder 60 mm und 30- oder 35facher Vergrößerung reicht aus, um den Planeten der Ringe zu entdecken. Das Bild ist zwar winzig klein, aber doch erheblich besser als jenes, mit dem Galilei sich begnügen mußte. Diese Vorstellung lädt zu einem Rückblick ein. Besser als jeder Vortrag macht sie deutlich, wie schwer es für Galilei war, die durch die Ringe gebildeten »Auswüchse« zu interpretieren. Auch Titan ist mit dem oben beschriebenen Instrumententyp auszumachen. Eine 100fache Vergrößerung bei einer 100er Öffnung offenbart mehr Details. Insbesondere wird dann die Cassini-Teilung sichtbar, ein dunkles Band, das die Ringe A und B voneinander trennt. Auch der Schatten des Planeten auf den Ringen und derjenige der Ringe auf dem Planeten lassen sich unter bestimmten Bedingungen beobachten. Ein Teleskop von 150 bis 200 mm Brennweite braucht man, um die Saturnwolken zu sehen, doch die Kontraste in der Atmosphäre des Planeten bleiben undeutlich.

Außer Titan sind nur Japetus, Rhea, Dione und Tethys für Amateure sichtbar, aber jeder von ihnen ist schwer zu entdecken. Alle 15 Jahre scheinen die Ringe aufgrund der Neigung des Planeten von 27° zu seiner Umlaufbahn zu verschwinden. Tatsächlich nimmt man sie als Scheibe wahr. Aber da sie nur sehr dünn ist, gewinnt man den Eindruck, sie ist gar nicht mehr da. Dieses Phänomen war 1995 zuletzt zu beobachten. Das nächstemal wird es voraussichtlich im Jahr 2010 stattfinden.

◁ *Titan, von der Voyager-Sonde aufgenommen, bleibt durch seine dichte Atmosphäre verhüllt.*

URANUS

INFOBOX

Siebter Planet von innen
Mittlere Entfernung von der Sonne: 19,27 AE
Umlaufzeit um die Sonne: 84 Jahre 5 Tage
Dauer der Rotation: 10 Stunden 49 Minuten
Abplattung: 0,03
Neigung des Äquators gegen die Bahnebene: 97° 52'
Durchmesser: 51 118 km (viermal so groß wie die Erde)
Volumen: Das 65fache der Erde
Masse: Das 14,54fache der Erde
Temperatur an der Oberfläche: -220°C
Monde: 15

SOMMER AN DEN POLEN

Uranus ist ein Planet desselben Typs wie Jupiter oder Saturn – eine Gaskugel ohne wirkliche Oberfläche. Er ist kleiner als die beiden anderen Planeten, v. a. aber kreist er in wesentlich größerer Entfernung um die Sonne (rund 2,9 Mrd. km). Deshalb erhält er weniger Strahlung, und die niedrigere Oberflächentemperatur ermöglicht die Kondensation von Methan in Form von Wolken, was auf Saturn und Jupiter nicht geschieht. Die blau-grüne Farbe des Planeten geht auf dieses Gas zurück. Wenn der Uranus auch zur gleichen Zeit und durch dieselben Prozesse wie der Saturn entstand, so unter-

△ Miranda, der kleinste der Haupttrabanten des Uranus, hat einen Durchmesser von nur 480 km; dennoch erhebt sich auf seiner Oberfläche ein 20 km hohes Riff.

scheidet er sich von diesem doch durch seine Rotationsachse, die nicht senkrecht, sondern nahezu parallel zur Umlaufbahn steht. Diese Besonderheit rührt wahrscheinlich von einer Kollision mit einem Planeten der Größe der Erde, die diese Abweichung auslöste.
Die Satelliten folgen dieser Bewegung und umkreisen den Uranus auf äquatorialen Umlaufbahnen. Allerdings könnten auch durch andere Planeten des Sonnensystems hervorgerufene Unregelmäßigkeiten in der Gravitation die Abweichung erzeugt haben.

GESCHICHTE DER ENTDECKUNG

Am 13. März 1781 sah der englische Astronom William Herschel mit Hilfe seines Teleskops mit 160 mm Brennweite erstmals den Uranus, hielt ihn jedoch für einen Kometen. Er bemerkte das neue Objekt zufällig bei der Beob-

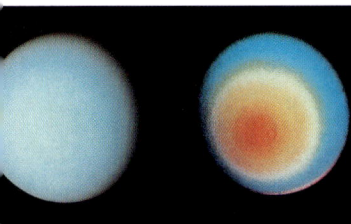

△ Diese Aufnahmen des Uranus wurde 1986 von der Weltraumsonde Voyager 2 gemacht.

achtung des Himmels im Sternbild Zwilling und fand es seltsam diffus. Auch bei Verwendung immer stärkerer Vergrößerungen sah er nichts als eine verschwommene Kugel. Es bedurfte vieler weiterer Beobachtungen, ehe es gelang, die Umlaufbahn zu berechnen und herauszufinden, daß es sich wirklich um einen Planeten handelte, der jenseits des Saturn lag. Aufgrund der großen Entfernung war kaum möglich, mit dem Teleskop mehr über den Uranus herauszufinden. So wurde über viele Jahrzehnte hinweg keine wichtige Erkenntnisse mehr gewonnen. Dafür entdeckte William Herschel bereits 1787 zwei Satelliten, Titania und Oberon. Zwei weitere kleinere Trabanten, Ariel und Umbriel, wurden erstmals 1851 von William Lassell gesichtet. Schließlich entdeckte Gerard Kuiper 1948 in unmittelbarer Nähe des Planeten den kleinen Mond Miranda. Als der Uranus am 10. März 1977 einen Stern verfinsterte, erkannte man, daß der Planet ähnlich wie der Saturn von einem Ringsystem umgeben ist, auch wenn die Uranus-Ringe wesentlich dünner sind. Die amerikanische Raumsonde Voyager 2 machte im Januar 1986 die ersten und bis heute einzigen Aufnahmen des Uranus und seiner Satelliten. Auch mit Hilfe der Sonde entdeckte man neben den bis dahin fünf bekannten noch weitere zehn Satelliten.

MÖGLICHKEIT DER BEOBACHTUNG

Mit einer Größenklasse von $6{,}^m7$–6^m befindet sich der Uranus in einem Bereich, der bei sehr dunklem Himmel gerade noch mit bloßem Auge wahrgenommen werden kann. Theoretisch ist der Planet mit einem Fernglas sichtbar. Allerdings ist die Ortung problematisch. Bei Verwendung eines Geräts mit kleiner Vergrößerung erscheint er als Punkt, der kaum von anderen Sternen zu unterscheiden ist. Das Auffinden wird erleichtert, wenn man über ein Instrument verfügt, das auf bestimmte Koordinaten eingestellt werden kann. Aber auch dann sind ein guter Sternenatlas und viel Geduld notwendig, um ihn zu erspähen. Bei 100- bis 200-facher Vergrößerung erscheint der Planet als kleine, verschwommene bläuliche Scheibe ohne jegliche Einzelheiten. Sein scheinbarer Durchmesser beträgt nur etwa 4".

Auch mit einem leistungsstarken Teleskop ist der Uranus nur schwer auszumachen und erscheint nur sehr klein. Diese von Voyager 2 aufgenommene Fotografie vermittelt eine Vorstellung von der Gestalt des Planeten. ▷

NEPTUN

Achter Planet von innen
Mittlere Entfernung von der Sonne: 30,21 AE
Umlaufzeit um die Sonne: 164 Jahre 288 Tage
Dauer der Rotation: 16 Stunden 7 Minuten
Abplattung: 0,026
Neigung des Äquators gegen die Bahnebene: 28° 48'
Durchmesser: 49 528 km (3,9mal so groß wie die Erde)
Volumen: Das 58fache der Erde
Masse: Das 17,13fache der Erde
Temperatur an der Oberfläche: -218 °C
Monde: 8

DER ZWEITE BLAUE PLANET

Neptun ist der äußerste und kleinste der vier Gasplaneten des Sonnensystems. Er ist etwa 4,5 Mrd. km von der Sonne entfernt und entstand durch die gleichen Prozesse wie Jupiter, Saturn und Uranus. Die blau erscheinende Atmosphäre des Neptun umfaßt eine Mischung aus Wasserstoff, Helium, Methan und Ammoniak. Aufgrund seiner großen Entfernung erhält der Planet wenig Sonnenenergie. Die niedrigen Temperaturen lassen vermuten, daß er relativ stabil ist. Die Raumsonde Voyager 2 war die einzige, die sich ihm näherte. Sie sendete Aufnahmen von vielfältigen wolkenartigen Strukturen mit großen Turbulenzen, die an jene des Jupiter erinnern. Mit Geschwindigkeiten von bis zu 2500 km/h herrschen hier die heftigsten Winde des Sonnensystems. Auch ein Großer Dunkler Fleck (GDS) wurde entdeckt. Wie beim Großen Roten Fleck des Jupiter handelt es sich um einen gigantischen Antizyklon von der Größe der Erde. Von seiner Position bei 22° südlicher Breite aus umrundet er den Neptun in 18 Stunden 20 Minuten. Ein schwächerer Fleck wurde bei 55° südlicher Breite geortet; er umkreist den Planeten in 16 Stunden 50 Minuten. In großen Höhen, etwa 50 km über den anderen Wolken, verhüllen manchmal weiße Cirruswolken aus Ammoniak den Planeten.

Wie die anderen drei gasförmigen Planeten besitzt auch der Neptun ein Ringsystem. Bei ihm ist es allerdings nicht gleichmäßig ausgeprägt; vielmehr umfaßt es dichtere, bogenförmige Ansammlungen von Materie. Neptun hat vier bis fünf Ringe und acht Satelliten. Triton, der größte darunter, ist eine Eiskugel mit einem Durchmesser von 2720 km; er bewegt sich rückläufig auf seiner Umlaufbahn. Daraus läßt sich schließen, daß er vom Neptun eingefangen

◁ *Nahaufnahme des Neptun von der Sonde Voyager 2 aus.*

wurde. Unerbittlich nähert er sich dem Planeten, und in 100 Mio. Jahren wird er die Roche-Grenze überschreiten, den Mindestabstand zwischen zwei Körpern, bevor die Auseinanderbrechen einsetzt. Dies wird das Ende des Satelliten bedeuten, aus dem dann wohl ein weiterer Ring wird. An der Oberfläche des Triton wurden Geysire aus dunklem Gas entdeckt, die bis in 8 km Höhe reichen. Ihr Ursprung ist noch nicht geklärt.

GESCHICHTE DER ENTDECKUNG

Neptun ist der erste nicht mit bloßem Auge sichtbare Planet, der nicht zufällig, sondern aufgrund von Berechnungen entdeckt wurde. François Arago, Direktor des Observatoriums in Paris, beauftragte 1845 Urbain Le Verrier mit der Untersuchung der Bewegungen des Uranus. Diese ließen sich von den Astronomen weder nachvollziehen noch voraussagen. Le Verrier schrieb die unregelmäßige Bewegung des Uranus der Existenz eines mächtigen Planeten zu, der über 30 AE von der Sonne entfernt sein mußte. Er schickte seine Berechnungen an Johann Galle am Observatorium Berlin und bat ihn um den Nachweis, daß sich der angenommene Planet wirklich an der berechneten Position befand. Nach zwei Nächte dauernden Forschungen antwortete der

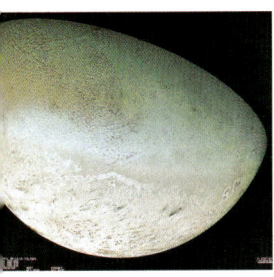

deutsche Astronom am 24. September 1846, daß er den Planeten nur 52' von der berechneten Position entfernt gefunden hatte. 17 Tage nach dieser Entdeckung sah William Lassell als erster Triton, den größten Satelliten des Neptun. Zur gleichen Zeit wie Le Verrier kam John Couch Adams, ein junger englischer Forscher, zu ähnlichen Ergebnissen, aber niemand wollte die Annahmen einer eingehenden Prüfung mit dem Teleskop unterziehen.

△ Die eisige Oberfläche des Triton.

Seither fand man nur wenig mehr über Neptun heraus, der ein schwer zu beobachtendes Objekt bleibt. Die Franzosen André Brahic und Bruno Sicardy entdeckten 1984 und 1985 bei der Verfinsterung eines Sterns durch den Neptun, daß der Planet von zwei partiellen Ringen (Bögen) umgeben ist. Voyager 2 kam Neptun 1989 sehr nahe und ermittelte sechs weitere Satelliten.

MÖGLICHKEIT DER BETRACHTUNG

Neptun läßt sich mit kleinen astronomischen Geräten (Brennweite weniger als 100 mm) beobachten, da seine Größenklasse 7,^{m}9 beträgt. Die Schwierigkeit besteht v. a. darin, ihn von anderen Sternen zu unterscheiden. Ein genauer Sternenatlas und viel Geduld sind dafür erforderlich. Die Chancen steigen bei einer zwei Tage dauernden Beobachtung, da dann die Bewegung des Planeten zwischen anderen Sternen deutlich wird. Wurde der Neptun einmal geortet, bedarf es starker Vergrößerungen, um mehr als einen Punkt zu erkennen. Bei einer Brennweite von über 100 mm und 200facher Vergrößerung erscheint er als kleine bläuliche Scheibe ohne jegliches Detail.

PLUTO

TERRA INCOGNITA

Pluto ist der einzige Planet des Sonnensystems, der noch nicht mittels einer Raumsonde erforscht wurde. Sogar in den leistungsstärksten Teleskopen erscheint er nur als kleiner Punkt. Erst mit Hilfe von Weltraumteleskopen erkannten Astronomen auf der Oberfläche einige undeutliche Flecken. Aber auch ohne nähere Erforschung des Pluto weiß man, daß es sich um ein eisiges Gestirn handelt, das Ähnlichkeiten mit Triton, einem Neptun-Trabanten, aufweist. Die Oberfläche des Planeten besteht aus kohlenstoffhaltigem Eis und stickstoffhaltigem Rauhreif. Der Pluto umfaßt eine kaum erwähnenswerte Atmosphäre, deren Druck 100 000mal schwächer ist als der auf terrestrische Druck auf Meeresniveau. Hauptbestandteil ist Stickstoff, daneben enthält sie kleine Mengen an Methan und Kohlenmonoxid. Die Anteile ändern sich je nach der Entfernung zur Sonne, die auf der elliptischen Umlaufbahn zwischen 4,4 und 7,4 Mrd. km beträgt. Vom 21. Januar 1979 bis zum 14. März 1999 war der Pluto der Sonne näher als der Neptun. Vom Pluto aus erscheint die Sonne bei maximaler Entfernung nur als kleiner Punkt. Dafür beträgt die Entfernung zwischen Pluto und Charon, seinem einzigen Satelliten (Durchmesser 600 km), nur 19 400 km: 5 % der Entfernung zwischen Erde und Mond.

△ Die Aufnahme, auf der der Pluto entdeckt wurde.

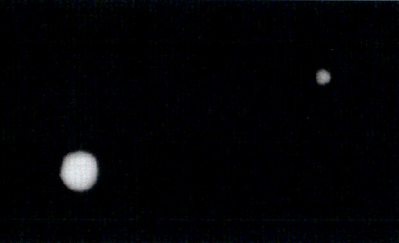

△ Pluto mit seinem Satelliten Charon.

GESCHICHTE DER ENTDECKUNG

Ohne es zu wissen, fotografierte der amerikanische Astronom Percival Lowell auf der Suche nach einem neunten Planeten jenseits von Neptun den Planeten Pluto. Der Hobby-Astronom C. Tombaugh studierte bei seiner Suche nach dem Planeten X das Fotomaterial aufmerksam und entdeckte auf zwei Aufnahmen etwas, was Lowell entgangen war: Ein Gestirn hatte sich zwischen beiden Aufnahmen bewegt. Damit war der Pluto gefunden. Erst 1978 entdeckte James Christy, daß der Planet einen mächtigen – als Charon bezeichneten – Satelliten besitzt, aus Eis aufgebaut ist, so gut wie keine Atmosphäre aufweist und für eine Rotation 6,39 Tage benötigt. Bei Pluto und Charon handelt es sich im Grunde genommen um einen Doppelplaneten. Beide Gestirne zeigen sich immer die gleiche Hemisphäre: Von Pluto aus gesehen, steht Charon immer an derselben Stelle am Himmel.

Im Juli 1994 machte das Hubble-Space-Teleskop zwölf Regionen unterschiedlicher Helligkeit auf der Planetenoberfläche aus. Damit wird man sich noch lange als einziger kartographischen Aussage zufriedengeben müssen; bis auf weiteres fliegt keine Sonde zu diesen beiden weit entfernten Gestirnen.

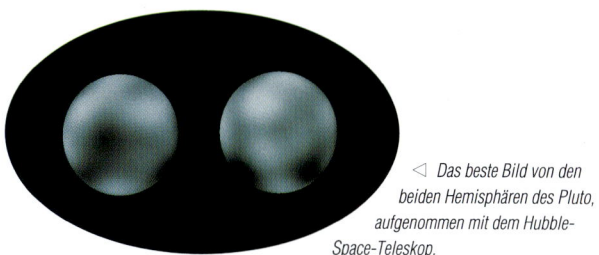

◁ Das beste Bild von den beiden Hemisphären des Pluto, aufgenommen mit dem Hubble-Space-Teleskop.

MÖGLICHKEIT DER BEOBACHTUNG

Der Abschnitt sollte besser heißen: »Unmöglichkeit der Beobachtung«! Der äußerste Planet des Sonnensystems überschreitet nie die Größenklasse 14^m. Das bedeutet, daß man zur Beobachtung ein Teleskop mit einer Brennweite von mindestens 300 mm benötigt. Und selbst dies genügt nicht: Um Pluto von anderen schwach leuchtenden Sternen unterscheiden zu können – vorausgesetzt, man hat die Position lokalisiert – muß man seine Bewegung verfolgen, was mehrere Nächte erfordert. Am besten ist es, Fotos zu machen, um – wie Tombaugh 1930 – zu erkennen, daß sich etwas bewegt hat …

KOMETEN

EISBERGE DES WELTRAUMS

Im Unterschied zu Planten oder Asteroiden sind Kometen nicht fest oder gasförmig; sie sind unregelmäßige Ansammlungen von Eis mit einem Durchmesser zwischen etwa 1 und 100 km. Ihre Geschichte begann schon vor der Zeit der Planeten, also vor über 4,5 Mrd. Jahren. Damals war das Sonnensystem noch eine Scheibe aus Gas und Staub, die um die Sonne, einen jungen Stern, der soeben entstanden war, kreiste. Im Inneren dieser Scheibe lagerten sich die Staubkörner nach und nach aneinander und bildeten somit ständig größer werdende Körper. Auf der Höhe der Umlaufbahnen von Uranus, Neptun und Pluto wurden die einzelnen Partikel wegen ihrer großen Entfernung von der Sonne und entsprechend niedrigen Temperaturen von einer dicken Eisschicht (aus Wasser oder kondensiertem Kohlendioxid) überzogen. Im Zug der weiteren Anlagerungen entstanden immer

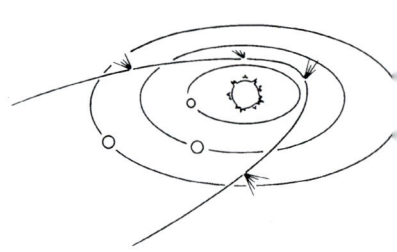

△ *Die ausgedehnte Umlaufbahn eines Kometen verläuft in festen Intervallen nahe der Sonne.*

größer werdende Blöcke, die hauptsächlich aus Eis und Staub bestanden. So bildeten sich die Kometen. Einige dieser Objekte wurden von gasförmigen Frühformen der späteren Planeten eingefangen. Andere zogen weiter durch das All.

Nachdem Planeten wie Jupiter und Saturn entstanden waren, störten sie die relative Ruhe der Kometen. Aufgrund der Anziehungskräfte der Planeten wurden die Kometen buchstäblich in 40 bis 100 000 AE von der Sonne entfernte Umlaufbahnen geschleudert (zur Erinnerung: Der Abstand zwischen Pluto und Sonne beträgt ca. 40 AE.). Bei dieser Entfernung befinden sich die Kometen etwa auf halbem Weg zwischen der Sonne und den nächstgelegenen Sternen.

Der auch in Städten mit bloßem Auge sichtbare Komet Hale-Bopp bot den Bewohnern der Nordhalbkugel 1997 ein faszinierendes Schauspiel. ▷

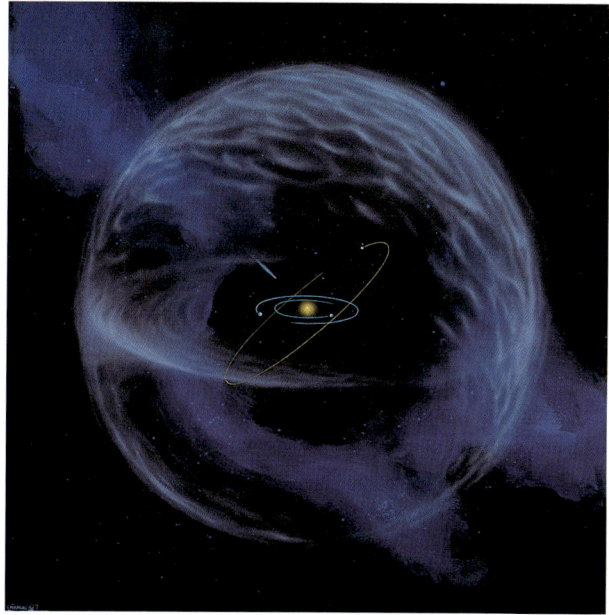

△ *Die Oortsche Wolke und der Kuiper-Gürtel sind Ursprungsgebiete für Kometen.*

Diese erstmals von dem niederländischen Astronomen Jan Hendrik Oort erkannte Struktur wird als Oortsche Wolke bezeichnet. Dabei handelt es sich um eine Materiewolke, die das Sonnensystem umgibt. Der Kuiper-Gürtel hingegen ist lediglich eine Verlängerung des Sonnensystems.

Ohne weitere Dynamik hätten Menschen jedoch niemals einen Kometen zu Gesicht bekommen. Was mußte sich ereignen, damit hunderte Milliarden von Kilometern entfernte Eisblöcke entdeckt werden konnten? Unter dem Einfluß benachbarter Sterne wichen 5–10 % der in der Oortschen Wolke entstandenen Kometen von ihrer weit entfernten Umlaufbahn in Richtung Sonne ab. Diese Kometen näherten sich der Sonne bis auf wenige hundert Millionen Kilometer, ehe sie wieder abdrehten. Dieses Phänomen ereignete sich auch mit einigen Kometen des Kuiper-Gürtels. Während erstere erst nach einigen Jahrhunderten oder Jahrtausenden der Sonne wieder so nahe kommen, beträgt diese Zeitspanne bei zweiteren weniger als 200 Jahre. Diese Intervalle zwischen dem zweifachen Passieren des Perihel führen zur Einteilung in Kometen mit kurzer und solche mit langer Periode.

Auch wenn sie der Sonne periodisch sehr nahe kommen, ist es selten, daß ein Komet der Erde allzu nahe kommt, etwa näher als einige zig Millionen Kilometer. Ein echter »Pionier« war der Komet Hyakutake, der 1996 die Erde in 15 Mio. km Entfernung passierte. Im folgenden Jahr blieb der sehr viel größere Komet Hale-Bopp rund 197 Mio. km entfernt. Nähert sich ein Komet der Sonne, heizt er sich auf. Das Eis verdampft und bildet eine gigantische

Kometen

△ *Der Komet Hyakutake näherte sich der Erde bis auf 15 Mio. km. Sein Durchmesser betrug lediglich 1–3 km.*

Atmosphäre, deren Durchmesser bis zu 1 Mio. km erreichen kann. Diese Atmosphäre, in der auch der zuvor im Eis gebundene Staub enthalten ist, bildet den Kopf des Kometen, der – bei entsprechender Größe und Nähe – mit bloßem Auge sichtbar ist. Aus dem Kopf lösen sich während der Reise auch unter dem Einfluß des Sonnenwindes zahlreiche Partikel: Der Kopf verstreut sich somit im Weltraum, was zur Bildung des Kometenschweifs führt, der bei günstiger Sicht auch ohne Instrumente zu erkennen ist. Bei jedem Passieren des Perihels verliert der Komet einen Teil seiner Masse.

GESCHICHTE DER ENTDECKUNG

Wie der Mond und die Planeten sind auch Kometen eine bereits seit dem Altertum bekannte Erscheinung. Chaldäer, Griechen, Chinesen und Ägypter berichteten ausführlich vom Erscheinen einzelner Kometen. Aristoteles ging im 4. Jh. v. Chr. davon aus, daß sie Phänomene atmosphärischen Ursprungs seien. Ihre Unvorhersehbarkeit ließ sie den Menschen als Boten katastrophaler Ereignisse erscheinen. Dieser Glaube hielt sich bis ins 19. Jh.
Zu Beginn des Jahres 1531 bemerkte Peter Apian, daß der Schweif der Kometen immer in die der Sonne entgegengesetzte Richtung zeigt. Tycho Brahe gelang 1577 der Nachweis, daß sich Kometen in Entfernungen befinden, die wesentlich größer sind als der Abstand zwischen Erde und Mond. Schließlich entdeckte E. Halley im 18. Jh., daß Kometen Körper sind, die zum Sonnensystem gehören und daß sie wie Planeten auf Umlaufbahnen um die Sonne kreisen. Der einzige Unterschied liegt darin, daß ihre Bahnen ausgeprägter elliptisch sind. Dies führt zu ihrer periodischen Wiederkehr, wie es beim alle 76 Jahre auftauchenden Kometen, der nach Halley benannt wurde, der Fall ist. Die Zusammensetzung der Körper bleibt jedoch ein Rätsel. Mitte des 19. Jh. konnte mit Hilfe der Spektroskopie ermittelt werden, daß sie u. a. aus Kohlen-

stoff, Zyan, Äthylen und Spaltprodukten von Wasserstoffmolekülen aufgebaut sind. Der amerikanische Forscher Fred Whipple bezeichnete 1950 Kometen als »Schmutzige Schneebälle«. Jüngste Untersuchungen wie z. B. die Beobachtungen der europäischen Sonde Giotto, die 1986 den Halleyschen Kometen erforschte, bestätigen diese Hypothese.

MÖGLICHKEIT DER BETRACHTUNG

Die eindrucksvollsten Kometen sind mit bloßem Auge sichtbar, treten aber nur selten auf. Professionelle Astronomen entdecken im Durchschnitt 20–30 Kometen pro Jahr. Nur einige wenige davon können auch von Hobby-Astronomen beobachtet werden. Das Auffinden der weniger hellen Kometen erfordert gute astronomische Kenntnisse. Die Beobachtung wird vereinfacht, wenn man ein Teleskop mit großer Brennweite und kleiner Vergrößerung verwendet. Damit lassen sich viele andere Körper aussortieren, so daß man die Kometen als kleine, verschwommene Flecken leichter erkennt.

Einige bekannte Kometen sind ohne weiteres sichtbar. Dazu gehören etwa die Kometen West (1976), Bennett (1980) und die erst vor kurzem auftretenden Hyakutake und Hale-Bopp (1996 bzw. 1997). Der 1986 erneut aufgetauchte Halleysche Komet ließ sich theoretisch mit bloßem Auge beobachten. Er befand sich jedoch sehr weit im Westen, weshalb zur Erkennung ein gutes Fernglas oder ein Teleskop erforderlich waren.

Um die schönsten Exemplare in Ruhe betrachten zu können, sollte man sich zur Beobachtung einen Platz ohne künstliche Lichtquellen suchen. Dies ist besonders wichtig, wenn man den gesamten Schweif erfassen will. Mit einem Fernglas erkennt man nur den Kern als kleinen, hellen Punkt. Befindet sich der Komet in Erdnähe, kann mann seine Bewegung zwischen den Sternen innerhalb weniger Minuten ausmachen. Mit einem Teleskop sieht man je nach Entfernung und Dynamik des Kometen Strahlen aus Staub und Gas. In relativ kurzer Zeit können Veränderungen dieser vergänglichen Strukturen eintreten. So lösen sich in Ausnahmefällen Bestandteile vom inneren Kern.

Dieses Phänomen ist gelegentlich sogar mit einfachen Instrumenten sichtbar.

◁ *Die von der Raumsonde Giotto gemachte Aufnahme des Halleyschen Kometen zeigt einen 15 mal 8 Kilometer großen Block aus schmutzigem Eis.*

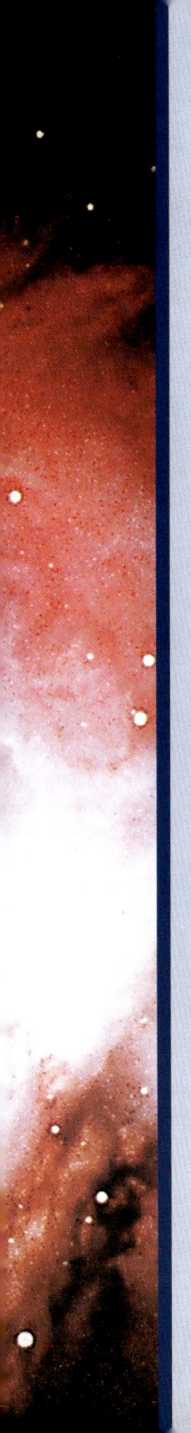

BEOBACHTUNG DER KONSTELLATIONEN

Name des Sternbilds

Der beste Beobachtungszeitraum

CEPHEUS

BEOBACHTUNG: ganzjährig

Diese Konstellation ist nach Cepheus benannt, dem König von Äthiopien, Gemahl der Cassiopeia und Vater der Andromeda. Sie befindet sich etwa zwischen Kleinem Bären und Cassiopeia.

Um Cepheus zu finden, dessen Form einem Haus ähnelt, denkt man sich eine Verlängerung der Achse von β-(Beta-)Ursae Majoris (Merak) und α-(Alpha-)Ursae Majoris (Dubhe) über den Polarstern zu γ-(Gamma-)Cephei. ▷

β-(Beta-)CEPHEI (ALFIRK)

Helligkeit
3,ᵐ2 und 3,ᵐ2

Dieser helle Stern besitzt in einer Distanz von etwa 13,3" einen Begleiter mit der Helligkeit 7,ᵐ9, der schon mit kleinen Instrumenten zu erkennen ist. Alfirk ist ein Doppelstern mit einer kurzen Umlaufzeit (etwa 6 Stunden), aber auch einer sehr schwachen Amplitude.

Erläuterung der Orientierungskarte: Hilfe zum Auffinden des Sternbilds.

Orientierungskarte

Sternkarte

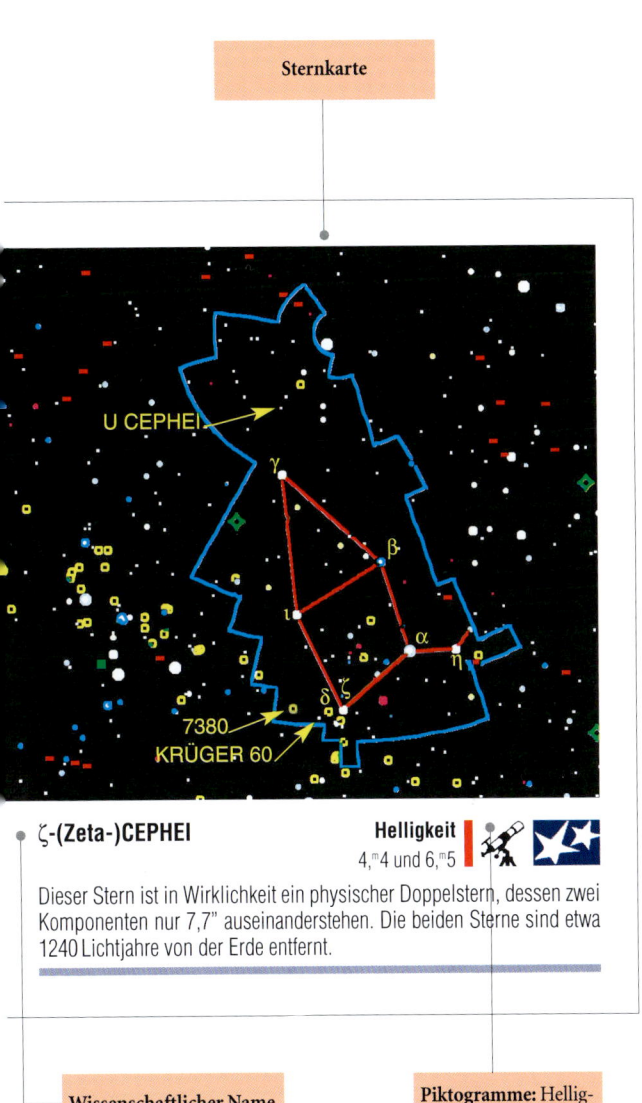

U CEPHEI

γ

β

ι

α

η

7380

δ ζ

KRÜGER 60

ζ-(Zeta-)CEPHEI

Helligkeit
4,^{m}4 und 6,^{m}5

Dieser Stern ist in Wirklichkeit ein physischer Doppelstern, dessen zwei Komponenten nur 7,7" auseinanderstehen. Die beiden Sterne sind etwa 1240 Lichtjahre von der Erde entfernt.

Wissenschaftlicher Name des Himmelskörpers

Piktogramme: Helligkeit des Objekts, geeignetstes Instrument, Art des Objekts

BENUTZUNGSHINWEISE

Nicht alle 88 uns bekannte Sternbilder sind in diesem Buch beschrieben. Es wendet sich in erster Linie an Leser auf der Nordhalbkugel, denen die südlichsten Sternbilder nicht mehr zugänglich sind. Aus diesem Grund wurden alle Konstellationen, die sich ab der geographischen Breite von Gibraltar (36°6'N), dem südlichsten Punkt Europas, nicht mehr über dem Horizont erheben, bewußt ausgelassen (siehe S. 140).
Ebenso sind in diesem Buch nicht alle Himmelskörper erwähnt. Allgemein wurden die am leichtesten beobachtbaren Objekte ausgewählt. Dennoch liegt auch hier keine Systematik zugrunde. Einige Objekte wurden aufgrund besonders interessanter Eigenschaften ausgewählt, auch wenn sie für Beobachter nur schwer zugänglich sind.

HIMMELSKÖRPER

Außer den Körpern unseres Sonnensystems, die ihre Position inmitten der Sterne verändern, bleiben alle anderen Himmelskörper an derselben Stelle und können daher auch in Sternkarten aufgeführt werden. Die folgenden Seiten bieten somit eine nach Sternbildern geordnete Aufstellung zahlreicher Sterne, Nebel, Sternenhaufen und Galaxien, die mit bloßem Auge, mit dem Feldstecher oder mit Teleskopen betrachtet werden können. Eine kurze Beschreibung weist auf die wichtigsten Eigenschaften der erwähnten Objekte hin (wie Entfernung, Ausdehnung usw.) und zeigt auf, welche Instrumente für eine Beobachtung am besten geeignet sind.
In einigen Fällen ist das Auffinden eines lichtschwachen bzw. eines für das bloße Auge nicht sichtbaren Objekts sehr schwierig. Um hier eine Beobachtung zu erleichtern, wurden die genauen Koordinaten angegeben. So läßt sich das Objekt durch ein Instrument mit parallaktischer Montierung auffinden.

ORIENTIERUNGSKARTEN

Stets erleichtert eine kleine Orientierungskarte das Auffinden der Sternbilder mittels einiger Bezugspunkte, wie sie im Kapitel »Orientierung am Himmel« beschrieben sind. Ebenso ist die am besten geeignete Jahreszeit angegeben. Um die in manchen Angaben enthaltenen Winkelabstände nachzuvollziehen, können Sie das am hinteren Buchdeckel abgetragene Lineal zu Hilfe nehmen (18 cm = etwa 20°).

Angaben in den Orientierungskarten:
Rote Linie: das beschriebene Sternbild;
Schwarze Linie: andere Sternbilder;
Gestrichelte Linie: gedachte Verbindungslinien;
Großbuchstaben: Name der Sternbilder;
Kleinbuchstaben: Name einzelner Sterne.

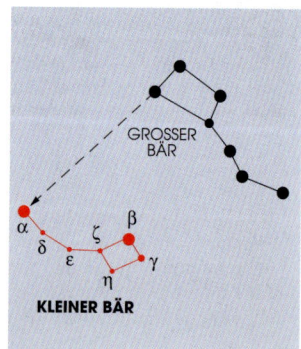

STERNKARTEN

Die Sternkarten zeigen neben den vorgestellten Objekten auch noch einige andere Objekte auf, die das Auffinden einzelner Sterne oder Sternbilder erleichtern. Außerdem lassen sich so auch weitere Sterne bestimmen, die nicht näher beschrieben sind.

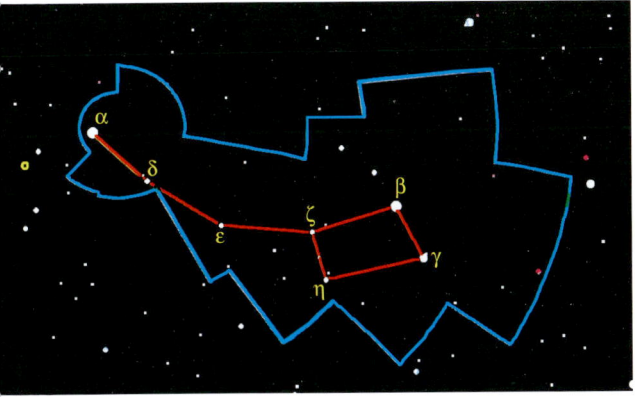

Angaben in den Sternkarten:
Blaue Linie: die Grenzen des Sternbilds;
Rote Linie: die durch die Hauptsterne gebildete Form des Sternbilds;
Gelb: der Name der Hauptsterne und der beschriebenen Objekte.

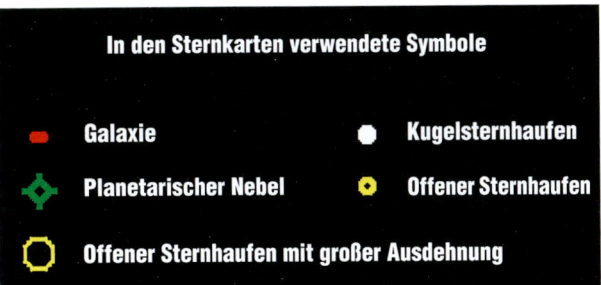

In den Sternkarten verwendete Symbole

Galaxie   Kugelsternhaufen

Planetarischer Nebel   Offener Sternhaufen

Offener Sternhaufen mit großer Ausdehnung

HINWEIS

Gesamthelligkeit und Helligkeit pro Stern
Ein Objekt, das aus mehreren Sternen besteht, hat eine Gesamthelligkeit, die der Summe der Helligkeiten aller Sterne entspricht. Die Helligkeit eines jeden einzelnen Sterns in einem solchen Objekt ist demnach schwächer als die Gesamthelligkeit.

HIMMELSBEOBACHTUNG IN VERSCHIEDENEN ERDTEILEN

Dieses Buch wendet sich an Hobby-Astronomen in Mitteleuropa. Die Zeitangaben für die Meridiandurchgänge der einzelnen Sternbilder beziehen sich auf die Weltzeit (WT). Da Deutschland in der mitteleuropäischen Zeitzone (MEZ) liegt, müssen hier im Winter eine Stunde, im Sommer zwei Stunden zur WT hinzugerechnet werden. Die hier dargestellten Karten gelten aber auch für andere Erdteile, sofern man sich in ähnlichen Breitenkreisen aufhält. Jedoch muß hier auf die Zeit geachtet werden. So ist z. B. ein in Mainz um 22 Uhr (21 Uhr WT) sichtbarer Himmel genau der gleiche wie um 22 Uhr Ortszeit in Neuengland (USA; also um 3 Uhr WT).

DIE STERNBILDER DES SÜDHIMMELS

Der Südhimmel hat 24 Sternbilder: es sind der Altar, das Chamäleon, das Fernrohr, die Fliege, der Fliegende Fisch, der Indianer, die Kleine Wasserschlange, das Kreuz, der Maler, das Netz, der Oktant, der Paradiesvogel, die Pendeluhr, der Pfau, der Phoenix, der Schiffskiel, der Schwertfisch, das Segel, das Südliche Dreieck, der Tafelberg, der Tukan, der Wolf, der Zentaur und der Zirkel.

Nichts hindert einen Europäer daran, in Länder der Südhalbkugel zu reisen und auch dort den Sternenhimmel zu beobachten. Für diesen Fall soll der folgende kleine Abschnitt auf die wichtigsten Himmelsobjekte hinweisen.

BEMERKENSWERTE OBJEKTE AM SÜDHIMMEL

Die bedeutendsten Erscheinungen am Südhimmel sind zweifelsohne die beiden Magellanschen Wolken. Die zwei blassen Flecken liegen etwas unterhalb des galaktischen Äquators und wurden von portugiesischen Seefahrer Magelhães entdeckt, als er das erste Mal die Welt umsegelte. Es handelt sich dabei um zwei kleine, unregelmäßige Galaxien, die der Milchstraße sehr nahe sind. Außerdem sind es die beiden einzigen Galaxien, von denen sich einzelne Sterne mit bloßem Auge oder mit dem Feldstecher auflösen lassen. Die Große Magellansche Wolke befindet sich im Sternbild Schwertfisch, die Kleine Magellansche Wolke im Tukan. Ebendort, direkt neben letztgenannter, liegt ein schöner, mit bloßem Auge gut sichtbarer Kugelsternhaufen: ξ-(Xi-)Tucanae (oder NGC 104). Mit nur 16 000 Lichtjahren Entfernung zur Sonne ist er einer der am nächsten gelegenen Kugelsternhaufen. Ein kurzer Blick in das Sternbild Zentaur läßt einen weiteren, seit Jahrhunderten bekannten Kugelsternhaufen erkennen: ω-(Omega-)Centauri. Ganz in der Nähe, im selben Sternbild neben dem sehr schönen Kreuz des Südens, liegt der dem Sonnensystem am nächsten gelegene Stern: α-(Alpha-)Centauri. Schließlich sei noch erwähnt, daß in der Nähe der Großen Magellanschen Wolke der Stern β-(Beta-)Pictoris zu sehen ist, neben dem 1984 eine Staubscheibe entdeckt wurde, bei der es sich um ein in der Ausbildung befindliches planetarisches System handelt. Diese Scheibe ist leider nur mit professionellen Instrumenten sichtbar.

BEOBACHTUNG: ganzjährig

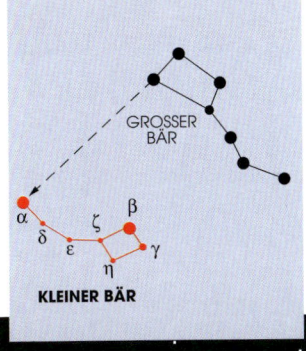

GROSSER BÄR

KLEINER BÄR

Dieses Sternbild enthält weder Galaxien noch Nebel, die für Laien zugänglich sind.

◁ *Der Kleine Bär (auch »Kleiner Wagen genannt) ist mit bloßem Auge nicht sehr leicht zu sehen. Um ihn aufzufinden, verlängert man die Verbindungslinie der beiden letzten Sterne des Großen Bären (die die Vorderseite des »Wagenkastens« bilden) bis hin zum Polarstern.*

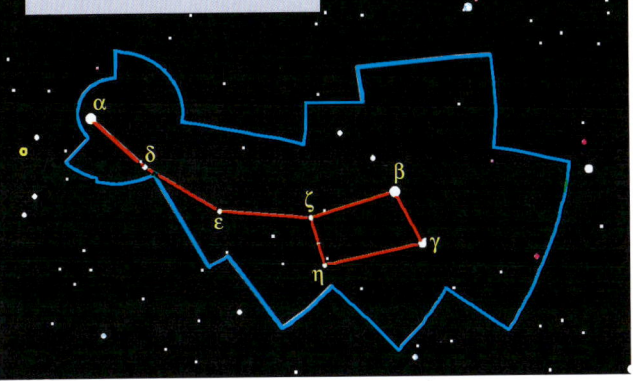

α-(Alpha-)URSAE MINORIS (POLARIS oder POLARSTERN)

Helligkeit 2,^{m}0

Dieser Stern, der hellste des Sternbilds, markiert den himmlischen Nordpol. In Wirklichkeit liegt er etwas weniger als ein Grad vom exakten Punkt entfernt. Die periodische Bewegung der irdischen Polachse im Raum wird diesen Winkelabstand bis zum Jahr 2102 auf ein halbes Grad vermindern. Der Polarstern ist ein Doppelstern in 360 Lichtjahren Entfernung. Die Trennung der zwei Komponenten, die in einer Distanz von 18,3" zueinander stehen, ist ein guter Test für die Besitzer kleiner Teleskope. Die Schwierigkeit der Beobachtung liegt vor allem im großen Helligkeitsunterschied zwischen beiden Sternen.

γ-(Gamma-)URSA MINOR (PHERKAD)

Helligkeit 3,^{m}1

Dieser Stern in 270 Lichtjahren Entfernung ist ein unregelmäßig Veränderlicher. In einer Periode von nur zwei bis drei Stunden verändert er seine Helligkeit um 0,1 (was für Hobby-Astronomen nicht wahrnehmbar ist).

CEPHEUS

Diese Konstellation ist nach Cepheus benannt, dem König von Äthiopien, Gemahl der Cassiopeia und Vater der Andromeda. Sie befindet sich etwa zwischen Kleinem Bären und Cassiopeia.

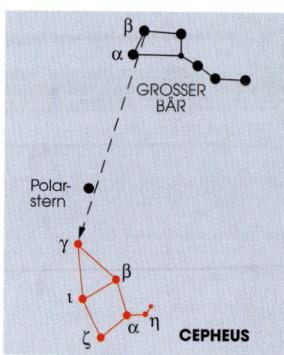

Um Cepheus zu finden, dessen Form einem Haus ähnelt, denkt man sich eine Verlängerung der Achse von β-(Beta-)Ursae Majoris (Merak) und α-(Alpha-)Ursae Majoris (Dubhe) über den Polarstern zu γ-(Gamma-)Cephei. ▷

β-(Beta-)CEPHEI (ALFIRK)

Helligkeit 3,^{m}2 und 3,^{m}2

Dieser helle Stern besitzt in einer Distanz von etwa 13,3" einen 1832 entdeckten Begleiter mit der Helligkeit 7,^{m}9, der schon mit kleinen Instrumenten zu erkennen ist. Alfirk ist ein Doppelstern mit einer kurzen Umlaufzeit (etwa 6 Stunden), aber auch einer sehr schwachen Amplitude.

δ-(Delta-)CEPHEI

Helligkeit 3,^{m}5 bis 4,^{m}4

Der über 1000 Lichtjahre entfernte Stern mißt im Durchmesser mehr als das 30-fache der Sonne und gibt einer eigenen Klasse veränderlicher Sterne den Namen: den Cepheiden. An einem halben Tag verändert sich seine Helligkeit plötzlich von 3,^{m}5 auf 4,^{m}4. Während einer nachfolgenden viertägigen Phase nimmt die Helligkeit wieder zu. Die ganze Periode dauert rund 5,4 Tage. 1912 stellte Henrietta Leavitt in Harvard eine Beziehung zwischen Pulsationsperiode und absoluter Helligkeit fest. Dank dieses Phänomens läßt sich die bekannte absolute Helligkeit eines solchen Sterns mit der beobachteten relativen Helligkeit eines anderen vergleichen und daraus dessen Entfernung ableiten. Die genaue Entfernung von Cepheiden in anderen nahen Galaxien – in der Magellanschen Wolke oder M33 – ließ sich so mittels einfacher Berechnungen ermitteln.

KRÜGER 60

Helligkeit 9,^{m}8 und 11,^{m}4

Dieser nur mit einem Teleskop sichtbare Doppelstern gehört mit einem Abstand von 13 Lichtjahren zu den erdnächsten Sternen. Das System besteht aus zwei roten Zwergsternen, die 9,2 AE auseinanderliegen – das ist etwa so weit wie der Abstand zwischen Saturn und Sonne. Für den Beobachter liegen die beiden Sterne 2,4" auseinander. Krüger 60B dreht sich in nur 44,5 Jahren um Krüger 60A. Krüger 60 ist ein Objekt für fortgeschrittene Amateure. Um ihn zu finden, benötigt man einen sehr guten Sternatlas bzw. ein astronomi-

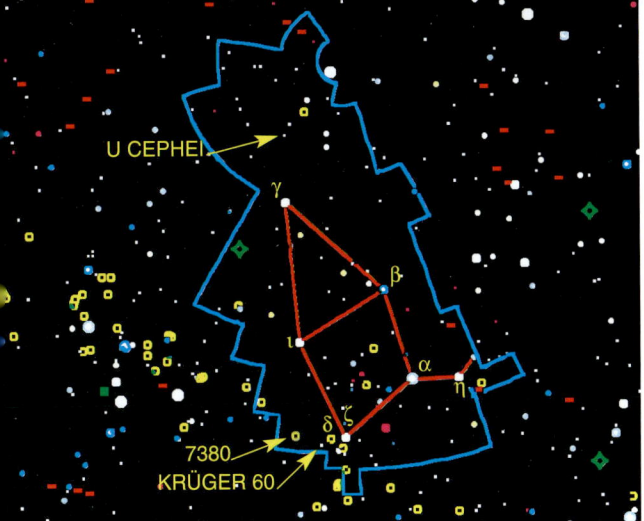

sches Softwareprogramm, das Sterne bis zu relativ hohen Helligkeitsbereichen darstellen kann. Mindestens ist ein Teleskop mit 150 mm Objektivöffnung und einer exakten parallaktischen Montierung notwendig, wenn man die beiden Sterne unterscheiden und über einige Jahre hinweg den Umlauf des einen um den anderen beobachten möchte. Koordinaten: AR = 22h 26m 12s; D = 57°27'.

ζ-(Zeta-)CEPHEI

Helligkeit
4,^{m}4 und 6,^{m}5

Dieser Stern ist in Wirklichkeit ein physischer Doppelstern, dessen zwei Komponenten nur 7,7" auseinanderstehen. Die beiden Sterne sind etwa 1240 Lichtjahre von der Erde entfernt.

U CEPHEI

Helligkeit
6,^{m}8 bis 9,^{m}2

Die Besonderheit an U Cephei wurde 1880 entdeckt: Es handelt sich um einen bedeckungsveränderlichen Stern. Das heißt, daß ein anderer, weniger heller Stern ihn regelmäßig umkreist und dabei teilweise verdeckt, was seine Strahlung vermindert. Etwa alle zweieinhalb Tage wird U Cephei von seinem Begleiter verdeckt; es dauert rund vier Stunden, bis sich seine Helligkeit von 6,^{m}8 auf 9,^{m}2 vermindert. Die Bedeckung selbst hält zwei Stunden an. Die Sterne sind zu nahe beieinander, um sie mit dem Teleskop zu unterscheiden. Für die Beobachtung ist ein guter Atlas vonnöten. Koordinaten: AR = 1h 2m; D = 81°51'30".

NGC 7380

Helligkeit
8^m bis 11^m

Dieser offene Sternhaufen befindet sich östlich von δ-(Delta-)Cephei in 11 700 Lichtjahren Entfernung. Er besteht aus etwa 20 Sternen, die schon mit kleinen Instrumenten beobachtet werden können.

DRACHE

Beobachtung: ganzjährig

Beim Drachen handelt es sich um ein sehr großes Sternbild, das sich um den Kleinen Bären windet. In Europa ist das Sternbild ebenso wie der Große Bär stets am Horizont zu sehen.

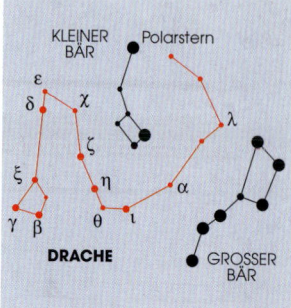

Der Drache erstreckt sich oberhalb der zum Großen Bären gehörenden »Wagendeichsel«. ▷

ψ-(Psi-)DRACONIS

Helligkeit
4,^{m}9 und 6,^{m}1

Dieser Doppelstern, dessen zwei Komponenten sich in 30,3" Distanz gegenüberstehen, läßt sich leicht mit dem Feldstecher oder einem kleinen Fernrohr beobachten. Das System ist 72 bis 73 Lichtjahre von der Erde entfernt.

μ-(My-)DRACONIS

Helligkeit
5,^{m}7 und 5,^{m}7

Hierbei handelt es sich um zwei etwa 88 Lichtjahre entfernte weißlichgelbe Sterne. Die beiden gleich großen Sterne stehen nur 1,9" auseinander. Um sie getrennt zu sehen, braucht man ein Fernrohr mit mindestens 8 cm Öffnung.

NGC 6543

Helligkeit
8,^{m}5

Dieser planetarische Nebel mit der Helligkeit 8,^{m}5 liegt auf einer Linie, die ζ-(Zeta-) und δ-(Delta-)Draconis miteinander verbindet. Er ist schon mit kleinen Instrumenten sichtbar. Sein Durchmesser beläuft sich auf 22".

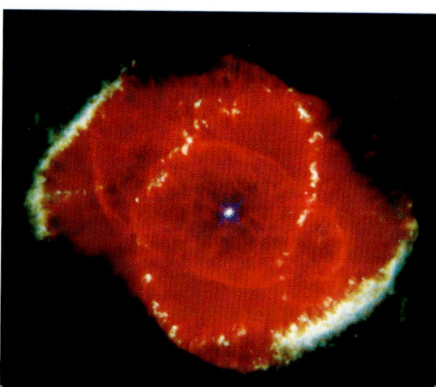

Der planetarische Nebel NGC 6543 stellt in der Aufnahme des Hubble-Space-Teleskops eine großartige Erscheinung dar. Durch ein einfaches Instrument betrachtet, erscheint er nur sehr klein. ▷

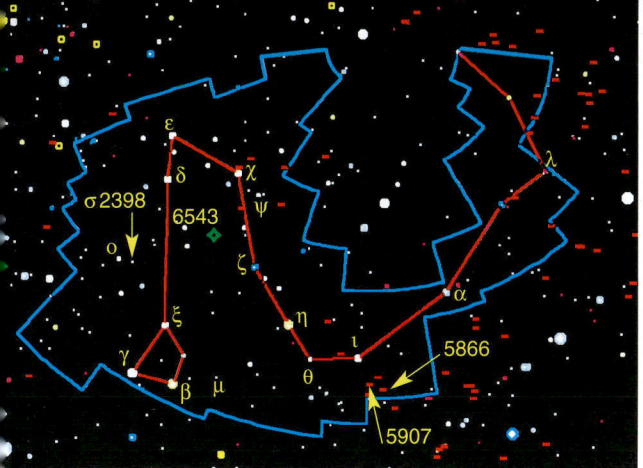

Seine Erscheinung erinnert an einen Stern, den man durch ein nicht richtig eingestelltes Teleskop betrachtet. Theoretisch läßt sich der 9,^{m}5 helle Zentralstern mit einem einfachen Instrument ausmachen. Doch da der Nebel in einem sehr trüben Bereich steht, kann man ihn häufig nur schwer von seinem Umfeld unterscheiden. Das Objekt ist rund 3600 Lichtjahre von der Erde entfernt; der tatsächliche Durchmesser der »Gasblase« beläuft sich auf ungefähr ein Drittel Lichtjahr.

σ-(Sigma-)2398

Helligkeit
8^m und 8,^{m}5

Dieser mit jedem Instrument gut sichtbare Doppelstern ist nicht leicht zu finden und deshalb für das bloße Auge unsichtbar. Etwa 1° westlich des optischen Doppelsterns o-(Omikron-)Draconis gelegen, gehört er zu den nächsten Sternen unseres Sonnensystems und ist nicht mehr als 11,3 Lichtjahre entfernt. Doch besteht er nur aus einem Paar verhältnismäßig kleiner Sterne mit 0,29 bzw. 0,25 Sonnenmassen, was seine geringe Leuchtkraft trotz seiner Nähe erklärt. Auffällig ist seine Ähnlichkeit mit dem System 61 Cygni. Die beiden Komponenten von Σ-(Sigma-)2398 stehen 15" auseinander.

NGC 5866

Helligkeit
10^m

Bei diesem diffusen und leuchtschwachen Fleck handelt es sich um eine riesige elliptische Galaxie am unteren Rand des Sternbilds Drache. Sie befindet sich etwa südwestlich des Sterns ι-(Jota-)Draconis und westlich von NGC 5907 (einer weiteren Galaxie), bei der es sich vermutlich um das Objekt Nr. 102 des Messier-Katalogs handelt. Doch besteht hier eine Unsicherheit: Möglicherweise hat Messier mit dieser Nummer fälschlich M101 bezeichnet, der sich ganz in der Nähe befindet. Für eine zufriedenstellende Beobachtung der Galaxie benötigt man ein Teleskop mit 200 mm Öffnung.

CASSIOPEIA

Beobachtung: ganzjährig

Cassiopeia war die Gattin von Cepheus, dem legendären König von Äthiopien. Das Sternbild hat die Form eines W und ist von Europa aus während des ganzen Jahres sichtbar. Es ist reich an veränderlichen Sternen und an offenen Sternhaufen.

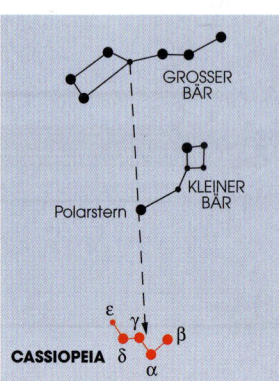

Cassiopeia ist leicht zu finden: Sie befindet sich, vom Großen Bären aus gesehen, auf der anderen Seite des Polarsterns. ▷

γ-(Gamma-)CASSIOPEIAE

Helligkeit
1,^{m}6 bis 3,^{m}3

Dieser Stern im Zentrum des W der Cassiopeia ist unregelmäßig veränderlich. Seine Helligkeit schwankt ohne bestimmten Zyklus zwischen 1,^{m}6 und 3,^{m}3. Bis 1910 wies er eine konstante Helligkeit von 2,^{m}25 auf. Danach wurde er immer heller – 1937 erreichte er 1,^{m}6, 1940 war es nur noch 3,^{m}3, und Mitte der 1970er Jahre stabilisierte sich bei 2,^{m}2. Künftige Helligkeitsveränderungen sind nicht vorhersagbar. γ-(Gamma-)Cassiopeiae hat in 2″ Distanz einen nur schwer erkennbaren Begleiter mit der Helligkeit 11^m.

ι-(Iota-)CASSIOPEIAE

Helligkeit
4,^{m}7, 7^m und 8,^{m}4

Dieser dreifache Stern zählt zu den bemerkenswertesten Sternen überhaupt. Durch einen Feldstecher mit 75 mm Öffnung kann man einen gelben Hauptstern erkennen, der zwei blaue Begleiter in 2,5″ und 7,2″ Distanz hat. Diese Gruppe ist etwa 180 Lichtjahre von der Erde entfernt.

R CASSIOPEIAE

Helligkeit
4,^{m}8 bis 13,^{m}6

Beobachtet man den Stern längere Zeit, scheint er völlig zu verschwinden. Tatsächlich handelt es sich aber um einen langperiodischen veränderlichen Roten Riesen vom Typ Mira, dessen Helligkeit innerhalb von 431 Tagen von 4,^{m}8 (mit bloßem Auge sichtbar) auf 13,^{m}6 abnimmt (durch ein 200-mm-Teleskop sichtbar). R Cassiopeiae ist ca. 800 Lichtjahre von uns entfernt.

M 103

Helligkeit
7^m

Das Sternbild Cassiopeia liegt inmitten der Milchstraße, weshalb es eine Reihe offener Sternhaufen enthält. M 103 ist der am besten sichtbare Stern-

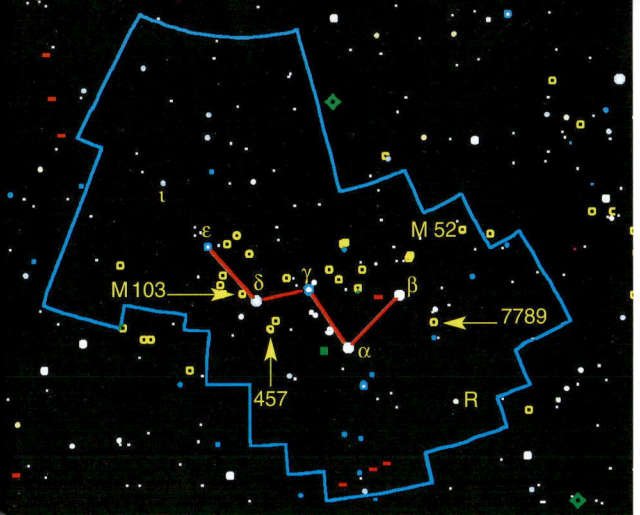

haufen des Sternbilds. Er weist eine Helligkeit von 7 auf und ist leicht bei 1° nordöstlich des Sterns δ (Delta-)Cassiopeiae zu finden. Der rund 8000 Lichtjahre entfernte Sternhaufen scheint derselben Gruppe offener Sternhaufen anzugehören wie NGC 654 und NGC 659, die ähnlich weit entfernt sind.

M 52

Helligkeit 6,^{m}9

Der genau auf der Verlängerung der Verbindungslinie zwischen α-(Alpha-) und β-(Beta-)Cassiopeiae gelegene M 52 ist einer der schönsten Sternhaufen des Sternbilds. Der 1774 von Charles Messier entdeckte Haufen besteht aus rund 120 Sternen und hat einen Durchmesser von 15 Lichtjahren, womit er zu den offenen Sternhaufen mit der größten Dichte gehört.

NGC 457

Helligkeit 6,^{m}4

Auch bei diesem Objekt handelt es sich um einen schönen offenen Sternhaufen. Er enthält einige Riesensterne, die recht jung zu sein scheinen. Er ist etwa 9300 Lichtjahre entfernt und hat einen Durchmesser von weniger als 30 Lichtjahren.

NGC 7789

Helligkeit 6,^{m}7

Dieser letzte offene Sternhaufen gehört mit mindestens 1000 Sternen zu den größten, die man kennt. Durch einen Feldstecher erscheint er als kleiner, verschwommener Fleck. Erst mit einem kleinen Teleskop kann man erkennen, daß es sich um sehr nahe beieinander liegende Sterne handelt. Er ist 6000 Lichtjahre entfernt und hat einen Durchmesser von 50 Lichtjahren.

GIRAFFE

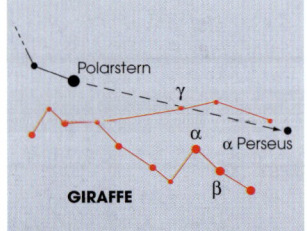

Polarstern
γ
α
α Perseus
GIRAFFE
β

Die Giraffe, direkt neben Cassiopeia, ist das ganze Jahr am Himmel zu sehen. Ihre Sterne leuchten jedoch ziemlich schwach.

◁ *Um die Giraffe aufzufinden verlängert man den letzten Teil der »Wagendeichsel« des Kleinen Bären.*

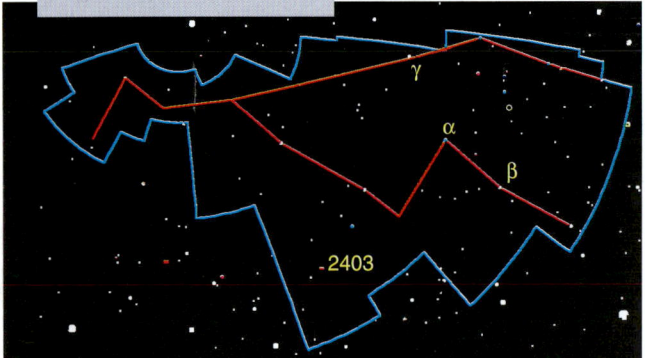

γ
α
β
2403

NGC 2403

Helligkeit
8,ᵐ9

Diese 8 Mio. Lichtjahre entfernte Galaxie kann man bei günstigen Bedingungen (sehr dunklem Himmel) mit dem Feldstecher erkennen, immer jedoch ist sie nur mit einem Teleskop zu betrachten. Sie ist eine der nächsten Galaxien, die zum selben Galaxienhaufen gehören wie die Milchstraße. Sie ist vermutlich ein Teil derselben Gruppe wie M 81 und M 82 des Großen Bären. Astronomen schätzen die Ausdehnung der Galaxie auf 37 000 Licht-

jahre. Auf lang belichteten Fotos der größten Observatorien erkennt man in ihrem Kern eine große Wasserstoffwolke mit 880 Lichtjahren Durchmesser. In ihrer Form erinnert NGC 2403 an M 33.

◁ *Die Spiralgalaxie NGC 2403 ist für Hobby-Astronomen leicht zu beobachten.*

BEOBACHTUNG: Sommer (Meridiandurchgang Anfang August um 21 Uhr WT).

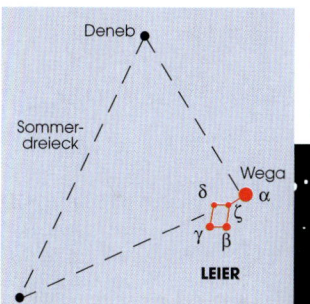

Die Leier ist anhand des Hauptsterns, der Wega, leicht zu finden. Sie ist der fünfthellste Stern am Himmel und bildet einen Eckpunkt des Sommerdreiecks.

Dieses kleine Sternbild in Form eines Parallelogramms stellt das Instrument des Sängers Orpheus dar.

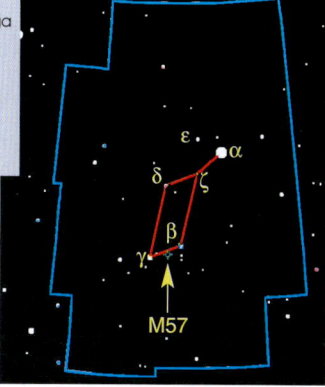

ε-(Epsilon-)LEIER

Helligkeit
5^m und 5^m

Diesen neben der Wega leicht erkennbaren Stern erkannte Wilhelm Herschel bereits 1779 als vierfaches System, oder doppelten Doppelstern: Jeder der beiden Komponenten des vermeintlichen Doppelsterns ist selbst ein Doppelstern (mit einem Abstand von 2–3″). Durch ein Instrument mit 75 mm-Öffnung läßt sich das 160 Lichtjahre entfernte vierfache System gut beobachten.

M 57

Helligkeit
$8,^m9$

Dieser planetarische Nebel ist leicht lokalisierbar – er befindet sich genau zwischen den Sternen ε-(Beta-) und γ-(Gamma-)Lyrae. Seine Ringform kann man schon mit kleinen Instrumenten beobachten. In der Mitte des Nebels befindet sich ein Stern der Helligkeit $14,^m7$, der als weißer Zwerg sein Leben beendet. Um ihn zu betrachten benötigt man ein Teleskop mit 350 mm Öffnung. Bei dem expandierenden Gasring handelt es sich um die aufgeblasene Hülle dieses Sterns. Unsere Sonne wird in etwa 5 Mrd. Jahren ein ähnliches Ende nehmen.

Auf diesem, durch ein großes Teleskop aufgenommenem Bild sieht man innerhalb des Gasringes zwei Sterne – nur der genau in der Mitte liegende gehört zum Nebel M 57. ▷

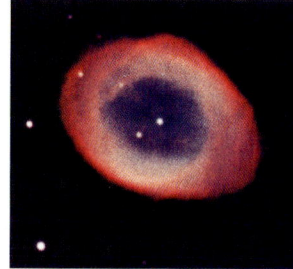

GROSSER BÄR

Dieses das ganze Jahr über sichtbare Sternbild des Nordhimmels ist sehr leicht zu finden: Die Anordnung der Hauptsterne erinnert an einen Wagen, weshalb der Große Bär auch als »Großer Wagen« bezeichnet wird.

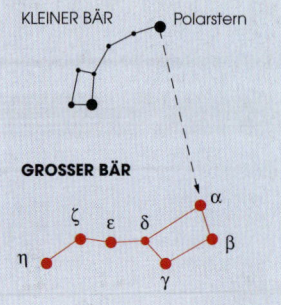

Das Auffinden des Großen Bären ist sehr leicht: man muß einfach in Richtung des Polarsterns blicken, in dessen Nähe sich der Große Bär befindet. ▷

ζ-(Zeta-)URSAE MAIORIS (MIZAR)

Helligkeit 2,^{m}3 und 4,^{m}0

Dieser 78 Lichtjahre entfernte Stern bildet mit zahlreichen anderen Sternen einen Mehrfachstern. Wenn man genau hinsieht, erkennt man direkt daneben (in 11'50" Distanz) einen weiteren Stern der Helligkeit 4,^{m}0, den sog. Alkor (»Reiterlein«), der mit diesem jedoch gravitationsmäßig nicht verbunden zu sein scheint. Diese beiden Sterne sind 3 Lichtjahre voneinander entfernt. Mizar besitzt in 14,5" Distanz einen Begleiter der Helligkeit 4,^{m}0.

M 101

Helligkeit 7,^{m}0

Den Spiralnebel M 101 findet man, wenn man von ζ-(Zeta-)Ursae maioris (Mizar) ausgehend über eine Reihe von vier Sternen der Helligkeit 4 und 5 eine Linie zieht. Dieses Objekt des Messier-Katalogs liegt dann direkt über dieser Linie. Die einzelnen Spiralarme erkennt man jedoch nur mit einem großen Teleskop oder auf lange belichteten Fotos. Das ganze Sternensystem mit einem Durchmesser von 90 000 Lichtjahren hat 16 Mrd. Sonnenmassen und ist rund 23 Mio. Lichtjahre entfernt. Nach 1909 wurden in dieser Galaxie drei Supernovae beobachtet.

◁ M 101 ist eine helle Spiralgalaxie. Sie gehört zu den nächsten Galaxien der Milchstraße.

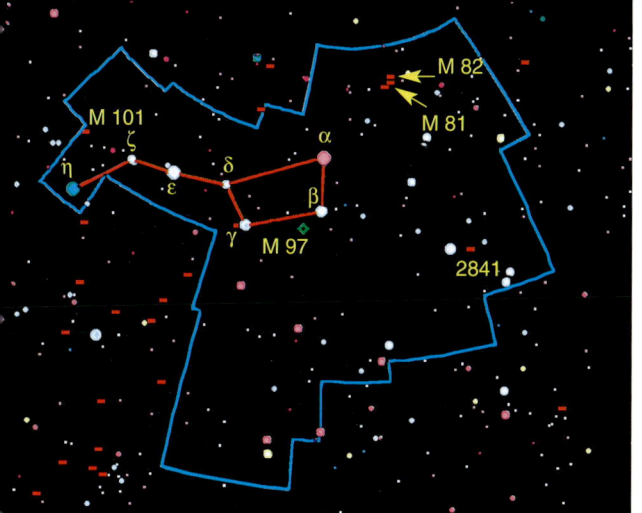

M 81

M 81 befindet sich im Norden des Sternbildes und ist mit einem kleinen Teleskop gut zu betrachten. Der nur 7 Mio. Lichtjahre entfernte Spiralnebel gehört zu einer Gruppe von Galaxien, die der lokalen Nebelgruppe am nächsten sind. Die Galaxie steht in direkter Nachbarschaft zu einer weiteren hellen Galaxie, der M 82, und sieht aus wie ein ovaler Fleck. Obwohl sie gut beobachtbar ist, kann man die Spiralarme nur schwer erkennen.

M 82

Helligkeit
8ᵐ

Direkt neben M 81 befindet sich M 82 in 10 Mio. Lichtjahren Entfernung zur Erde. Durch ein Teleskop wirkt sie wie eine von der Seite betrachtete Spiralgalaxie, ist jedoch in Wirklichkeit eine unregelmäßige Galaxie. Durch ein Instrument mit 250 mm Öffnung lassen sich dunkle Strukturen erkennen, die den Kern teilweise verfinstern.

NGC 2841

Helligkeit
9ᵐ

Nahe ζ-(Zeta-)Ursa Majoris gelegen, ähnelt die Galaxie NGC 2841 dem Spiralnebel M 81, ist aber viel lichtschwacher und daher schwieriger zu sehen.

M 97

Helligkeit
10ᵐ

M 91, auch »Eulennebel« genannt, ist vermutlich einer der nächsten und größten aller bekannten planetarischen Nebel. Seine Entfernung ist unbekannt, man schätzt sie auf etwa 1300 Lichtjahre. Der Durchmesser liegt jedenfalls bei unter drei Lichtjahren. Durch Instrumente mit über 100 mm Öffnung erscheint er als sehr schwacher, aber recht ausgedehnter Fleck am Himmel.

JAGDHUNDE

Das Sternbild Jagdhunde wurde im 17. Jh. von Hevelius eingeführt. Es ist von mittlerer Größe und enthält zahlreiche Objekte, die Messier zu den schönsten Spiralgalaxien des Himmels zählte.

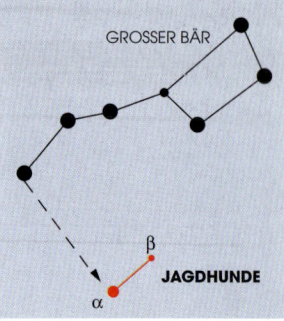

Das Auffinden der Jagdhunde ist sehr einfach, da sie direkt unterhalb (südlich) der »Wagendeichsel« des Großen Bären liegen. ▷

α (alpha) CANUM VENATICORUM (COR CAROLI)

Helligkeit 2,^{m}9 und 5,^{m}5

Dieser Stern ist der hellste des Sternbildes. Seinen Namen, »Herz Karls«, mag Edmond Halley ihm zu Ehren Karls II. von England verliehen haben. Dieser interessante Doppelstern kann schon mit einem kleinen Teleskop beobachtet und als solcher erkannt werden. Obwohl vor 1830 keinerlei Bewegung zwischen den in 19,5" Distanz stehenden Sternen erkannt wurde, handelt es sich um einen physischen Doppelstern in 110 Lichtjahren Entfernung. Der absolut 67mal so stark wie die Sonne leuchtende Hauptstern verändert innerhalb von fünfeinhalb Jahren seine Helligkeit um 0,05 (was ein Amateur nicht erkennen kann).

M 51

Helligkeit 8,^{m}4

Diese Galaxie zählt »von unten« betrachtet wohl zu den bemerkenswertesten des ganzen Himmels. Sie liegt südlich von Benetnasch im Großen Bären

und wurde im Oktober 1773 von Charles Messier entdeckt. Sie hat eine Helligkeit von 8,^{m}4 und ist daher auch für Amateure gut sichtbar. Durch ein mittelmäßiges Instrument betrachtet erscheint sie in Form von zwei schwachen, verschwommenen Flecken, die wie zwei benachbarte kugelförmige Haufen aussehen. Der größere der Flecken entspricht dem Kern der Galaxie, der andere einer kleinen, unregelmäßigen Galaxie, die mit der ersten in Wechselwir-

◁ *Die »Feuerradgalaxie« gehört wohl zu den schönsten Objekten am Himmel.*

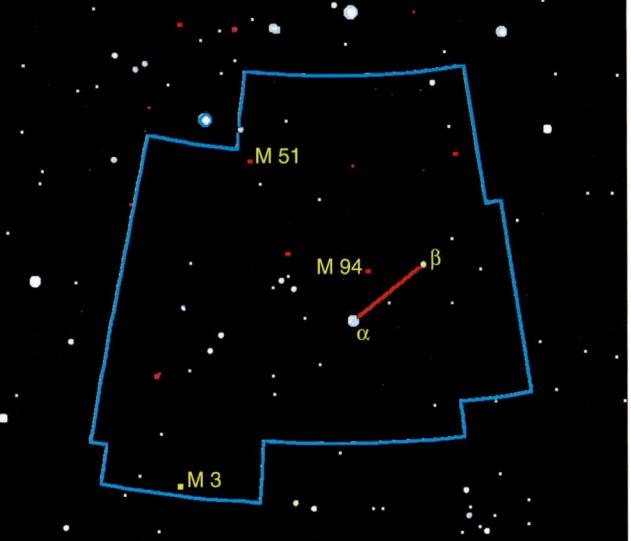

kung steht. Man benötigt ein Instrument mit 130 bis 150 mm Öffnung, um die vom Kern ausgehenden Spiralarme unterscheiden zu können. Der Ire Lord Rosse hat dieses Objekt erstmals 1850 durch ein Teleskop mit 1,80 m Durchmesser erkannt. Heute reicht ein Amateurteleskop mit 300 mm aus, um die Spiralen ohne Schwierigkeiten betrachten zu können. Die Galaxie M 51 ist 35 Mio. Lichtjahre entfernt. Ihre Masse beträgt das 160-milliardenfache der Sonne, und ihr Durchmesser beläuft sich auf ungefähr 100 000 Lichtjahre.

M 3

Helligkeit 6,^{m}6

Fast ganz am Südrand des Sternbilds steht M 3, einer der schönsten Kugelhaufen des Himmels. Für das bloße Auge gerade nicht mehr sichtbar, ist er schon mit dem kleinsten Feldstecher hervorragend zu sehen. Durch ein Teleskop mit über 150 mm Öffnung lassen sich auch einzelne Sterne ausmachen, was einen zauberhaften Anblick bietet. In diesem 35 000 Lichtjahre entfernten Sternhaufen mit 200 Lichtjahren Durchmesser wurden fast 45 000 Sterne gezählt, darunter viele Veränderliche vom Typ der Cepheiden.

M 94

Helligkeit 8^m

Diese schöne, fast kreisrunde Spiralgalaxie befindet sich östlich von β-(Beta-)Canum Venaticorum. Ihr sehr heller Kern von 30" Durchmesser wirkt im Teleskop kugelförmig. In lange belichteten Stereobildern erkennt man das System der sehr viel lichtschwächeren Spiralarme. Diese Galaxie ist 20 Mio. Lichtjahre entfernt und hat einen Durchmesser von 33 000 Lichtjahren.

SCHWAN

Dieses Sternbild steht genau am galaktischen Äquator und ist an seiner Kreuzform erkennbar. Deneb, der Hauptstern, ist neben Wega und Atair einer der Eckpunkte des Sommerdreiecks.

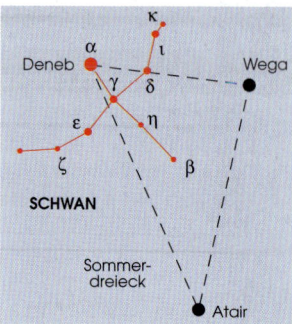

Der Schwan ist leicht zu finden, da er einen Teil des Sommerdreiecks bildet. ▷

χ-(Chi-)CYGNI

Helligkeit
3,^m3 bis 14,^m3

Dieser Stern ist ein langperiodischer Veränderlicher mit sehr großer Amplitude. Der Wechsel vom Helligkeitsmaximum (mit bloßem Auge sichtbar) bis -minimum (nur durch Teleskop mit mehr als 250 mm Öffnung erkennbar) dauert 407 Tage.

61 CYGNI

Helligkeit
5,^m2 und 6,^m1

Dieser eindrucksvolle Doppelstern gehört zu den Sternen, die unserem Sonnensystem am nächsten sind. Er ist nur elf Lichtjahre entfernt und besteht aus zwei gelben Sternen, die unserer Sonne ähneln und auch fast die gleiche Leuchtkraft besitzen. Zur Beobachtung dieser Sterne mit einer Distanz von 30" genügt ein kleines Fernrohr mit 60 mm Öffnung. Dieser Abstand verändert sich im Laufe der 653 Jahre, in denen 61 Cygni B einmal um 61 Cygni A kreist. Im Jahr 1650 betrug die Distanz noch 11"; das Maximum wird bis 2100 mit 34" erreicht werden. Danach verringert sich die Distanz wieder.

NGC 7000 (NORDAMERIKA-NEBEL)

Helligkeit
16

Dies ist eines der bekanntesten Objekte am Himmel. Dennoch ist dieser große, diffuse Nebel, der die Form Nordamerikas aufweist, nur schwer zu beobachten – was an der großen Ausdehnung (100' x 120') und

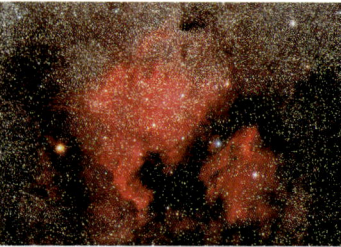

◁ Der Nordamerika-Nebel ist ein kaum wahrnehmbares Objekt. Durch ein Instrument mit 100 mm Öffnung und einem Weitwinkelokular sind seine Konturen in einem sehr dunklen Himmel einigermaßen deutlich erkennbar.

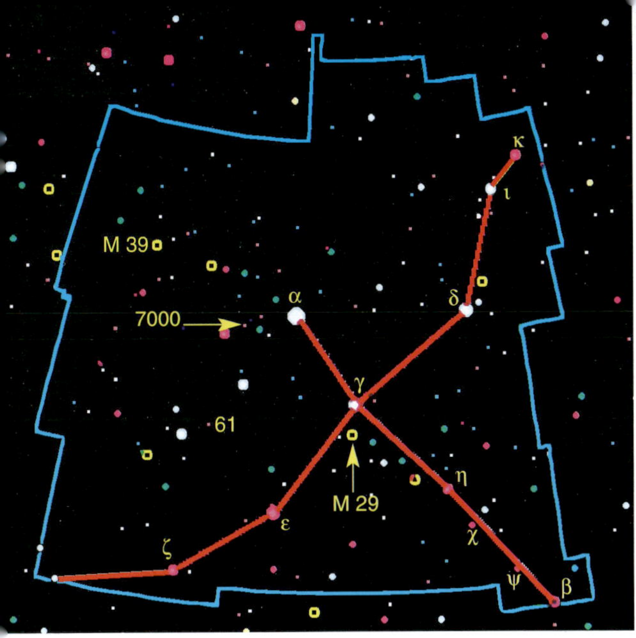

an der Lichtschwäche liegt. Die besten Möglichkeiten, dieses etwa 2000 Lichtjahre entfernte und recht kontrastarme Objekt zu beobachten, bieten Teleskope mit schwach vergrößerndem Okular. Auf diese Weise erhält man zwar eine geringere Vergrößerung, aber ein größeres Gesichtsfeld, in dem man die als »Golf von Mexiko« bezeichnete Region am besten erkennen kann.

M 29 Helligkeit $6,^m6$

Diese Gruppe von Einzelsternen der Helligkeit 8 und 9 bildet einen offenen Haufen in 4000 Lichtjahren Entfernung mit der Gesamthelligkeit von $6,^m6$. Durch ein Teleskop betrachtet scheinen die hellsten Sterne ein Trapezoid zu bilden. Der Durchmesser dieser Gruppe beträgt etwa 15 Lichtjahre.

M 39 Helligkeit $5,^m0$

Dieser offene Sternhaufen hat eine solche Ausdehnung, daß das Gesichtsfeld eines klassischen astronomischen Instruments nicht ausreicht. Dennoch können Hobby-Astronomen auch mit dem Feldstecher in den Genuß eines bemerkenswerten Anblicks kommen. Der Durchmesser dieser Gruppe beträgt nicht mehr als sieben Lichtjahre. Doch aufgrund seiner relativen Nähe (nur rund 820 Lichtjahre) wirkt sie so sehr ausgedehnt. Die einzelnen Sterne scheinen kaum älter zu sein als die jungen Sterne der Plejaden.

ANDROMEDA

Andromeda war die Tochter des äthiopischen Königs Kepheus. Sie ist vor allem wegen ihrer Galaxie berühmt; die einzelnen Sterne sind nicht sehr hell.

Andromeda ist ziemlich leicht zu finden: Sie steht südlich des »W« der Cassiopeia und einer ihrer Sterne bildet einen Eckpunkt des Pegasus-Quadrats. ▷

γ-(Gamma-)ANDROMEDAE (ALAMAK)

 **Helligkeit** 2,^{m}1 und 5,^{m}1

Dieser orange leuchtende Stern in 260 Lichtjahren Entfernung ist mit bloßem Auge leicht aufzufinden. Sein Name bedeutet »Wüstenluchs«. Er ist Hauptbestandteil eines Systems aus drei Sternen, das sehr schwer zu sehen ist – selbst mit einem Teleskop. Ein bläulicher Stern, der Alamak in etwas mehr als 61 Jahren umrundet, befindet sich in einer Distanz von höchstens 10". Dieser wiederum hat in 0,5" Abstand einen Begleiter der Helligkeit 6,^{m}6.

π-(Pi-)ANDROMEDAE

 **Helligkeit** 4,^{m}4 und 8,^{m}6

Dieser 800–1000 Lichtjahre von der Erde entfernte Doppelstern ist ein erstklassiges Objekt für die Betrachtung mit einem kleinen astronomischen Instrument (z. B. einem Fernrohr mit 60 mm Öffnung), da er aufgrund seiner Distanz von 36" gut beobachtet werden kann.

R ANDROMEDAE

 **Helligkeit** 5,^{m}3 und 15,^{m}1

Bei diesem Stern handelt es sich um einen Veränderlichen, der immer wieder mal zu verschwinden scheint. Seine Helligkeit schwankt innerhalb von 409 Tagen zwischen 5,^{m}3 (mit bloßem Auge sichtbar) und 15,^{m}1 (selbst durch ein Teleskop mit 200 mm nicht mehr sichtbar).

M 31

Helligkeit 4,^{m}9

Der Andromedanebel zählt zu den bemerkenswertesten Objekten am Himmel. Diese mit bloßem Auge als ovaler Fleck sichtbare Spiralgalaxie wurde in Persien bereits 964 in einer Himmelskarte vermerkt. Nachdem er Anfang des 17. Jh. erstmals durch ein Fernrohr betrachtet wurde, bekam er seinen Beinamen und galt bis 1929 als Nebel, als der amerikanische Astronom Edwin Hubble erkannte, daß es sich in Wirklichkeit um eine Galaxie handelt.

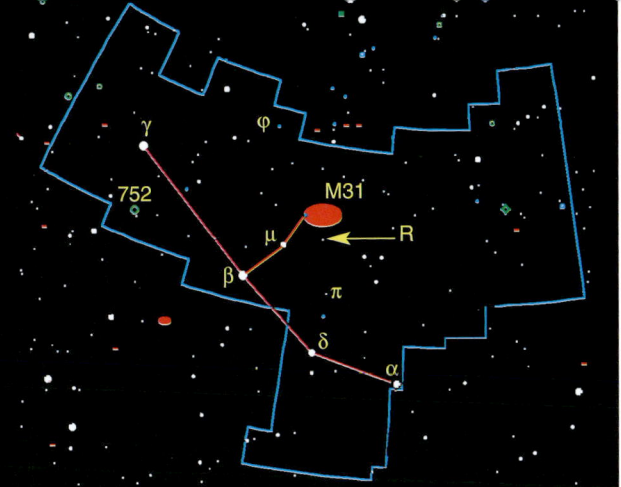

Mit Ausnahme der zwei Magellanschen Wolken und einigen kleineren Galaxien in der Nähe der Milchstraße ist M 31 mit nur 2,9 Mio. Lichtjahren Entfernung die nächste Galaxie. Sie hat einen Durchmesser von 130 000 Lichtjahren und etwa die doppelte Masse der Milchstraße. Dabei enthält sie rund 400 Mrd. Sterne. Durch ein Amateurteleskop kann man nur den zentralen Bereich (oder Kern) von M 31 beobachten. Die Spiralarme und Ausläufer kommen erst in einem sehr großen Teleskop oder auf lang belichteten Fotos zur Geltung. Dabei sei auf die große Ausdehnung hingewiesen, die über 2° beträgt (der vierfache scheinbare Durchmesser des Vollmondes). M 32 und NGC 205 sind zwei kleine elliptische Galaxien, die M 31 umkreisen und nur mit einem Teleskop beobachtbar sind.

△ *M 31 ist von der Milchstraße aus gesehen die nächste Spiralgalaxie. Auch wenn sie leicht auffindbar ist, kommen die Spiralarme erst in einem großen Teleskop zur Geltung.*

NGC 752 **Helligkeit** 5,ᵐ7

In diesem langgestreckten, offenen Haufen in 1300 Lichtjahren Entfernung haben Astronomen 70 Sterne gezählt.

PERSEUS

BEOBACHTUNG: Winter (Meridiandurchgang Anfang Januar um 21 Uhr WT).

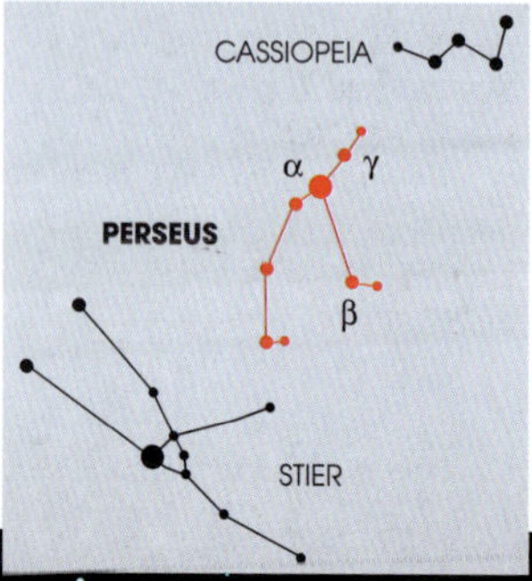

Dieses Sternbild ist ab dem 48° nördlicher Breite das ganze Jahr zu sehen. Einer der Sterne ist Algol, der zu den bekanntesten Bedeckungsveränderlichen gehört.

◁ *Das Sternbild Perseus befindet sich direkt zwischen Cassiopeia und Stier. Im Westen grenzt es an Andromeda.*

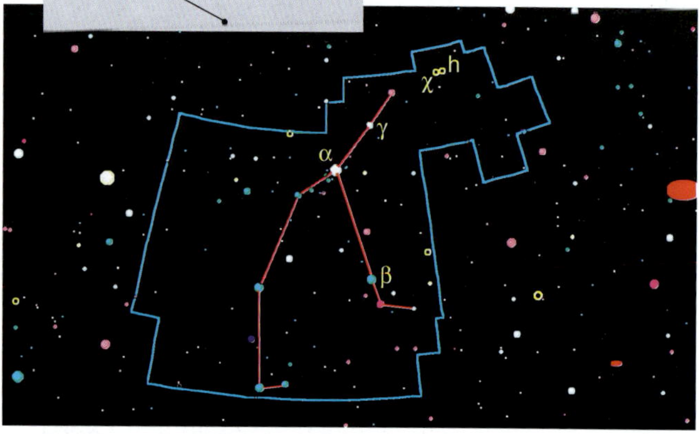

β-(Beta-)PERSEI (ALGOL)

Helligkeit
2,^{m}1 bis 3,^{m}4

Bei diesem hellen Stern handelt es sich um einen Doppelstern in 93 Lichtjahren Entfernung. Der Durchmesser der beiden Sterne, die sich in weniger als drei Tagen umlaufen, ist das 3,2- bzw. das 3,6fache des Sonnendurchmessers. Alle zwei Tage, 20 Stunden und 48 Miunten wird der dunklere von beiden fast völlig vom anderen bedeckt, was für etwa zehn Stunden zu einer bemerkenswerten Abnahme der Helligkeit führt. Diese Art von Doppelsternen bezeichnet man als Bedeckungsveränderliche.

h/χ-(Chi-)PERSEI

Helligkeit
4,^{m}4 und 4,^{m}3

Die beiden verschwommenen Flecken, die den Doppelsternhaufen h-Persei und χ-(Chi-)Persei bilden, sind mit bloßem Auge zu sehen. Die beiden etwa 8000 Lichtjahre entfernten Haufen bestehen aus jeweils über 300 Sternen.

BEOBACHTUNG: Herbst (Meridiandurchlauf Anfang Oktober um 21 Uhr WT).

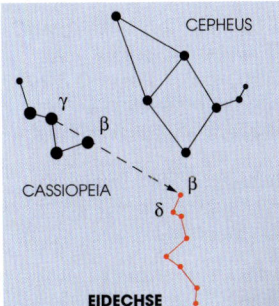

Dieses Sternbild liegt zwischen Schwan und Andromeda. Es wurde erst 1690 von Hevelius als Sternbild eingeführt. Aufgrund der ziemlich lichtschwachen Sterne ist es nicht leicht aufzufinden.

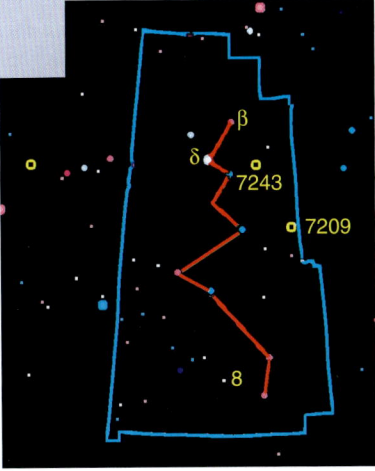

△ *Die Eidechse befindet sich in einer wenig beachteten Himmelsregion zwischen Cassiopeia, Cepheus, Schwan, dem Quadrat des Pegasus und Andromeda. Man findet β-(Beta-)Lacerta auf der Verlängerung der Achse von γ-(Gamma-) Cassiopeiae zu β-(Beta-) Cassiopeiae.*

NGC 7243

Helligkeit 6,^{m}4

Dieser offene Sternhaufen mit einer Gesamthelligkeit von 6,^{m}4 zeigt eine Ausdehnung von 20'. Er ist 2800 Lichtjahre entfernt und enthält etwa 40 Sterne.

8 LACERTA

Helligkeit 6^m und 6,^{m}6

Neben den zwei Hauptkomponenten (von denen einer gerade noch mit bloßem Auge sichtbar ist) sind in diesem Sternsystem zwei weitere Sterne der Helligkeit 10,^{m}5 und 9,^{m}5 zu finden.

NGC 7209

Helligkeit 6,^{m}7

Dieser 2900 Lichtjahre entfernte offene Sternhaufen hat dieselbe scheinbare Ausdehnung wie NGC 7243. Er enthält rund 50 Sterne mit der Helligkeit zwischen 8,^{m}5 und 10,^{m}5.

LUCHS

BEOBACHTUNG: Frühjahr (Meridiandurchgang Anfang März um 21 Uhr WT).

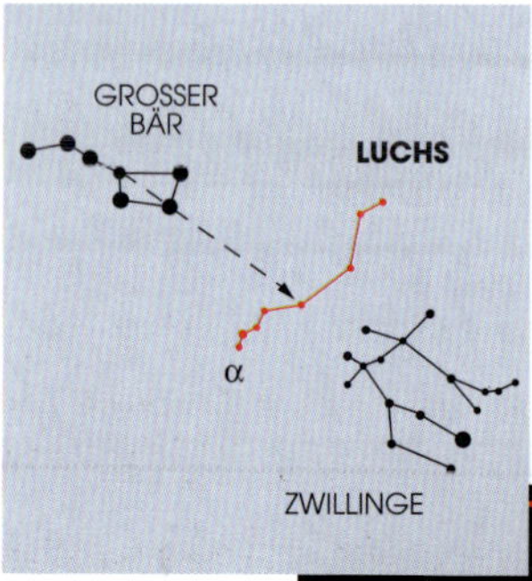

GROSSER BÄR

LUCHS

α

ZWILLINGE

Dieses Sternbild enthält keine hellen Sterne und kommt daher am Himmel nicht sehr stark zur Geltung. Für den Hobby-Astronomen sind vor allem der spindelförmige Spiralnebel NGC 2683 und der Kugelhaufen NGC 2419 von Interesse.

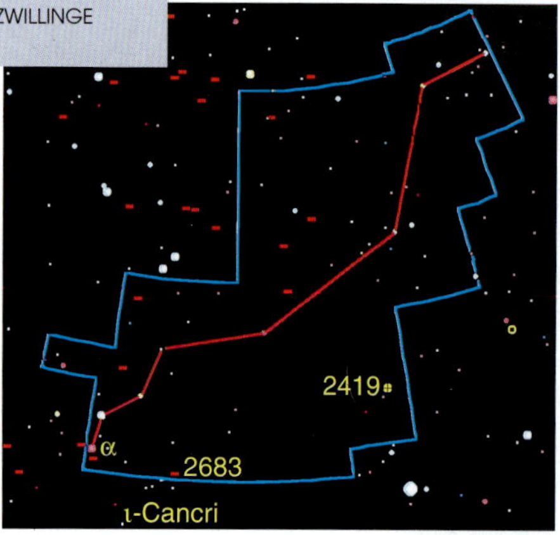

△ *Das Sternbild Luchs befindet sich im Feld zwischen dem Großen Bären und den Zwillingen.*

2419

2683

α

ι-Cancri

NGC 2683

Helligkeit 9,^m6

Es handelt es sich hier um einenen spindelförmigen Spiralnebel, den man aber nicht leicht erkennen kann. Er steht 4°32' nördlich von ι-(Iota-)Cancri. Im Sternbild Luchs gibt es noch mehr Galaxien, die aber lichtschwächer sind.

NGC 2419

Helligkeit 10,^m4

Dieser Kugelhaufen wird aufgrund seiner großen Entfernung vom Zentrum der Milchstraße auch als »intergalaktischer Vagabund« bezeichnet. Mit einem Abstand von 210 000 Lichtjahren zum Zentrum der Milchstraße und von 182 000 Lichtjahren zur Sonne ist dieser Kugelhaufen der äußerste unserer Galaxie. Aus dieser Distanz hat er einen scheinbaren Durchmesser von 7,2' und ist nur auf Fotos zu erkennen; sein wahrer Durchmesser beträgt 380 Lichtjahre.

KLEINER LÖWE

BEOBACHTUNG: Frühjahr (Meridiandurchlauf Mitte April um 21 Uhr WT).

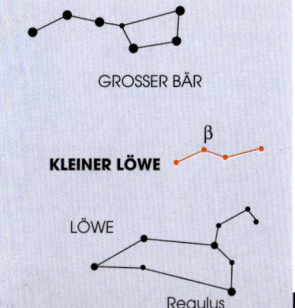

GROSSER BÄR
KLEINER LÖWE
LÖWE
Regulus

Der Kleine Löwe ist zweifelsohne das unscheinbarste aller Sternbilder.

◁ *Um den kleinen Löwen aufzufinden lokalisiert man am besten Regulus, den hellsten Stern des Löwen, und geht von ihm aus nach Norden. Das Sternbild befindet sich zwischen dem Löwen und dem Großen Bären.*

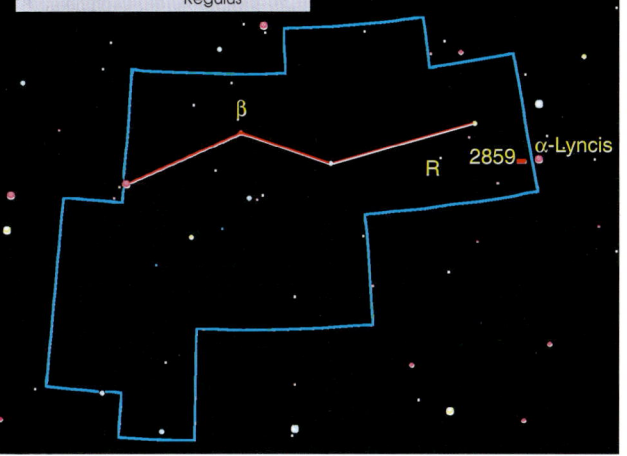

NGC 2859

Helligkeit
10ᵐ

Der Kleine Löwe weist nur Galaxien mit schwacher Helligkeit auf. NGC 2859 (eine Spiralgalaxie) ist die Galaxie, die man am leichtesten auffinden kann, da sie nur 40' östlich des Hauptsterns des benachbarten Sternbilds Luchs, α-(Alpha-)Lyncis (Helligkeit: 3), steht. Koordinaten: AR = 9h 24,2m; D = 34°31'5".

R LEONIS MINORIS

Helligkeit
6,ᵐ0 bis 13,ᵐ3

Dieser veränderliche Stern ist ein Mirastern, dessen Periode über ein Jahr dauert (genau 372 Tage). R Leonis Minoris ist niemals mit bloßem Auge sichtbar; während seiner hellsten Phase ist er jedoch schon mit einem kleinen Feldstecher auszumachen.

HAAR DER BERENIKE

BEOBACHTUNG: Frühjahr (Meridiandurchgang Mitte Mai um 21 Uhr WT).

Mit bloßem Auge kann man mehrere Sterne eines offenen Sternhaufens dieser Konstellation erkennen. Mit dem Teleskop sind weitere Kugelsternhaufen und Galaxien erfaßbar.

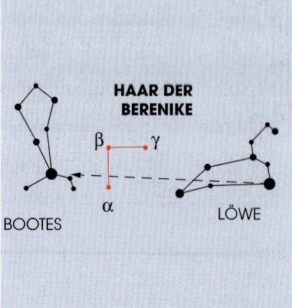

Das Haar der Berenike grenzt im Westen an den Löwen, im Osten an Bootes, im Norden an den Kleinen Hund und im Süden an die Jungfrau. Das Sternbild ist leicht aufzufinden, indem man Regulus und Arctur mit einer ihelligkeitinären Linie verbindet. ▷

COMA-HAUFEN

Helligkeit
k. A.

Dieser offene Sternhaufen ist im Katalog Messiers nicht erwähnt. Bemerkenswert ist sein scheinbarer Durchmesser von 5° (der zehnfache scheinbare Durchmesser des Mondes!), weshalb er eher als eine an Sternen reiche Himmelsregion angesehen wird denn als ein Objekt an sich. Das ideale Instrument zur Beobachtung des Coma-Haufens ist zweifelsohne ein Feldstecher, mit dem man alle Sterne des Haufens in einem Blickfeld hat. Diese Sternengruppe ist von unserem Sonnensystem 288 Lichtjahre entfernt.

35 COMAE

Helligkeit
$5,^m1$; $7,^m3$ und $9,^m0$

Dieser Stern stellt ein dreifaches System dar. Man benötigt aber ein Teleskop mit mindestens 120 mm Öffnung, um bei ruhigem Himmel wenigstens zwei der Komponenten mit Helligkeit $5,^m1$ und $7,^m5$ zu erkennen, die in einer Distanz von 1,1" stehen und sich in 510 Jahren einmal umkreisen. Der dritte Komponent mit Helligkeit 9 ist mit guten Instrumenten in 29" Entfernung zu sehen.

M 53

Helligkeit
$7,^m8$

Dieser Kugelsternhaufen in 56 000 Lichtjahren Entfernung ist schon mit kleinen Teleskopen gut zu erkennen; für eine Unterscheidung einzelner Sterne ist jedoch eine Öffnung von 150 mm vonnöten. Man findet ihn 1° nordöstlich des Diadems, des Hauptsterns dieses Sternbilds, dem. Nur 1° südöstlich befindet sich ein weiterer, noch schwächerer Kugelsternhaufen: NGC 5053.

NGC 5053

Helligkeit
$9,^m8$

Obwohl er noch lichtschwächer ist als M 53, ist NGC 5053 mit 55 000 Lichtjahren viel näher als sein Nachbar. Dieses Objekt kann gleichzeitig als offener Haufen oder als sternenarmer Kugelsternhaufen klassifiziert werden. Da er

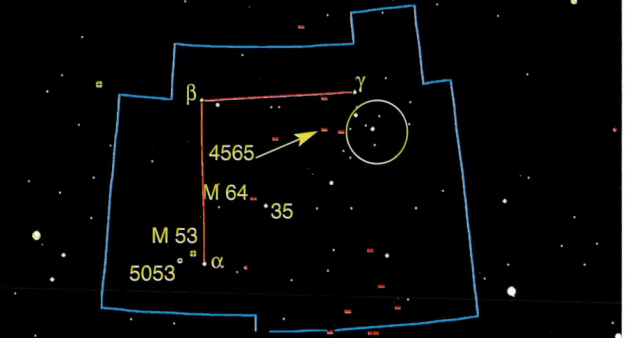

aber von der Erde und vom galaktischen Äquator gleich weit entfernt ist, handelt es sich wahrscheinlich eher um einen Kugelsternhaufen.

M 64

Helligkeit
8,^{m}6

Ganz in der Nähe des Dreifachsterns 35 Comae (1° ost-nordöstlich) liegt die Galaxie, die wegen der dunklen Struktur um ihren Kern als »Galaxie des Schwarzen Auges« (Black-Eye) bezeichnet wird. Es ist eine Spiralgalaxie, die man fast von vorne sieht. Das dunkle Band ist nur durch ein Teleskop mit mindestens 150 mm Durchmesser sicher zu erkennen. Für kleinere Instrumente müssen die Verhältnisse außerordentlich gut sein. Diese Galaxie hat einen Durchmesser von 48 000 Lichtjahren und ist 20–25 Mio. Lichtjahre entfernt.

NGC 4565

Helligkeit
9^m

Als einzige Galaxie des Virgohaufens, die an dieser Stelle beschrieben wird, ist NGC 4565 eines der bekanntesten Beispiele für eine Galaxie, die man genau von der Seite sieht. Der linienartige Anblick ist schon durch ein Teleskop mit 120 mm Öffnung deutlich zu erkennen. Man benötigt jedoch ein Instrument mit 250 mm Öffnung, um das Band dunklen interstellaren Staubes

zu erfassen, das sie der Länge nach kreuzt. Die 20 Mio. Lichtjahre entfernte Galaxie hat einen Durchmesser von 90 000 Lichtjahren.

◁ *Die bekannteste Spiralgalaxie, die man von der Seite sieht, ist NGC 4565. Aus demselben Blickwinkel würde die Milchstraße genauso aussehen.*

FUHRMANN

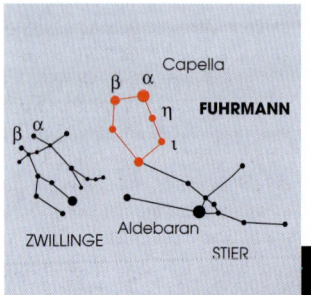

Das Sternbild Fuhrmann ist besonders reich an offenen Sternhaufen, von denen nicht weniger als 12 eine Helligkeit zwischen 6 und 12 aufweisen.

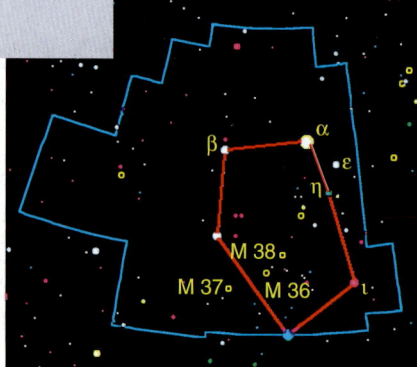

△ *Der Fuhrmann ist ein leicht auffindbares Sternbild. α-(Alpha-)Geminorum (Castor) und β-(Beta-)Geminorum (Pollux) aus dem Sternbild Zwillinge weisen indirekt auf Capella, dem Hauptstern des Fuhrmanns, der im Nordwesten des Stiers mit seinem bemerkenswerten Stern Aldebaran liegt.*

M 36

Helligkeit 6^m

Der hellste einer Gruppe von drei gut erfassbaren offenen Sternhaufen dieses Sternbilds. Er enthält ungefähr 60 Sterne der Helligkeit 9 bis 14. Diese jungen Sterne sind 4100 Lichtjahre von uns entfernt.

M 37

Helligkeit $5{,}^m6$

Dieser aus 200 Sternen bestehende und 4700 Lichtjahre entfernte Haufen bietet schon durch ein Amateurteleskop ein eindrucksvolles Bild.

M 38

Helligkeit $6{,}^m4$

Dieser 4200 Lichtjahre entfernte Sternhaufen besteht aus rund 120 Sternen. Er hat einen scheinbaren Durchmesser von 20', wobei der wahre Durchmesser 25 Lichtjahre beträgt.

BEOBACHTUNG: Frühjahr (Meridiandurchgang Mitte Juni um 21 Uhr WT).

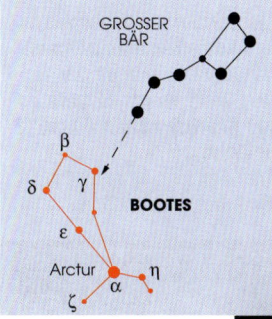

Bootes, der wegen seiner Nähe zum Großen Bären auch Bärenhüter genannt wird, ist ein Sternbild mit recht großer Ausdehnung. Es enthält einige interessante Doppelsterne, an denen der Beobachter seine Beobachtungsgabe unter Beweis stellen kann.

△ *Die Verlängerung der »Wagendeichsel« des Großen Bären führt direkt zum Bootes. α-(Alpha-)Bootis (Arctur) ist ein bemerkenswerter Stern der Helligkeit $0,^{m}0$ und stellt einen wichtigen Orientierungspunkt in diesem Sternbild dar.*

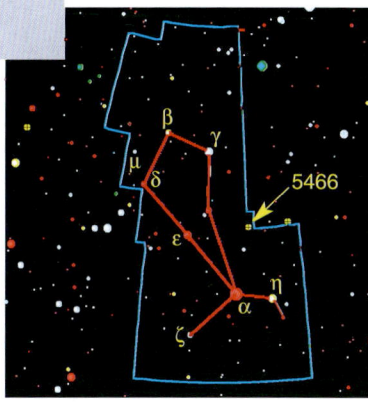

ε-(Epsilon-)BOOTIS (IZAR)

Helligkeit $2,^{m}5$ und $4,^{m}9$

Dieser Doppelstern läßt sich mit einiger Erfahrung schon mit einem kleinen astronomischen Instrument betrachten. Der bedeutendere dieser beiden Sterne leuchtet orangefarben, während sein Begleiter mehr bläulich schimmert. ε-(Epsilon-)Bootis ist 200 Lichtjahre entfernt.

μ-(My-)BOOTIS (ALKALUROPS)

Helligkeit $4,^{m}3$; $7,^{m}1$ und $7,^{m}6$

Alkalurops ist ein dreifacher Stern. Der Hauptstern hat einen Begleiter in 109" Distanz, der seinerseits physisch doppelt ist und dessen Komponenten in 2" Abstand zueinander stehen und eine Umlaufzeit von etwa 260 Jahren haben.

NGC 5466

Helligkeit 9^{m}

Dieser langgestreckte Kugelhaufen in 47 000 Lichtjahren steht nördlich von Arctur.

NÖRDLICHE KRONE

BEOBACHTUNG: Sommer (Meridiandurchgang Anfang Juli um 21 Uhr WT).

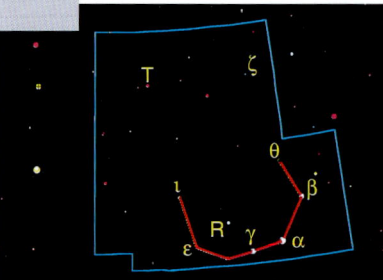

Dieses kleine Sternbild bietet weder für den Amateur sichtbare Galaxien, noch Sternhaufen und auch keine Nebel. Das Interesse konzentriert sich hier auf die veränderlichen Sterne, darunter eine wiederkehrende Nova.

△ *Die leicht erkennbare Kronenform der Nördlichen Krone ist unschwer auf der Verbindunglinie von Wega (in der Leier) und Arctur (im Sternbild Bootes) auszumachen. Auch die »Wagendeichsel« des Großen Bären zeigt ungefähr in ihre Richtung.*

ζ-(Zeta-)CORONAE BOREALIS

Helligkeit
5,^m1 und 6,^m0

Dieser Doppelstern läßt sich völlig unproblematisch mit einem kleinen Instrument betrachten, da die zwei Komponenten in 6,3" Distanz nebeneinander stehen.

T CORONAE BOREALIS

Helligkeit
2^m oder 3^m bis 10^m

Meist ist dieser schwache Stern der Helligkeit 10, der im Südosten von ε-(Epsilon-)Coronae Borealis schwierig auffindbar ist, für Besitzer kleiner Instrumente nicht von Interesse. Es handelt sich jedoch um eine wiederkehrende Nova, von der zwei spektakuläre Ausbrüche bekannt sind: 1866 und 1946. Zu diesen Zeiten weist der Stern einige Tage Helligkeiten von 3 bis 2 auf.

R CORONAE BOREALIS

Helligkeit
5,^m6 bis 14,^m8

Der meist mit bloßem Auge sichtbare, unregelmäßig veränderliche Stern kann sich auf die Helligkeit von 14,^m8 abschwächen und wird fast unsichtbar.

BEOBACHTUNG: Sommer (Meridiandurchgang Mitte September um 21 Uhr WT).

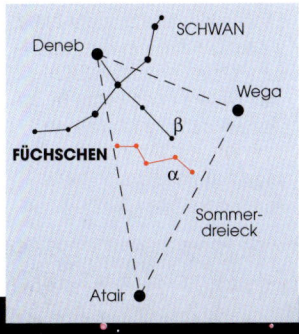

Auch wenn das Sternbild ziemlich klein ist, enthält es doch eines der wohl schönsten Objekte am Nachthimmel: den planetarischen Hantel-Nebel.

◁ *Das Füchschen lässt sich leicht auffinden, da es inmitten des Sommerdreicks liegt. β-(Beta-)Cygni (Albireo) befindet sich ganz nah am westlichen Rand des Sternbilds.*

HANTEL-NEBEL (M 27)

Helligkeit 7,ᵐ6

Um einen der schönsten planetarischen Nebel des Nachthimmels aufzufinden braucht man einen Feldstecher mit 80 mm Öffnung oder ein Fernrohr. Es handelt sich dabei um eine sich ausbreitende Gaskugel, in deren Mitte sich ein Stern der Helligkeit 13,ᵐ4 befindet. Seine Entfernung ist etwa 900 Lichtjahre. Der scheinbare Durchmesser des Nebels (8' x 5') läßt auf einen wahren Durchmesser von 2,5 Lichtjahren schließen. Durch ein Teleskop mit 150 mm Öffnung läßt sich die symmetrische Form des Nebels erkennen.

◁ *Der planetarische Hantel-Nebel zeigt auf beeindruckende Weise, wie unsere Sonne enden wird.*

NGC 6885

Helligkeit 5,ᵐ7

Bei 4°30' nordöstlich des Hantel-Nebels liegt ein offener Sternhaufen, den man leicht mit bloßem Auge erkennt: NGC 6885. Er besteht aus 35 Sternen der Helligkeit 6 und höher in einem Feld mit 20' Durchmesser.

HERCULES

Beobachtung: Sommer (Meridiandurchgang Anfang August um 21 Uhr WT).

***Dieses Sommersternbild
enthält einige interessante
Doppelsterne. Die Haupt-
attraktion bildet der berühmte
Kugelhaufen M 13 – der
hellste am Nordhimmel.***

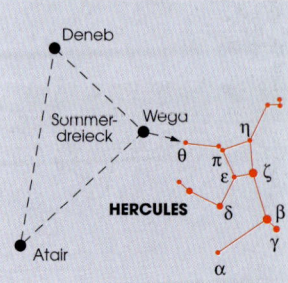

*Das Sternbild Hercules liegt direkt neben
der Leier. Von der hellen Wega ausgehend
ist es ziemlich leicht auffindbar.* ▷

α-(Alpha-)HERCULIS (RASALGETHI)

Helligkeit
3^m bis 4^m

Dieser 400 Lichtjahre entfernte Stern ist ein Roter Riese mit einem 400fachen Sonnendurchmesser. Er ist ein halbregelmäßiger Veränderlicher mit einer mittleren Periode von 90 Tagen. Innerhalb dieser Zeitspanne schwankt seine Helligkeit zwischen 3^m und 4^m. Überdies ist er für Hobby-Astronomen ein sehr schön zu beobachtender Stern. Seine beiden Begleiter mit der Helligkeit $3{,}^m5$ und $5{,}^m4$ stehen in 4,6" Distanz und bilden ein orange-smaragdgrünes Paar.

δ-(Delta)HERCULIS

Helligkeit
$3{,}^m2$ und $8{,}^m8$

Bei diesem Doppelstern handelt es sich um ein optisches Paar, d. h. sich die zwei Komponenten befinden sich nicht in ihrem gegenseitigen Anzie-hungsbereich. Die Sterne sind verschieden weit entfernt und bewegen sich in eigenen Bahnen. Sie scheinen sich aber gerade zu »kreuzen«. Bis 1960 verringerte sich ihr Winkelabstand bis auf 9". Danach wurde er wieder größer und liegt aktuell bei etwa 10".

ζ-(Zeta-)HERCULIS

Helligkeit
$2{,}^m9$ und $5{,}^m6$

Der mit bloßem Auge leicht auffindbare Stern in 35 Lichtjahren Entfernung ist ein Doppelstern. Um die beiden Komponenten mit einer mittleren Distanz von 1"–1,5" zu trennen, benötigt man jedoch ein Teleskop. Der schwächere Stern umrundet den anderen in etwas mehr als 34 Jahren. Er ist somit einer der wenigen Doppelsterne, deren Umrundung man ganz beobachten kann.

μ-(My-)HERCULIS

Helligkeit
$3{,}^m5$, $10{,}^m1$ und 11^m

Dieser Stern besteht aus einem Dreiersystem. Zwei der Komponenten sind leicht zu sehen, da sie in einer Distanz von 33' stehen. Der schwächere der beiden Sterne besitzt einen Begleiter in 0,5–1,5" Distanz, der ihn in 43 Jah-

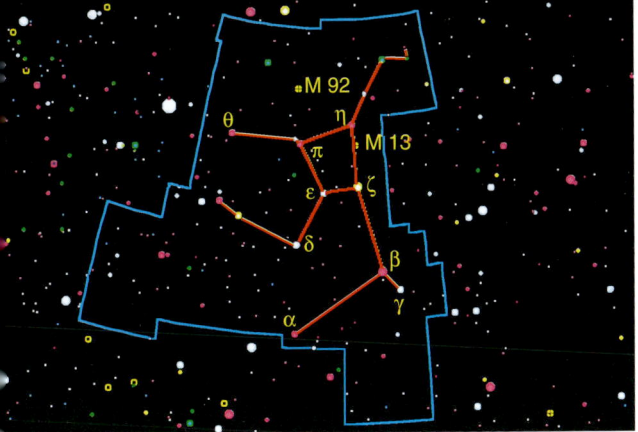

ren umkreist. Mit nur 27 Lichtjahren Entfernung ist dieses Dreiersystem der Erde ziemlich nahe.

M 13 (GROSSER HERCULESHAUFEN)

Helligkeit
5,^{m}8

Mit einer Helligkeit von 5,9 ist der Kugelsternhaufen M 13 theoretisch mit bloßem Auge sichtbar. Doch in Wirklichkeit erweist sich dies als unmöglich. Durch einen Feldstecher ist dieses bemerkenswerte Objekt, das 2°20' vom Stern ε-(Eta-)Herculis entfernt auf der Verbindunglinie mit ζ-(Zeta-) Herculis liegt in Form einer weißlichen Gaskugel deutlich zu erkennen. Durch ein Instrument mit 100 mm Öffnung erscheint es als Nebelfleck mit ziemlicher Ausdehnung (scheinbar 10' Durchmesser). Ein Teleskop mit 150 mm läßt die zahlreichen Sterne des Haufens bereits erkennen. Mit 200 mm Öffnung und mehr bietet sich ein zauberhafter Anblick. Mit einem solchen Instrument kann man eine dunkle, Y-förmige Struktur erkennen, die sich auf der hellen Oberfläche des Sternhaufens abzeichnet. Diese im 19. Jh. erstmals ent-

deckte »Spur« könnte mit den interstellaren Staubwolken in Verbindung stehen, die das Licht der Sterne absorbieren. Dieser 21 000 Lichtjahre entfernte Kugelsternhaufen besteht aus gut 30 000 Sternen und hat einen Durchmesser von 160 Lichtjahren.

◁ *Der Kugelsternhaufen M 13 – der hellste am Nordhimmel – ist auch für unerfahrene Hobby-Astronomen ein dankbares Beobachtungsobjekt.*

M 92

Helligkeit
6,^{m}5

Dieses Objekt stellt einen weiteren Kugelsternhaufen dar. Er ist zwar lichtschwächer als M 13, aber trotzdem ein bemerkenswertes Beobachtungsobjekt. M 92 ist 25 000 Lichtjahre von der Erde entfernt.

PFEIL

BEOBACHTUNG: Sommer (Meridiandurchgang Anfang September um 21 Uhr WT).

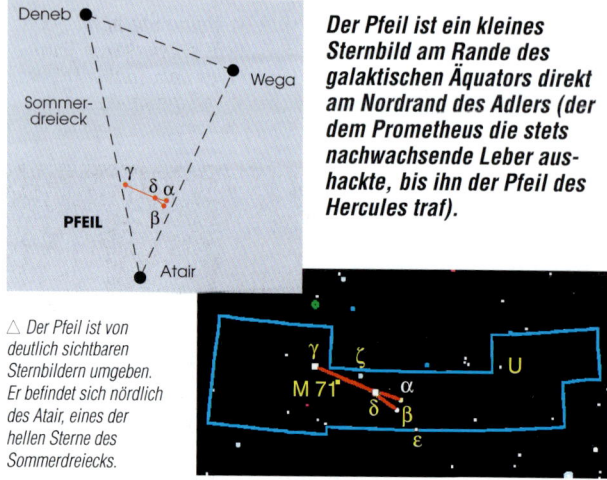

Der Pfeil ist ein kleines Sternbild am Rande des galaktischen Äquators direkt am Nordrand des Adlers (der dem Prometheus die stets nachwachsende Leber aushackte, bis ihn der Pfeil des Hercules traf).

△ Der Pfeil ist von deutlich sichtbaren Sternbildern umgeben. Er befindet sich nördlich des Atair, eines der hellen Sterne des Sommerdreiecks.

ε-(Epsilon-)SAGITTAE

Helligkeit
5,^{m}7 und 8,^{m}0

Der unterhalb des Hauptsterns dieses Sternbilds, α-(Alpha-)Sagittae (Sham) gelegene Doppelstern ist sehr leicht zu auszumachen. Mit einer Distanz von 89" erkennt man die beiden Komponenten schon mit einem normalen Feldstecher. Sie sind über 200 Lichtjahre von der Erde entfernt.

U SAGITTAE

Helligkeit
6,^{m}4 bis 9^m

Wie β-(Beta-)Persei (Algol) ist auch dieser Stern ein Bedeckungsveränderlicher. Doch während Algol von seinem Begleiter nur teilweise verdeckt wird, verschwindet U Sagittae für 3 Tage, 9 Stunden und 8 Minuten vollkommen hinter einem größeren und lichtschwächeren Stern. Innerhalb von einer Stunde und 40 Minuten geht seine Helligkeit auf ein Zehntel zurück und fällt von 6,5 auf 9,2. Aufgrund der Nähe des leicht schwächeren Sterns S 2504 läßt sich die Helligkeitsveränderung leicht beobachten. U Sagittae steht 1,7° westlich einer kleinen Sternengruppe, die der benachbarten Konstellation Füchschen angehören. Koordinaten: AR = 19h, 16m, 6s; D = 19°31'.

M 71

Helligkeit
8,^{m}3

Ist dies nun ein Kugelsternhaufen oder ein offener Haufen? Darüber stritten sich die Astronomen lange. Heute geht man von ersterem aus. M 71 ist ein Objekt der Helligkeit 8,^{m}3, das schon für Amateure sichtbar ist. Es ist 13000 Lichtjahre entfernt und hat einen Durchmesser von etwa 30 Lichtjahren.

BEOBACHTUNG: Sommer (Meridiandurchgang Mitte September um 21 Uhr WT).

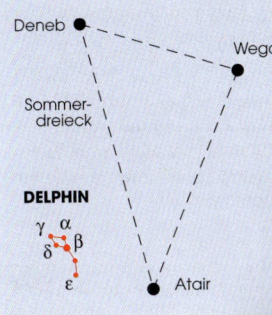

Dieses kleine Sternbild mit der leicht erkennbaren Form enthält für den Hobby-Astronomen wenige interessante Objekte.

△ *Das Auffinden des Delphins am Nachthimmel ist kein Problem, da er in direkter Nachbarschaft zu großen Sternbildern wie dem Schwan, der Leier oder dem Adler steht, deren Hauptsterne die Eckpunkte des Sommerdreiecks bilden. Der Delphin befindet sich direkt neben Atair.*

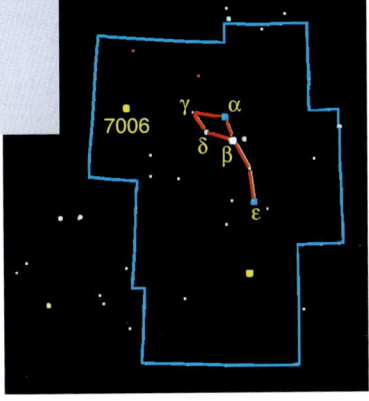

γ-(Gamma)-DELPHINI

Helligkeit
4,^{m}5 und 5,^{m}5

Dieser 1830 entdeckte Doppelstern ist ein vorzügliches Objekt für Amateure mit kleinen Instrumenten. Die beiden Komponenten dieses physischen Doppelsterns erscheinen dem Beobachter orange und blaugrün. Ihr Winkelabstand beträgt 10". Parallaxenmessungen zeigen, daß dieses Doppelsternsystem etwas mehr als 100 Lichtjahre von der Erde entfernt ist.

NGC 7006

Helligkeit
10^m

Dieser Kugelsternhaufen ist nur sehr schwer zu beobachten, weil es sich um einen sehr langen Haufen handelt. Er ist 150 000 Lichtjahre vom Zentrum der Milchstraße und 185 000 von unserem Sonnensystem entfernt. Man kann auch sagen, daß er in Wirklichkeit außerhalb der Galaxie steht, denn die Magellanschen Wolken, die zwei Satelliten-Galaxien der Milchstraße darstellen, sind kaum länger. Um NGC 7006 zu erkennen ist ein Teleskop mit 150 mm Öffnung vonnöten; sonst sieht man nur einen blassen Fleck, ohne auch nur einen Stern ausmachen zu können.

STIER

Der Stier, ein Tierkreisstern-bild, ist für Hobby-Astronomen von großem Interesse. Er ent-hält zwei bemerkenswerte und mit bloßem Auge sichtbare offene Sternhaufen: die Plejaden und die Hyaden.

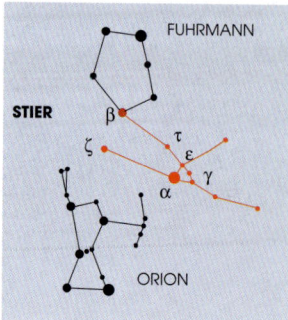

Dank Aldebaran, dem hellen Hauptstern, ist der Stier leicht auffindbar. Er liegt nordwest-lich des Orion und südlich des Fuhrmanns. Seine Form ist durch mehrere sehr helle Sterne klar gezeichnet. ▷

α-(Alpha)-TAURI (ALDÉBARAN)

Helligkeit
0,^{m}9 und 13^m

Der Hauptstern des Stiers, dessen Name soviel wie »Der (den Plejaden) Nachfolgende« bedeutet, steht unter den hellsten Sternen an 13. Stelle. Die-ser 65 Lichtjahre entfernte rote Riese hat einen 36fachen Sonnendurchmesser. In einer Distanz von 31,4" wird er von einem roten Zwerg der Helligkeit 13 begleitet. Diese beiden Sterne haben dieselbe Bewegung und bilden wahr-scheinlich ein physisches Paar. Leichter erkennbar ist der optische Begleiter des Aldebaran, ein Stern der Helligkeit 11 in einer Distanz von 121".

σ-(Sigma-)TAURI

Helligkeit
4,^{m}8 und 5,^{m}1

Dieser nahe am Aldebaran liegende Doppelstern ist mit bloßem Auge sicht-bar. Der Winkelabstand der beiden Komponenten beträgt 431".

τ-(Tau-)TAURI

Helligkeit
4,^{m}3 und 8,^{m}6

Dieser mit bloßem Auge sichtbare Stern 7° nördlich des Aldebaran läßt sich nur mit einem Feldstecher trennen. Das physische Paar mit einem Winkel-abstand von 63" ist 490 Lichtjahre von der Erde entfernt.

HYADEN

Helligkeit
k. A.

Der offene Sternhaufen der Hyaden erstreckt sich über mehr als 4°. Seine Sterne sind V-förmig angeordnet und bilden den Kopf des Stiers. Der Aldebaran gehört nicht dazu, vielmehr ist er unserem Sonnensystem näher; seine Entfer-nung zum Zentrum der Hyaden beträgt etwa 150 Lichtjahre. Der zentrale Teil erstreckt sich über 3,5°, hat einen Durchmesser von 8 Lichtjahren und enthält zahlreiche Sterne, die für eine Beobachtung mit dem Teleskop zu schwach sind. Insgesamt zählen die Hyaden mindestens 250 Sterne. Am besten läßt sich dieser Sternhaufen mit einem Feldstecher betrachten.

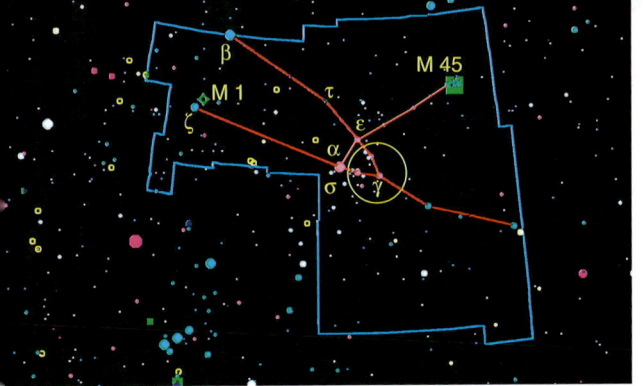

M 45 (PLEJADEN)

Helligkeit
3ᵐ bis 14ᵐ

Dieser schöne Sternhaufen zeigt sich mit bloßem Auge betrachtet als eine Gruppe von sechs oder sieben Sternen (daher auch der Name »Siebengestirn«). Bei sehr klarer Sicht lassen sich bis zu elf Sterne erkennen. Für eine gute Beobachtung sind Feldstecher (7 x 50) am geeignetsten, da das Sternenfeld ziemlich groß ist und so die wichtigsten Sterne alle gleichzeitig sichtbar sind. Die Plejaden bestehen aus großen gelben Sternen in 376 Lichtjahren Entfernung. Sie sind von Nebelschleiern umgeben, die jedoch nur auf lange belichteten Fotografien auftreten. Manche Astronomen konnten jedoch schon durch Teleskope mit 200 mm Öffnung den Schleier ausmachen, der Merope umgibt.

Alcyon, Maia, Taygeta, Electra, Merope und Atlas, die Hauptsterne der Plejaden, sind von Nebelschleiern umgeben. ▷

M 1 (KRABBENNEBEL)

Helligkeit
8,ᵐ4

Dieses Objekt ist nichts anderes als der Überrest einer Supernova, die im Juli 1054 stattfand. Das Ereignis wurde von chinesischen Astronomen und von Navajo-Indianern aufgezeichnet. Der Stern hat sich seit damals in einen Pulsar der Helligkeit 16ᵐ verwandelt, der für Amateure nicht zugänglich ist; aus der äußeren Schicht des Sterns entwickelte sich der Nebel M 1. In 6300 Lichtjahren Entfernung ist die gleichmäßig expandierende Gaswolke mit einem Amateur-

Fernrohr bei etwas mehr als einem Grad nordwestlich von ζ-(Zeta-)Tauri als schwacher Fleck zu erkennen. Durch ein Teleskop mit 200 mm Öffnung sieht man den Nebel viel kontrastreicher.

◁ *Der Krabbennebel ist der Überrest einer Supernova aus dem Jahr 1054.*

ZWILLINGE

BEOBACHTUNG: Winter (Meridiandurchgang Mitte Februar um 21 Uhr WT).

Dieses Tierkreissternbild ist wegen seiner bemerkenswerten offenen Sternhaufen und eines der eigenartigsten planetarischen Nebel des Himmels – NGC 2392 – interessant.

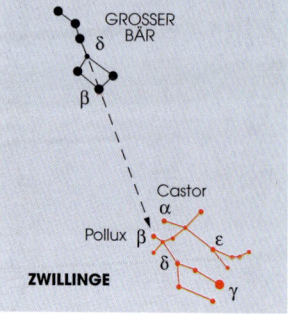

Es ist nicht schwer, die Zwillinge zu finden. Wenn man die Verbindungslinie von δ-(Delta-)Ursae maioris (Megrez) und β-(Beta-)Ursae maioris (Merak) des Großen Bären verlängert, trifft man auf Pollux, einem der zwei hellsten Sterne dieser Konstellation. ▷

δ-(Delta-)GEMINORUM (WASAT)

Helligkeit 3,^{m}5 und 8^m

Dieser Doppelstern in 59 Lichtjahren Abstand zur Erde wurde 1829 entdeckt. Die in einer scheinbaren Distanz von 6,3" stehenden Sterne sind in Wirklichkeit 14,25 Mrd. km auseinander. Der kleinere von beiden benötigt für einen Umlauf des größeren etwa 1200 Jahre. Im Februar 1930 entdeckte Clyde Tombaugh auf Fotoplatten den Planeten Pluto, der sich damals neben δ-(Delta-)Geminorum befand.

M 35

Helligkeit 5,^{m}1

An der westlichsten Stelle des Sternbildes befindet sich dieser offene Sternhaufen, der mit dem Feldstecher sehr gut zu sehen ist. Dank seiner allgemeinen Helligkeit ist er mit bloßem Auge zu sehen. Schon mit einem kleinen astronomischen Instrument lassen sich etwa hundert Sterne erkennen. M 35 ist 2800 Lichtjahre entfernt; der scheinbare Durchmesser von 30' entspricht einem wahren Durchmesser von 30 Lichtjahren. Ganz in seiner Nähe befindet sich ein anderer, weiter entfernter offener Sternhaufen: NGC 2158.

△ *Die offenen Sternhaufen M 35 und NGC 2158*

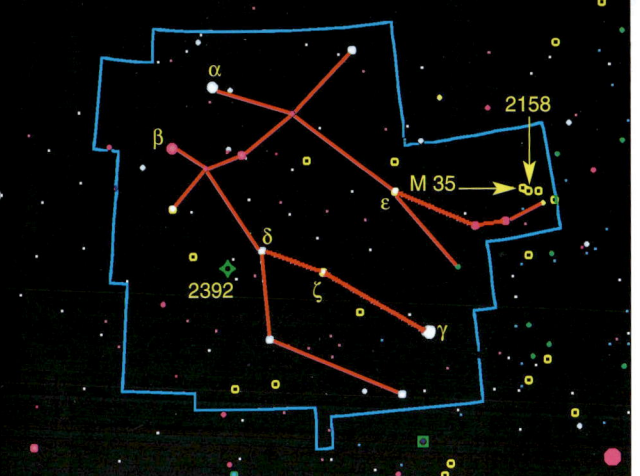

ζ-(Zeta-)GEMINORUM (MEKBUDA)

Helligkeit
3,^{m}7 bis 4,^{m}1

Dieser Stern ist ein Veränderlicher und gehört zu den hellsten Cepheiden überhaupt. Die Periode der Helligkeitsschwankung zwischen 3,^{m}7 und 4,^{m}1 findet innerhalb von etwas mehr als zehn Tagen statt. Mekbuda hat in 96,5" Distanz einen Begleiter der Helligkeit 8^m sowie einen weiteren in 87,7" Distanz mit der Helligkeit 11^m. Beide Begleiter befinden sich jedoch nicht in seinem Anziehungsbereich.

NGC 2158

Helligkeit
8,^{m}6

Dieser weitere Sternhaufen ist bei 30' südwestlich von M 35 leicht zu finden. Allerdings ist ein Teleskop von Vorteil, denn durch Amateurinstrumente erscheint er nur als schwacher Nebelfleck. Manche seiner Sterne haben eine Helligkeit, die unter 16 liegt. Daher läßt er sich auch nur als »Wolke« ausmachen und ist schwer beobachtbar. Der Sternhaufen erscheint direkt neben M 35, ist in Wirklichkeit aber 16 000 Lichtjahre entfernt – also sechs Mal so weit.

NGC 2392 (CLOWNSKOPF)

Helligkeit
8,^{m}3

Dieser planetarische Nebel ist für Besitzer von kleinen Instrumenten nur schwer zu finden; er ist jedoch von Fotos großer Observatorien bekannt, auf denen seine erstaunliche Form erkennbar ist. Wie schon sein Beiname vermuten läßt, erinnert er an das Gesicht eines Clowns, wobei der Zentralstern die dicke Nase bildet. Dieser 1787 von Wilhelm Herschel entdeckte Nebel ist nur schwer von einem Stern zu unterscheiden. Auch wenn seine wahre Ausdehnung 1,3' beträgt, ist nur der zentrale Teil (ein Stern der Helligkeit 10,^{m}5) so hell, daß man ihn durch ein kleines Teleskop betrachten kann. Dieser Himmelskörper ist über 3000 Lichtjahre von der Erde entfernt.

WIDDER

BEOBACHTUNG: Herbst (Meridiandurchgang Mitte Dezember um 21 Uhr WT).

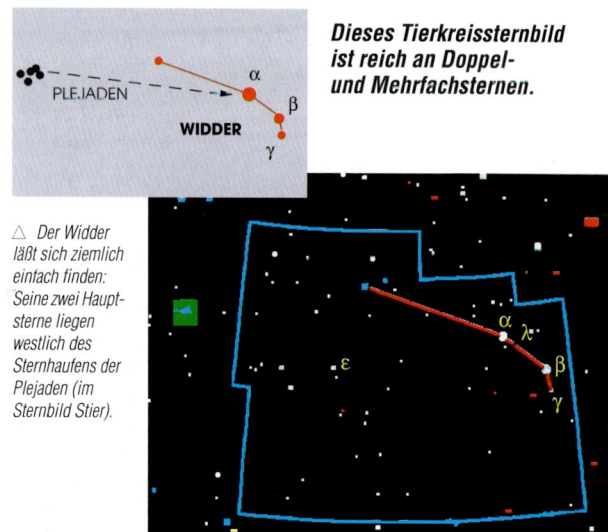

Dieses Tierkreissternbild ist reich an Doppel- und Mehrfachsternen.

△ *Der Widder läßt sich ziemlich eintach finden: Seine zwei Haupt- sterne liegen westlich des Sternhaufens der Plejaden (im Sternbild Stier).*

γ-(Gamma-)ARIETIS (MESARTHIM)

Helligkeit
4,^{m}7 und 4,^{m}8

Dieser Doppelstern wurde 1664 durch Zufall von einem Astronomen ent- deckt, der einen Kometen beobachtete. In drei Jahrhunderten hat sich der Abstand zwischen den beiden Komponenten dieses physischen Doppel- sterns von 8,6" auf 7,8" verringert. Mit seinen über 200 Lichtjahren Entfer- nung ist er schon mit einem kleinen Fernrohr gut zu beobachten.

ε-(Epsilon-)ARIETIS

Helligkeit
5,^{m}5 und 5,^{m}3

Dieser physische Doppelstern ist ein guter Test für Astronomen und deren Ausrüstung. Diese über 200 Lichtjahre entfernten Sterne stehen nur 1,5" auseinander.

λ-(Lambda-)ARIETIS

Helligkeit
4,^{m}9 und 7,^{m}7

Mit einem Feldstecher lassen sich die Komponenten dieses Doppelsterns leicht trennen. Die Distanz zwischen den beiden Sternen beträgt 37,4".

BEOBACHTUNG: Herbst (Meridiandurchgang Mitte Dezember um 21 Uhr WT).

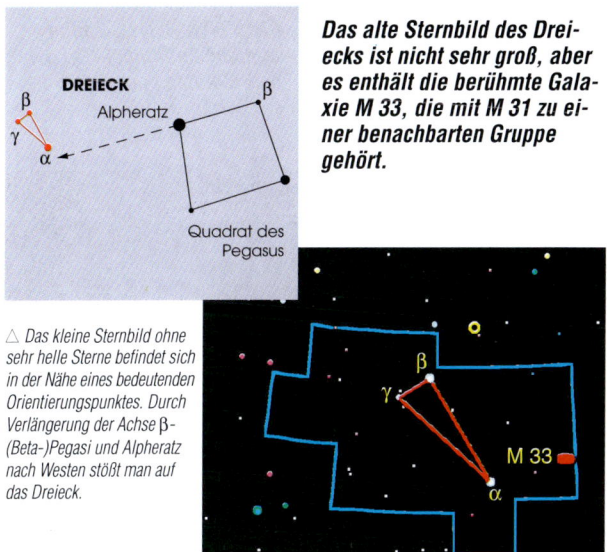

Das alte Sternbild des Dreiecks ist nicht sehr groß, aber es enthält die berühmte Galaxie M 33, die mit M 31 zu einer benachbarten Gruppe gehört.

△ *Das kleine Sternbild ohne sehr helle Sterne befindet sich in der Nähe eines bedeutenden Orientierungspunktes. Durch Verlängerung der Achse β- (Beta-)Pegasi und Alpheratz nach Westen stößt man auf das Dreieck.*

ι-(Iota-)TRIANGULI

Helligkeit
5,ᵐ4 und 7,ᵐ0

Die beiden Komponenten (gelb und blau) dieses physischen Doppelsterns haben eine Distanz von 3,9" und sind 280 Lichtjahre von uns entfernt.

M 33

Helligkeit
6,ᵐ8

Diese von unten zu sehende Spiralgalaxie gehört zu den bekanntesten, da sie der Milchstraße sehr nahe liegt (3 Mio. Lichtjahre). Wenngleich ihre Gesamthelligkeit auf 5,ᵐ5 geschätzt wird, ist sie aufgrund ihrer großen Ausdehnung (60' x 40') mit einem kleinen Teleskop nur schwer auffindbar. Aber auch mit besseren Instrumenten (großem Fernrohr oder Teleskop) läßt sie sich am besten in einer dunklen Nacht betrachten. Man benötigt ein Teleskop mit mindestens 150 mm Öffnung, um den von schwachen Spiralarmen umgebenen Kern auszumachen. Um einzelne Sterne und Nebel innerhalb der Galaxie zu unterscheiden, benötigt man schon ein Teleskop mit 250 mm Öffnung.

Die Spiralgalaxie M 33 ist 2,4 Mio. Lichtjahre von uns entfernt. ▷

KLEINER HUND

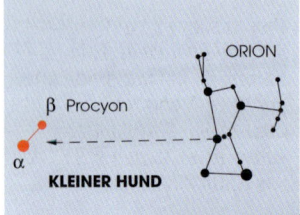

Der Kleine Hund ist kein besonders vielfältiges Sternbild. Außer einigen Doppelsternen und Veränderlichen enthält es weder einen Nebel noch eine Galaxie mit einer Helligkeit von über 13.

△ *Der Hauptstern des Kleinen Hundes, Procyon, gehört zu den hellsten in diesem Himmelsabschnitt, was das Auffinden des Sternbilds westlich des Orion und südlich der Zwillinge etwas erleichtert.*

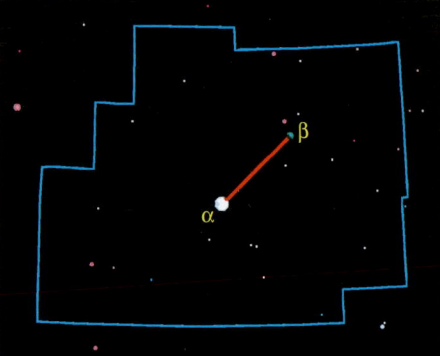

α-(Alpha-)CANIS MINORIS (PROCYON)

Helligkeit 0,^{m}4 und 10,^{m}8

Procyon, ein Doppelstern, ist der achthellste Stern am Himmel. Mit einer Entfernung von 11,4 Lichtjahren zählt er außerdem zu den sonnennächsten Sternen. Aufgrund der starken Helligkeit von Procyon ist sein etwas mehr als 4" entfernter Begleiter mit der Helligkeit 10,8 durch ein Amateurinstrument äußerst schwer zu sehen. Diesen Stern, der etwas mehr als 40 Jahre für eine Umrundung benötigt, erkennt man nur mit einem sehr starken Teleskop. Procyon hat unter den anderen Sternen eine Eigenbewegung von 1,25" pro Jahr. In manchen Jahren kann man mit einem starken Teleskop seine Positionsverschiebung erkennen.

14 CANIS MINORIS

Helligkeit 5,^{m}4 ; 8^m und 9^m

Dieser mit bloßem Auge sichtbare Stern besitzt zwei Begleiter der Helligkeit 8^m und 9^m in einer Distanz von 1,5' und über 2'. Es ist ein Dreisystem, das auch für Hobby-Astronomen leicht faßbar ist.

BEOBACHTUNG: Winter (Meridiandurchgang Mitte März um 21 Uhr WT).

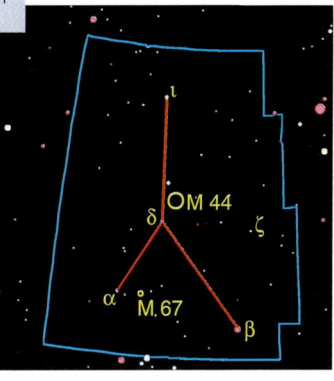

Dieses ziemlich ausgedehnte Sternbild hat keine sehr hellen Sterne. Es enthält einen interessanten Mehrfachstern sowie zwei offene Sternhaufen, von denen einer zu den schönsten des Himmels gehört.

△ *Das Tierkreissternbild Krebs liegt auf der Ekliptik zwischen Löwe und Zwillingen inmitten eines Dreiecks, das von den Sternen Pollux aus dem Sternbild Zwillinge, Procyon aus dem Sternbild Kleiner Hund und Regulus aus dem Sternbild Löwe gebildet wird.*

ζ-(Zêta-)CANCRI

Helligkeit
5,^{m}7 und 6^m

Der 1756 als Doppelstern erkannte Stern ζ-(Zeta-)Cancri hat sich bereits 1781 bei genauerer Beobachtung als Dreifachstern herausgestellt. Heute gehört er zu den bekanntesten Dreifachsystemen. Der nächste Begleiter des Hauptsterns hat eine Umlaufzeit von 59,6 Jahren. Sein Winkelabstand beträgt 0,6" bis 1,2", was der Entfernung zwischen Uranus und Sonne entspricht. Die am weitesten entfernte Komponente (mit 5,8" Distanz) benötigt für einen Umlauf um den Hauptstern 1150 Jahre. Das System ist 83 Lichtjahre von der Erde entfernt.

M 44 (KRIPPE)

Helligkeit
3,^{m}1

Die Krippe (auch Praesepe oder Meleph genannt) ist mit 570 Lichtjahren einer der nächsten und der hellsten bekannten offenen Sternhaufen. Schon mit bloßem Auge sichtbar, bietet er im Feldstecher oder im Teleskop einen besonders faszinierenden Anblick.

M 67

Helligkeit
7^m

Dieser weitere offene Sternhaufen ist 2600 Lichtjahre entfernt. Er liegt 9° südlich von M 44 und enthält über 60 Sterne in einem Bereich von 15'.

LÖWE

Außer einenm schönen Doppelstern und einen eindrucksvollen Veränderlichen enthält der Löwe einige Galaxien aus dem relativ nahen Virgohaufen.

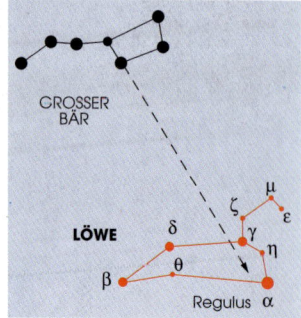

Das Tierkreissternbild Löwe ist leicht auffindbar, da es direkt unter dem Großen Bären liegt. Genauer gesagt, wenn man die Achse Megrez-Phekda verlängert, stößt man direkt auf Regulus, den Hauptstern des Löwen. ▷

γ-(Gamma-)LEONIS (ALGIEBA)

Helligkeit
2,ᵐ2 und 3,ᵐ5

Der Name dieses Sterns bedeutet »Stirn des Löwen«. Er besitzt einen ziemlich nahen physischen Begleiter (4,3" Distanz), der ihn in 619 Jahren einmal umrundet. Das macht ihn auch für Hobby-Astronomen zu einen interessanten Doppelstern. Algieba ist 130 Lichtjahre entfernt und hat auch noch einen dritten Begleiter, der sich aber nicht im gegenseitigen Anziehungsbereich befindet. Man findet diesen in 4,9' Distanz.

R LEONIS

Helligkeit
4,ᵐ4 bis 11,ᵐ3

R Leonis ist einer der hellsten veränderlichen Sterne am ganzen Himmel. Während seines Helligkeitsmaximums kann man ihn leicht mit bloßem Auge erkennen. Seine Periode ist jedoch ziemlich lang – sie dauert 313 Tage. Dieser Stern, dessen tiefrotes Licht 600 Jahre zu uns benötigt, liegt 5° westlich von α-(Alpha-)Leonis (Regulus). Auch wenn er nur mininal leuchtet, kann er schon mit einem kleinen Amateurteleskop betrachtet werden.

M 65

Helligkeit
9,ᵐ3

Auf mittlerem Weg zwischen θ-(Theta-)Leonis (Shertan) und ι-(Jota-)Leonis findet man diese prächtige Spiralgalaxie des Virgohaufens in ungefähr 29 Mio. Lichtjahren Entfernung. Von der Seite aus betrachtet sieht diese Galaxie in einem kleinen Amateurinstrument wie ein langgezogener Nebel aus. M 65 kann mit M 66 verwechselt werden, die nur 21' entfernt ist. Um sie zu erkennen, muß man wissen, daß M 65 westlicher liegt – also im umkekehrten Sichtfeld eines astronomischen Instruments links. Die beiden Galaxien kann man auch mit einem einfachen Feldstecher wahrnehmen.

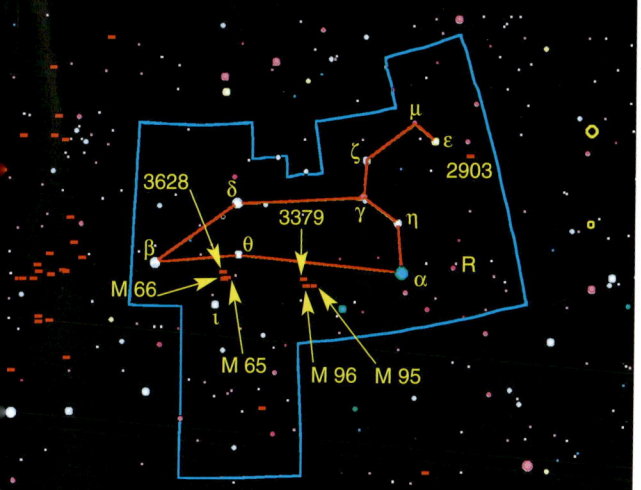

M 66

Helligkeit
9^m

Diese direkt neben M 65 gelegene Galaxie (der Abstand beträgt nur 180 000 Lichtjahre) besteht aus asymmetrischen Spiralen, die mit einem kleineren Instrument nur schwer erkennbar sind. 35' nördlich von M 66 findet sich eine weitere Galaxie, die zwar größer, aber auch leuchtschwächer ist: NGC 3628 (siehe folgende Seite).

◁ *Die Galaxien M 66 (unten links), M 65 (unten rechts) und NGC 3628 (oben) liegen sehr nahe beieinander (nur einige Bogenminuten entfernt).*

M 96

Helligkeit
9,^m1

Diese von oben gesehene Spiralgalaxie befindet sich in der Nachbarschaft von M 95. Im All sind beide Galaxien nur 400 000 Lichtjahre voneinander entfernt. Ihr scheinbarer Durchmesser ist nicht größer als 6'. Durch ein Teleskop oder einen Feldstecher betrachtet, sieht sie aus wie ein weißlicher Fleck.

M 95

Helligkeit 10,^{m}4

Diese 28 Mio. Lichtjahre entfernte Galaxie ist dem Typ nach eine Balkenspirale. Ihr Kern ist im Vergleich zu den Armen sehr hell, weshalb diese mit einem kleinen Instrument nur schwer erkennbar sind.

△ *Die Balkenspirale M 95. Mit einem Amateurteleskop ist nur der helle Kern deutlich zu erkennen.*

NGC 2903

Helligkeit 9^m

Diese Galaxie in isolierter Lage, die alleine vor der Mähne des Löwen liegt, ist hier am hellsten. Es ist eine von oben betrachtete Spiralgalaxie in 20 Mio. Lichtjahren Entfernung. Durch ein Amateurteleskop erscheint sie oval.

NGC 3379 (M 105)

Helligkeit 9,^{m}2

Diese Galaxie wird bisweilen als M 105 bezeichnet. Sie ist ziemlich leicht neben M 96 erkennbar, von der sie sich in 48' Abstand süd-südwestlich befindet. NGC 3379 hat die Form einer Ellipse.

NGC 3628

Helligkeit 9^m

Auf diese Galaxie blickt man direkt von der Seite. Sie wird der Länge nach von einer Linie aus dunklem Staub verdeckt. Man kann aber ihre schmale Form schon mit einem kleinen Teleskop erkennen. M 66, M 65 und NGC 3628 gehören zu den hellsten Galaxien und bilden daher eine kleine Gruppe, die mit kleinen Teleskopen einfach zu beobachten ist.

Beobachtung: Sommer (Meridiandurchgang Mitte September um 21 Uhr WT).

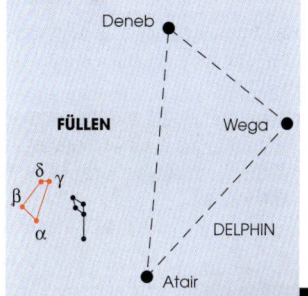

Das winzige Sternbild ohne helle Sterne glänzt vor allem durch seine Kargheit. Das zugänglichste lichtschwache Objekt ist eine Galaxie der Helligkeit 13. Für den Hobby-Astronomen ist ansonsten nur noch ein Doppelstern interessant, der sich mit bloßem Auge trennen läßt.

△ *Das Füllen liegt direkt unter dem Delphin, genau 18° östlich des hellen Deneb im Sternbild Schwan.*

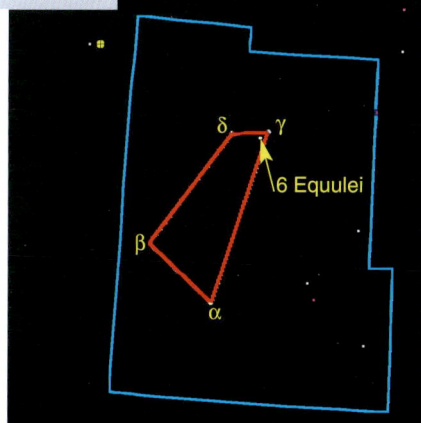

γ-(Gamma-)EQUULEI

Helligkeit
4,^{m}8 und 6^m

Dieser Stern liegt nur in 6' Abstand zu einem weiteren Stern der Helligkeit 6^m (6 Equulei). Der Versuch, diese beiden Sterne mit bloßem Auge zu trennen, ist ein guter Test der Sehschärfe, vor allem, wenn es einem schon gelungen ist, die beiden Elemente von ζ-(Zeta-)Ursae maioris (Mizar und Alcor) im Großen Bären zu trennen, die in 11' Distanz zueinander stehen. 6 Equulei besitzt in 2" Abstand einen Begleiter der Helligkeit 11^m, der nur durch ein Instrument mit 60 mm Öffnung beobachtet werden kann.

δ-(Delta-)EQUULEI

Helligkeit
5,^{m}4 und 10^m

Die beiden Hauptkomponenten dieses Dreifachsystems sind schwer zu trennen, da sie nur 0,35" auseinander liegen. Der dritte Stern ist zwar leuchtschwächer, doch kann man ihn bei 60" einfacher erkennen.

PEGASUS

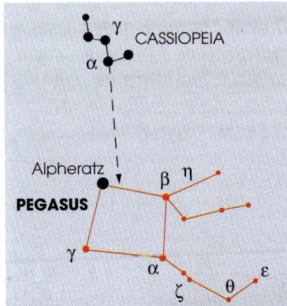

Pegasus ist ein großes Sternbild mit verschiedenen Objekten, die auch für den Amateur von Bedeutung sind. Er bietet ein buntes Durcheinander an Doppelsternen, Kugelsternhaufen und Galaxien.

△ *Durch Verlängerung der Verbindungslinie von γ-(Gamma-) Cassiopeiae zu γ-(Alpha-) Cassiopeiae gelangt man fast direkt zu Alpheratz, dem hellsten Stern im Quadrat des Pegasus (der gleichzeitig Hauptstern von Andromeda ist).*

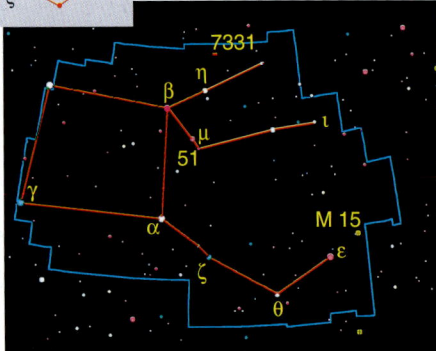

51 PEGASI

Helligkeit
5,^{m}6

Dieser sonnenartige Stern bietet dem Betrachter nichts Außergewöhnliches. Interessant ist, daß er von einem Planeten, der kaum kleiner ist als Jupiter, in vier Tagen und sechs Stunden umlaufen wird.

M 15

Helligkeit
6,^{m}3

Dieser Kugelsternhaufen in 31000 Lichtjahren Entfernung gehört zu den kompaktesten und hellsten seiner Art. Er ist bereits mit einem Feldstecher zu erkennen.

NGC 7331

Helligkeit
9,^{m}7

Diese zu drei Viertel sichtbare Spiralgalaxie ist 50 Mio. Lichtjahre entfernt. Im Jahr 1959 wurde in einem ihrer Spiralarme eine Supernova der Helligkeit 12 beobachtet.

BEOBACHTUNG: Herbst (Meridiandurchgang Mitte November um 21 Uhr WT).

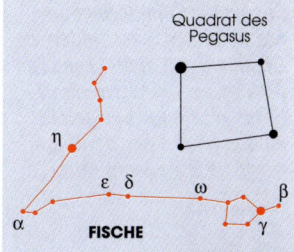

Dieses ziemlich große Tierkreissternbild enthält einige schöne Doppelsterne sowie eine großartige Spiralgalaxie in Frontalansicht.

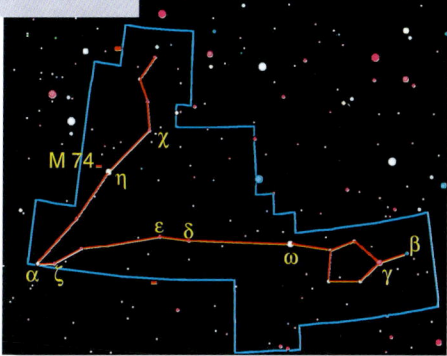

△ *Die Fische schlängeln sich buchstäblich um die östliche und südliche Seite des Pegasus-Quadrats. Daher sind sie ohne Schwierigkeiten auffindbar.*

χ-(Chi-)PISCIUM

Helligkeit
4,ᵐ3 und 5,ᵐ2

Dieser Stern in 130 Lichtjahren Entfernung wird in einer Distanz von 1,9" von einem weiteren Stern begleitet, der ihn in 933 Jahren einmal umrundet. Um beide Sterne zu trennen, benötigt man ein Instrument mit 70 mm Öffnung.

ζ-(Zeta-)PISCIUM

Helligkeit
5,ᵐ6 und 6,ᵐ5

Dieser Doppelstern läßt sich schon mit einem Feldstecher trennen. Die Distanz zwischen beiden Sternen beträgt 23". Sie liegen genau auf der Ekliptik, was manchmal zu einer Konjunktion mit Planeten unseres Sonnensystems führt.

M 74

Helligkeit
10ᵐ

Diese Spiralgalaxie gehört zu den Messier-Objekten, die am schwierigsten zu beobachten sind. Der Himmel muß völlig dunkel sein. Im Abstand von 1°20' ost-nordöstlich des Sterns η-(Eta-)Piscium gelegen, ist sie als verschwommener Fleck mit einem scheinbaren Durchmesser von 6' zu sehen. Der wahre Durchmesser beträgt 80 000, die Entfernung 30 Mio. Lichtjahre.

WALFISCH

BEOBACHTUNG: Herbst (Meridiandurchgang Anfang Dezember um 21 Uhr WT).

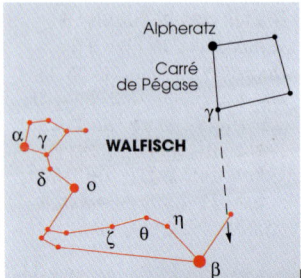

Der Walfisch ist ein großes, den Himmelsäquator kreuzendes Sternbild. Es ist somit für die Bewohner der Nordhalbkugel problemlos zu sehen. Zu ihm gehört der berühmte veränderliche Stern Mira.

△ *(Den Walfisch findet man am besten, wenn man die Verbindungslinie zwischen Alpheratz und γ-(Gamma-)Pegasi verlängert.*

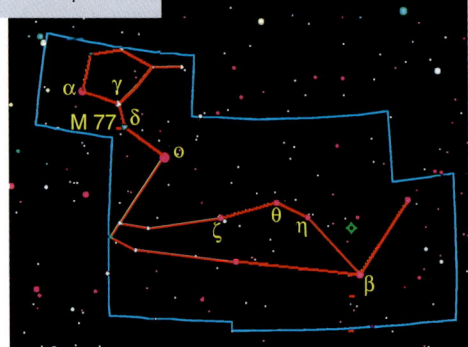

ο-(Omikron-)CETI (MIRA)

Helligkeit
2^m bis 10,^{m}1

Mira (»die Wunderbare«), ist einer der bekanntesten veränderlichen Sterne. Sie wurde im August 1596 von dem Astronomen Fabricius entdeckt. Ihre Helligkeit schwankt in einer Periode von 331 Tagen zwischen 3^m und 10,^{m}1. Ganz selten erreicht der Stern im Maximum eine Helligkeit von 2^m.

γ-(Gamma-)CETI (KAFFALJIDHMA)

Helligkeit
3,^{m}7 und 6,^{m}2

Dieser 82 Lichtjahre entfernte Stern besitzt einen Begleiter in nur 2,8" Distanz. Er ist somit ein guter Test für Besitzer von Amateurteleskopen.

M 77

Helligkeit
8,^{m}9

Diese 1° südöstlich von δ-(Delta-)Ceti gelegene, schöne Galaxie ist eine der wenigen, deren Spiralarme schon mit kleinen Instrumenten zu sehen sind. Ihre Entfernung beträgt 60 Mio. Lichtjahre.

BEOBACHTUNG: Winter (Meridiandurchgang Anfang Januar um 21 Uhr WT).

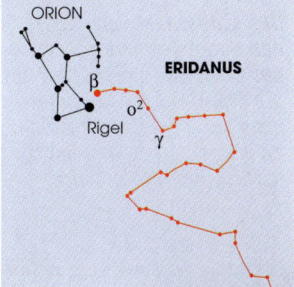

Dieses riesige Sternbild verkörpert den Fluß der Unterwelt. Er ist jedoch auf der nördlichen Hemisphäre (oberhalb von 25° nördlicher Breite) nicht mehr ganz zu sehen. Der größte Teil aller-dings, der einige Galaxien enthält, bleibt sichtbar.

△ *Rigel, der helle Stern des Sterbilds Orion, bildet die Grenze zum Sternbild Eridanus, das auf-grund seiner Form nicht leicht auf-findbar ist.*

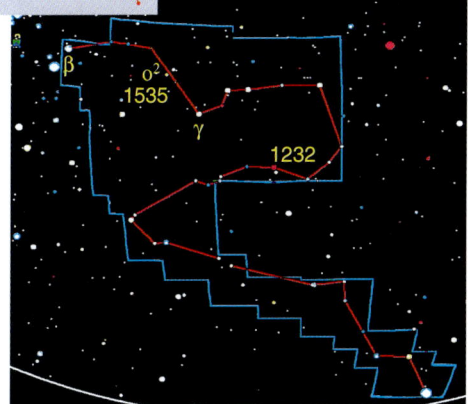

o²-(Omikron-)ERIDANI

Helligkeit
4,^{m}5, 9,^{m}5 und 11,^{m}1

Hinter diesem Stern verbirgt sich ein Dreifachsystem. Die Komponente B steht in 83" Distanz zu A und umrundet diesen innerhalb von 7000 Jahren. Die Komponente C umkreist den in 9" Distanz stehenden B in 248 Jahren.

NGC 1232

Helligkeit
9^m

Eine Spiralgalaxie in Frontalansicht. Ihre Ausdehnung beträgt 8'.

NGC 1535

Helligkeit
9,^{m}3

Bei 4° östlich von γ-(Gamma-)Eridani (Zaurak) erscheint dieser 2200 Licht-jahre entfernte planetarische Nebel als kleine Scheibe mit 1,3' Durchmesser. Die Helligkeit des Zentralsterns beträgt 11,^{m}8.

ORION

BEOBACHTUNG: Winter (Meridiandurchgang Anfang Februar um 21 Uhr WT).

Das Sternbild Orion, das über dem Südhorizont steht, ist vor allem für seinen großen Nebel M 42 bekannt, der ohne größere Schwierigkeiten mit bloßem Auge sichtbar ist.

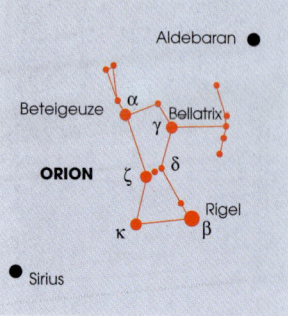

Der zwischen Sirius (im Großen Hund) und Aldebaran (im Stier) gelegene Orion enthält einige sehr helle Sterne wie Beteigeuze, Rigel oder Bellatrix und ist selbst eine Himmelserscheinung, die man nicht verfehlen kann. ▷

α-(Alpha)ORIONIS (BETEIGEUZE)

Helligkeit 0,^{m}4 bis 1,^{m}3

Dieser Riesenstern mit dem 700–1000fachen Sonnendurchmesser kann jeden Moment explodieren! Beteigeuze gehört nämlich zu den Sternen, die als Supernova enden. Wenn dies eintritt, wird er den Himmel über Wochen hinweg genauso hell erleuchten wie der Vollmond und wird auch am hellichten Tag noch zu sehen sein, bevor er zu einem Neutronenstern zusammenfällt. Nach neuesten Messungen ist er 400 Lichtjahre von der Erde entfernt.

σ-(Sigma)ORIONIS

Helligkeit 4^m, 6^m, 10^m, 7^m und 6^m

Direkt unterhalb des ersten Sterns, der den Gürtel des Orion bildet (ζ-[Zeta-]Orionis), gelegen, bildet dieser Stern ein fünffaches System. Außer dem nächsten Begleiter, dessen Distanz zum Hauptstern nur 0,25" beträgt, sind die anderen Komponenten in Distanzen von 11", 13" und 43" leicht aufzulösen.

M 42

Helligkeit 5^m

Der berühmte Orionnebel, eine Gaswolke in 1800 Lichtjahren Entfernung, ist ein Lieblingsobjekt für angehende Hobby-Astronomen. Der mit bloßem Auge sichtbare Nebel bietet schon im Feldstecher einen grandiosen Anblick.

Ein Fernrohr mit 60 mm Öffnung bietet eine Vergrößerung, in der M 42 als großer, viereckiger weißer Fleck erscheint. In einem Instrument mit 130 mm Öffnung werden auch die zahlreichen Ausuferungen sichtbar. Te-

◁ *M 42, der große Orionnebel.*

188

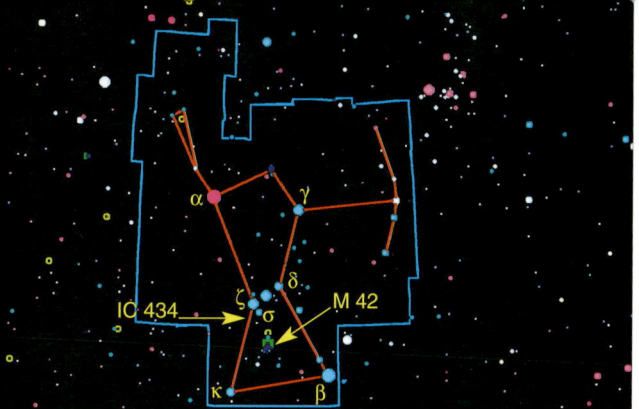

leskope mit 200 mm Öffnung und mehr zeigen eine Detailfülle innerhalb des Nebels. In der Mitte befindet sich eine Gruppe aus vier jungen Sternen, die schon mit einfachen Instrumenten zu trennen sind. Astronomen bezeichnen sie als »Trapez im Orionnebel«. Diese Gruppe kann Anfängern behilflich sein, den Wert des Winkelabstands zu erkennen, der immer wieder bei der Beobachtung von Doppelsternen genannt wird: Die beiden nächsten Sterne des Trapezes haben einen Abstand von 8,7" zueinander.

△ Dieser Ausschnitt zeigt den zentralen Teil von M 42, das sog. »Trapez des Orionnebels«, der auf Bildern vom ganzen Nebel meist überbelichtet ist.

IC 434 (PFERDEKOPFNEBEL)

Helligkeit
16ᵐ

Dieser riesige Nebel mit 1° Ausdehnung, dessen dunkler Teil den berühmten Pferdekopf bildet, ist für Amateure nicht sichtbar. Er kann nur durch ein Teleskop mit mindestens 250 mm Öffnung und unter besten Bedingungen betrachtet werden; nur dann erkennt man die typische Pferdekopfform vor einem hellen Streifen am Himmel. Die Gaswolke ist so lichtschwach, daß man sie am besten auf einem lange belichteten Foto festhält.

Der Pferdekopfnebel, der nur photographisch zufriedenstellend erfaßt werden kann. ▷

WASSERSCHLANGE (HYDRA)

BEOBACHTUNG: Frühjahr (Meridiandurchgang Anfang Mai um 21 Uhr WT).

Die Wasserschlange stellt ein sehr langgezogenes Sternbild dar, das sich von der Waage bis zum Einhorn erstreckt. In den hohen nördlichen Breiten steht sie sehr tief am Horizont. Sie enthält viele verschiedene interessante Objekte: einen engen Doppelstern, einen offenen Sternenhaufen, einen Kugelsternhaufen, eine Spiralgalaxie und einen planetarischen Nebel.

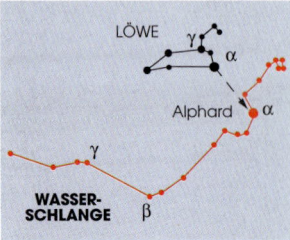

△ *Die Wasserschlange ist nicht einfach zu bestimmen. Die Verlängerung der Achse γ-(Gamma-)Leonis − α-(Alpha-) Leonis (Regulus) führt zu Alphard, dem Hauptstern der Hydra.*

β-(Beta-)HYDRAE

Helligkeit
4,ᵐ8 und 5,ᵐ6

Der mit bloßem Auge sichtbare zweite Stern des Sternbilds ist ein physischer Doppelstern, dessen zwei Komponenten sehr eng beieinander stehen. Die Distanz beträgt nur 0,9". Ein gutes Testobjekt für Teleskope mit 150 mm Öffnung.

R HYDRAE

Helligkeit
3,ᵐ5 bis 10,ᵐ9

Dieser Stern ist ein langperiodischer Veränderlicher (387 Tage). Während des Helligkeitsminimums strahlt er 250mal schwächer als während des Maximums. In beiden Fällen ist er durch ein Fernrohr mit 60 mm Durchmesser sichtbar.

M 48

Helligkeit
5,ᵐ8

Dieser offene Sternenhaufen an der Grenze der Sichtbarkeit für das bloße Auge kann ohne Schwierigkeiten mit dem Feldstecher betrachtet werden. Im Teleskop bietet er einen großartigen Anblick: Er besteht aus nicht weniger als 50 Sternen. Mit 50' Ausdehnung hat diese 1700 Lichtjahre entfernte Sterngruppe einen wahren Durchmesser von 20 Lichtjahren.

M 68

Helligkeit
8,ᵐ2

Dieser Kugelsternhaufen in 46 000 Lichtjahren Entfernung ist kein besonders außergewöhnlicher Sternhaufen. Mit einem scheinbaren Durchmesser von 12,5' lassen sich seine Sterne mit den meisten Teleskopen nicht auflösen. Erst durch ein Teleskop mit 150 mm Öffnung lassen sich einzelne Sterne unterscheiden. In hohen nördlichen Breiten überschreitet er kaum den Horizont, weshalb er dort nur schwer zu beobachten ist.

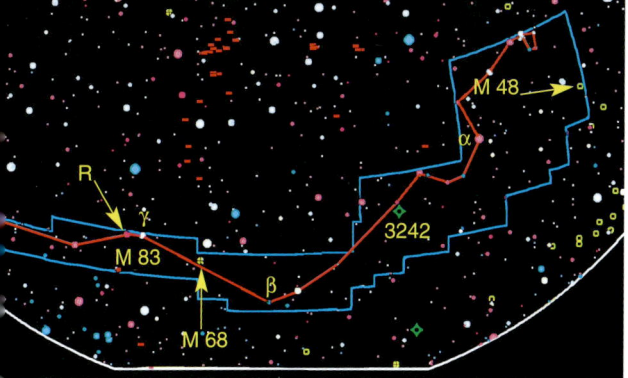

M 83

Helligkeit 8ᵐ

Diese Galaxie zählt zu den hellsten am Südhimmel. Durch ein Teleskop mit mittlerer Öffnung (um 150 mm) lassen sich die Spiralarme erkennen. Jenseits von 45° nördlicher Breite wird die Beobachtung wegen der geringen Höhe am Horizont stark erschwert. M 83 ist ungefähr 10 Mio. Lichtjahre entfernt und hat einen Durchmesser von annähernd 30 000 Lichtjahren. Im Inneren der Galaxie wurden schon einige Supernovae beobachtet: nicht weniger als vier innerhalb von 50 Jahren!

Die Spiralgalaxie M 83 durch ein großes Teleskop betrachtet. ▷

NGC 3242

Helligkeit 9ᵐ

Dieser planetarische Nebel liegt zwar in einem Bereich, der für europäische Astronomen weniger günstig ist, dennoch zählt er zu den interessantesten Objekten. Sein Zentralstern (der Helligkeit 11,4) ist theoretisch schon durch ein Fernrohr mit 80 mm Öffnung sichtbar. Da er sich jedoch am »Boden« einer leuchtenden Gasschicht befindet, ist er nur schwer sichtbar. Die elliptische Gashülle scheint von zwei »Ringen« umgeben zu sein. Der mittlere ist heller und mißt 26" x 16". Der äußere ist schwächer und hat eine Ausbreitung von 40". Durch ein Teleskop mit 200 oder 250 mm Öffnung lassen sich beide Strukturen gut erkennen. Der wahre Durchmesser des 3000 Lichtjahre entfernten Nebels beträgt etwa 0,6 Lichtjahre.

EINHORN

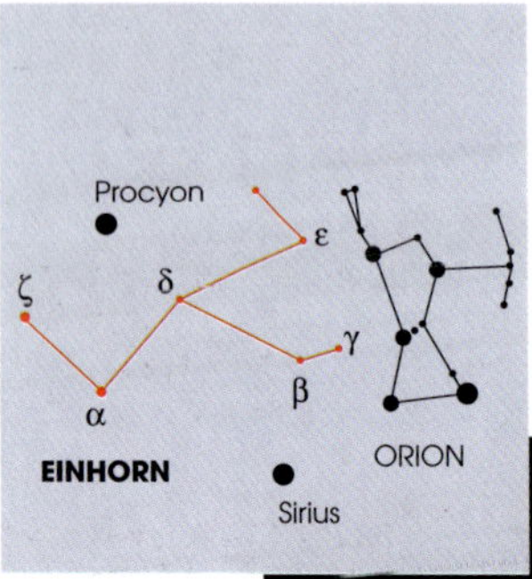

Dieses ziemlich weitläufige Sternbild weist zwar keine hellen Sterne auf, enthält aber mehrere für den Hobby-Astronomen attraktive Objekte. Dazu gehören auch der eindrucksvolle Conus- und der Rosetten-Nebel.

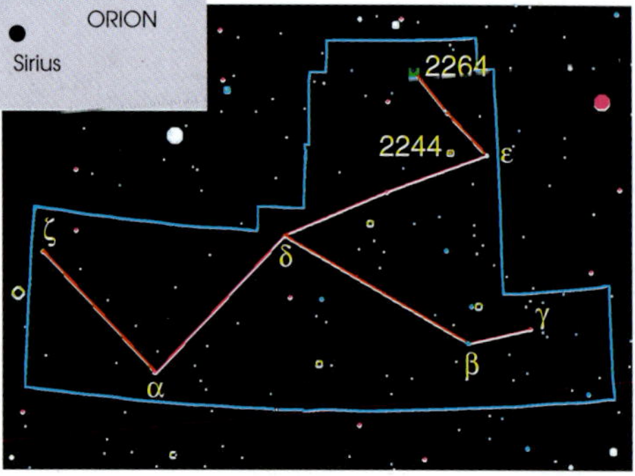

△ *Das Einhorn liegt direkt neben dem Orion und erstreckt sich zwischen Procyon und Sirius.*

β-(Beta-)MONOCEROTIS

Helligkeit
4,ᵐ7, 5,ᵐ2 und 5,ᵐ6

Diese physische dreifache Stern in über 200 Lichtjahren Entfernung läßt sich sehr einfach betrachten. Die beiden Begleiter befinden sich in einer Distanz von 7,3" und 2,8" zum Hauptstern.

NGC 2244 (ROSETTEN-NEBEL)

Helligkeit
4,ᵐ8

Der bei dunklem Himmel mit bloßem Auge sichtbare offene Sternhaufen NGC 2244 ist mit dem Feldstecher unter allen Umständen zu sehen. Er besteht aus 12 Sternen der Helligkeit 6ᵐ und ist umgeben von einem Nebel, aus dem seine Sterne gebildet wurden. Doch dieser 5500 Lichtjahre entfernte Nebel zeigt sich nur in großen Teleskopen oder auf lange belichteten Photographien.

NGC 2264 (CONUSNEBEL)

Helligkeit
10ᵐ

Bei diesem, mit kleinen astronomischen Instrumenten zugänglichen Nebel fällt besonders eine veränderliche Helligkeit auf. In Wirklichkeit ist es jedoch der die Wolke erhellende Stern, der in der Helligkeit variiert. Dieses Objekt ist 2600 Lichtjahre entfernt und hat eine Ausbreitung von 50'.

BEOBACHTUNG: Winter (Meridiandurchgang Mitte Februar um 21 Uhr WT).

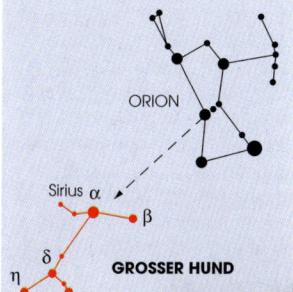

Das Sternbild Großer Hund liegt an den niedrigen südlichen Breiten und ist für Beobachter auf der Nordhalbkugel leicht sichtbar. Sein Hauptstern Sirius ist der hellste Stern am Himmel. In seiner Nähe befindet sich ein schöner offener Sternenhaufen.

△ Das Auffinden des Großen Hunds am Winterhimmel bereitet keine größeren Probleme. Die drei Gürtelsterne des Orion zeigen direkt auf Sirius, dem Stern, dessen Helligkeit nur noch von Sonne, Mond, Venus, Jupiter und Mars übertroffen wird.

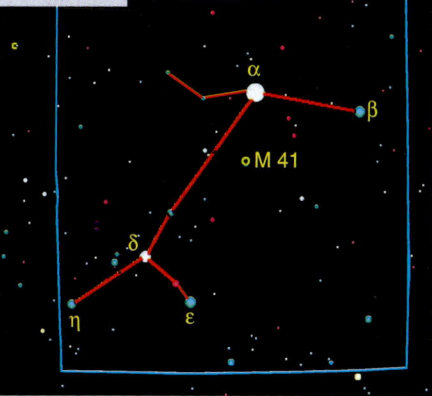

α-(Alpha-)CANIS MAIORIS (SIRIUS)

Helligkeit -1,ᵐ5 und 8,ᵐ7

Die Beobachtung des hellsten Sterns am Himmel durch ein Teleskop ist nicht besonders interessant: Es bleibt eine punktförmige Lichtquelle. Eigentlich ist dieser 8,61 Lichtjahre entfernte Stern ein Doppelstern. Innerhalb von 50 Jahren umkreist ihn ein weißer Zwerg. Um ihn zu sehen, benötigt man ein Teleskop mit mindestens 250 mm Öffnung. Die Distanz zwischen beiden Sternen beträgt 11". Außerdem muß der Himmel sehr klar sein, um den lichtschwachen Begleiter des sehr hellen Sirius erkennen zu können. Der Punkt der größten Entfernung wird wieder 2019 erreicht – also Geduld.

M 41

Helligkeit 4,ᵐ5

Dieser offene Sternenhaufen liegt 4° südlich von Sirius und ist ein für kleine Instrumente gut sichtbares Objekt. Seine Entfernung beträgt 2350 Lichtjahre.

HASE

Beobachtung: Winter (Meridiandurchgang Anfang Februar um 21 Uhr WT).

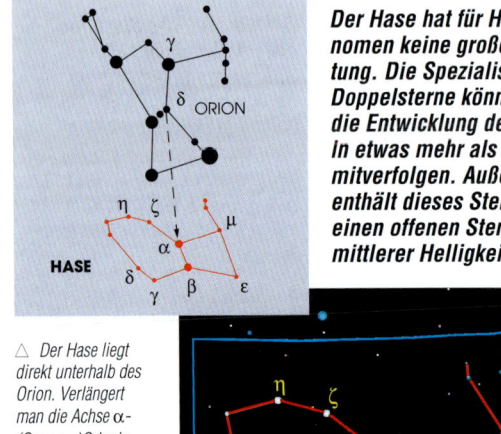

Der Hase hat für Hobby-Astronomen keine große Bedeutung. Die Spezialisten für Doppelsterne können jedoch die Entwicklung des Sterns R in etwas mehr als einem Jahr mitverfolgen. Außerdem enthält dieses Sternbild einen offenen Sternenhaufen mittlerer Helligkeit.

△ Der Hase liegt direkt unterhalb des Orion. Verlängert man die Achse α-(Gamma-)Orionis – δ-(Delta-) Orionis, so trifft man in etwa auf α-(Alpha-) Leporis.

R LEPORIS

Helligkeit
5,^{m}5 bis 10^{m}7

Während seiner maximalen Helligkeit ist dieser veränderliche Stern mit bloßem Auge zu sehen. In der folgenden, 432 Tage andauernden Periode nimmt seine Leuchtkraft so stark ab, daß sie wieder 100mal stärker werden muß, um das Maximum zu erreichen. R Leporis ist ungefähr 1500 Lichtjahre entfernt.

M 79

Helligkeit
8,^{m}4

Verlängert man die Verbindungslinie der zwei hellsten Sterne des Sternbilds nach Süden, so trifft man auf einen 43 000 Lichtjahre entfernten Kugelsternhaufen. Mit einer Ausbreitung von etwa 8' ist er nicht sehr leicht in Einzelsterne auflösbar. Man benötigt dazu ein Instrument mit 200 oder 250 mm Öffnung.

BEOBACHTUNG: Frühjahr (Meridiandurchgang Mitte April um 21 Uhr WT).

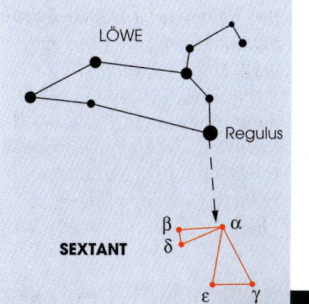

Dieses südliche Sternbild enthält für einen Hobby-Astronomen ziemlich wenig interessante Objekte. Erwähnenswert sind vor allem ein Doppelstern und eine Galaxie. Der Sextant läßt sich am besten im Frühjahr beobachten.

△ *Es ist nicht schwer, den Sextanten aufzufinden, da er direkt südlich des hellen Regulus aus dem Sternbild Löwen steht. Dafür ist es schwieriger, seine Form zu erkennen, da sie keine hellen Sterne enthält: Auch der Hauptstern hat nur eine Helligkeit von 4,ᵐ5.*

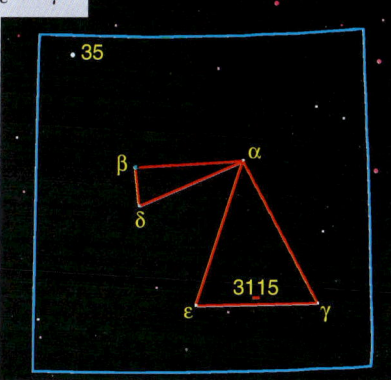

35 SEXTANTIS

Helligkeit 6,ᵐ3 und 7,ᵐ4

Die zwei Komponenten dieses für das bloße Auge unsichtbaren Doppelsterns stehen in einer Distanz von 6,8".

NGC 3115

Helligkeit 9,ᵐ3

Diese elliptische Galaxie sieht man von der Seite, was ihr ein linsenförmiges Aussehen verleiht. Sie ist 25 Mio. Lichtjahre entfernt und hat einen Durchmesser von ungefähr 30 000 Lichtjahren.

BECHER

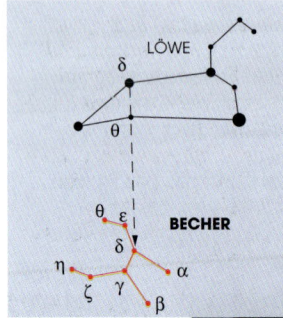

Der Becher ist ein Sternbild des Südhimmels, kann aber im Frühjahr auch auf der Nordhalbkugel gesehen werden. Er enthält einige Galaxien und Nebel, die auch für den Laien mit einfachen Instrumenten von Interesse sind.

△ *Der Hauptstern des Bechers, δ-(Delta-)Crateris (ausnahmsweise nicht α), hat eine Helligkeit von 3,^{m}8 und kann schnell aufgefunden werden, indem man die Verbindungslinie von δ-(Delta-)Leonis und θ-(Theta-)Leonis um das Sechsfache verlängert. Die Form des Bechers ist nicht so deutlich zu sehen, da die einzelnen Sterne recht schwach leuchten.*

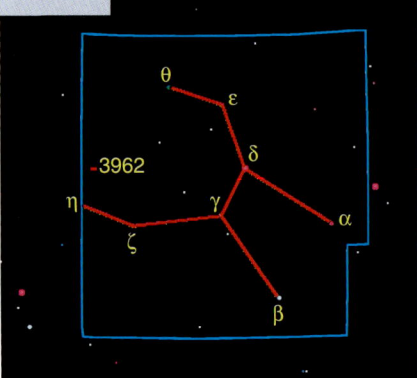

γ-(Gamma)CRATERIS

Helligkeit 4,^{m}1 und 9,^{m}5

Dieser Doppelstern ist das einzige Objekt dieses Sternbildes, das der Amateur leicht beobachten kann. Die 84 Lichtjahre von der Erde entfernten Sterne befinden sich in 5,2" Distanz zueinander.

NGC 3962

Helligkeit 10^m

Diese elliptische Galaxie ist zwar nicht besonders bemerkenswert, doch ist sie im Sternbild Becher die einzige, die auch für Hobby-Astronomen zugänglich ist. Sie erstreckt sich am äußersten Rand des Sternbilds als blasser Fleck über 3,3'. Koordinaten: AR = 11h 54,6 min; D = -13° 57,5'.

BEOBACHTUNG: Frühjahr (Meridiandurchgang Anfang Mai um 21 Uhr WT).

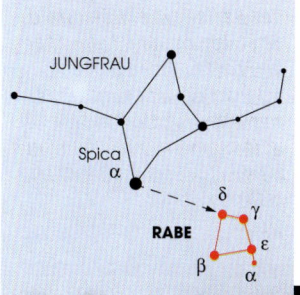

Der Rabe steht in der Nachbarschaft des Bechers und enthält eine Besonderheit des Himmels: zwei »kollidierende« Galaxien. Leider ist dieses Objekt für den Laien nur schwer zu beobachten. Dafür lässt sich aber der Doppelstern δ-(Delta-)Corvi sehr leicht trennen.

△ *Die vier Hauptsterne des Raben bilden ein Trapez westlich von α-(Alpha-) Virgo (Spica), dem hellsten Stern der Jungfrau.*

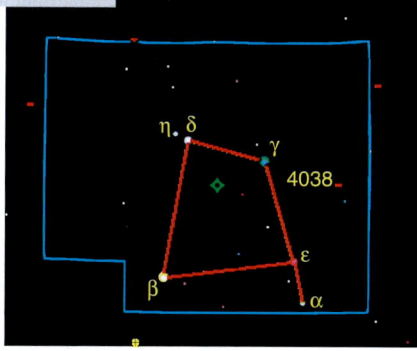

δ-(Delta-)CORVI (ALGORAB)

Helligkeit
3^m und 8,^{m}4

John Herschel war 1823 der erste, der diesen Doppelstern erkannte. Trotz der beachtlichen Entfernung zwischen den beiden Komponenten (24,2") handelt es sich um ein physisches Paar in 88 Lichtjahren Entfernung.

NGC 4038 (DIE FÜHLER)

Helligkeit
10,^{m}8

Hierbei handelt es sich um zwei zusammentreffende Galaxien. Ihre Bezeichnung rührt von den zwei »Sternfäden« her, die aus ihnen herausragen. Leider sind sie jedoch für die Betrachtung in einem Amateurteleskop zu schwach. In einem solchen Instrument sehen die beiden Galaxien wie ein umgekehrtes Fragezeichen aus.

WAAGE

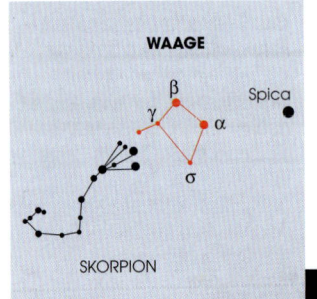

Zwar ist dieses Tierkreissternbild ziemlich groß, es zeichnet sich am Himmel allerdings nicht stark ab. Es besteht aus verhältnismäßig einfachen Sternen, die eine nur schwer erkennbare Figur bilden.

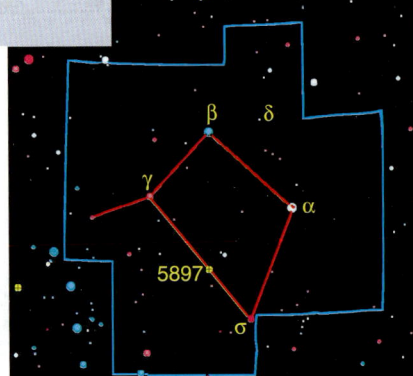

△ *Die Waage liegt direkt vor dem Kopf des Skorpions, der dank Antares leicht auffindbar ist. Im Westen grenzt sie an die Jungfrau und deren auffälligen Hauptstern Spica..*

α-(Alpha-)LIBRAE (ZUBEN ELGENUBI)

Helligkeit 5,^{m}2 und 2,^{m}8

Dieser Stern, dessen Name »Südliche Schere (des Skorpions)« bedeutet (Zuben Eschemali ist die »Nördliche Schere«) ist ein optischer Doppelstern, der schon mit einem Feldstecher aufgelöst werden kann (der Winkelabstand zwischen den Sternen beträgt 231"). Der hellere ist 77 Lichtjahre entfernt.

δ-(Delta-)LIBRAE

Helligkeit 4,^{m}8 bis 5,^{m}9

Bei diesem Stern handelt es sich um einen Bedeckungsveränderlichen vom Typ Algol. Alle 2 Tage, 7 Stunden und 41 Minuten bedeckt die dunklere Komponente einen großen Teil der helleren Komponente, woraufhin die Gesamthelligkeit dieses Systems für sechs Stunden auf das Minimum zurückgeht.

NGC 5897

Helligkeit 10^m

Dieser Kugelsternhaufen in 40 000 Lichtjahren Entfernung enthält vergleichsweise wenig Sterne.

BEOBACHTUNG: Sommer (Meridiandurchgang Mitte August um 21 Uhr WT).

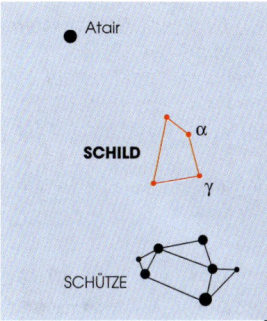

Das Sternbild des (Sobieskischen) Schildes wurde erst im 17. Jh. »entdeckt«. Er ist an Sommerabenden sichtbar, enthält veränderliche Sterne und schöne offene Sternhaufen.

△ *Der Schild befindet sich genau oberhalb des Schützen und unterhalb des Adlers mit seinem hellsten Stern, Atair, der einen Eckpunkt des Sommerdreiecks bildet.*

δ-(Delta-)SCUTI

Helligkeit
5ᵐ bis 5ᵐ2

Dieser Stern ist ein Veränderlicher, der in einer Periode von 4 Stunden und 39 Minuten zunimmt und wieder zur Hälfte abnimmt. In 52" Distanz befindet sich ein weiterer Stern, der sich jedoch nicht im Anziehungsbereich befindet.

M 11

Helligkeit
5,ᵐ8

Dieser schöne offene Sternhaufen, dessen zentraler Teil auch als »Wildentenhaufen« bezeichnet wird, ist theoretisch mit bloßem Auge sichtbar, doch muß dazu der Himmel sehr dunkel sein. Mit einem Feldstecher ist er zu sehen, und schon in einem kleinen Teleskop bietet er einen atemberaubenden Anblick. Durch ein Instrument mit 250 mm Öffnung erkennt man rund 100 der 500 Sterne, die diesen Haufen in 5500 Lichtjahren Entfernung bilden.

M 26

Helligkeit
8ᵐ

Dieser zweite offene Sternhaufen ist mit einem Amateurteleskop zugänglich und befindet sich in 4900 Lichtjahren Entfernung.

SCHLANGENTRÄGER

BEOBACHTUNG: Sommer (Meridiandurchgang Mitte Juli um 21 Uhr WT).

Dieses sehr große Sternbild enthält zahlreiche Kugelstern-haufen. Es enthält außerdem den schnellsten Stern des Him-mels (d. h. den mit der größten beobachteten Eigenbewegung).

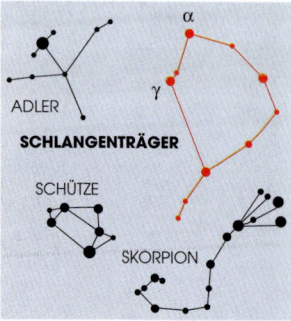

Es gibt keine eindeutigen Richtlinien, die direkt zum Schlangenträger führen. Dieses der Form nach schwer faßbare Sternbild ist vom Skorpion, dem Schützen und dem Adler (mit Atair, einem Stern des Sommerdreiecks) umgeben. ▷

70 OPHIUCHI

Helligkeit 4,^{m}3 und 6,^{m}0

Der 4°23' von γ-(Gamma-)Ophiuchi gelegene Doppelstern wurde 1779 von dem Deutschen Astronomen Wilhelm Herschel entdeckt und zählt zu den bekanntesten seiner Art. Der zweite Stern umläuft den Hauptstern in etwas weniger als 88 Jahren. Noch 1933 betrug die Distanz 6,7", bis heute ging sie auf 1,7" zurück. Dieses Doppelsystem ist nur 16,6 Lichtjahre von der Er-de entfernt.

BARNARDS PFEILSTERN

Helligkeit 9,^{m}5

Dieser leuchtschwache rote Zwergstern mit einer Helligkeit von 9,5 ist nach Alpha Centauri der sonnennächste Stern (mit nur sechs Lichtjahren Entfer-nung) und er ist der Stern mit der größten bekannten Eigenbewegung. Jedes Jahr verändert sich seine Position um 10,29", was bedeutet, daß nach eini-gen Jahren seine Lageveränderung schon mit einem Amateurteleskop fest-gestellt werden kann. Die größte Schwierigkeit besteht darin, ihn in einer Distanz von weniger als 1° westlich von 66 Ophiuchi auszumachen, denn er ist ziemlich leuchtschwach und man benötigt einen genauen Atlas, um ihn zu finden. Koordinaten: AR = 17h 55,4 min; D= 04°24'.

M 9

Helligkeit 7,^{m}9

M9 gehört zu den dem Milchstraßenzentrum am nächsten gelegenen Kugel-sternhaufen. Seine Entfernung zum galaktischen Kern beträgt etwa 7000 Lichtjahre. Die Entfernung zur Erde dagegen beläuft sich auf 26 000 Licht-jahre. Er zählt zwar nicht zu den eindrucksvollsten Kugelsternhaufen, doch ist er mit allen Amateurinstrumenten gut zugänglich.

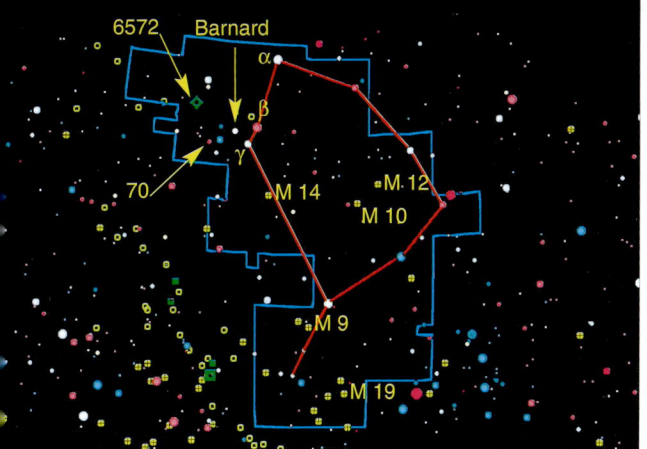

M 10

Helligkeit 6,^{m}8

Dieser mit dem Feldstecher leicht auffindbare Kugelsternhaufen ist 19 000 Lichtjahre entfernt und liegt im Zentrum des Sternbilds. Durch ein Teleskop mit 150 mm Öffnung kann er zum Teil in Einzelsterne aufgelöst werden.

M 12

Helligkeit 7^m

In der Nähe von M 10 (bei 3°23') liegt mit M 12 ein weiterer Kugelsternhaufen. Die beiden Objekte sind in Wirklichkeit sehr nahe beieinander, denn sie trennen nur 2000 Lichtjahre. M 12 ist, mit einem scheinbaren Durchmesser von 14,5', nicht sehr dicht, weshalb sich einzelne Sterne schon mit einfacheren Teleskopen auflösen lassen.

M 14

Helligkeit 7,^{m}7

Dieser östlich von M 10 und M 12 gelegene Kugelsternhaufen ist reichhaltiger als die beiden anderen, er ist aber mit ungefähr 33 000 Lichtjahren Abstand viel weiter entfernt.

M 19

Helligkeit 7^m

Dieser auch für Laien leicht zugängliche Kugelsternhaufen ist einer der wenigen mit ovaler Form. Er scheint etwas weiter entfernt zu sein als M 10 und M 12.

NGC 6572 (SMARAGDNEBEL)

Helligkeit 9,^{m}6

Dieser planetarische Nebel hat seinen Beinamen aufgrund der grünbläulich gefärbten Scheibe, deren scheinbarer Durchmesser 15" beträgt. Das schwer auffindbare Objekt liegt etwa mehr als 2° südöstlich von 71 Ophiuchi.

JUNGFRAU

Dieses große Tierkreis-sternbild ist besonders reich an Galaxien. Im Norden der Konstellation befinden sich einige der nächsten Galaxienhaufen im Universum.

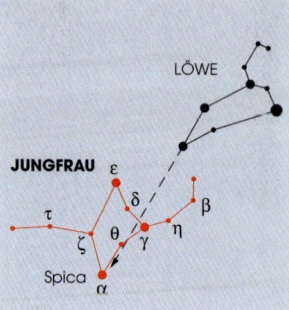

Die Jungfrau folgt auf der Bahn der Ekliptik direkt dem Löwen. Die Gerade Zosma-Dene-bola (im Löwen) führt direkt zu Spica, dem Hauptstern der Jungfrau, der unter den hellsten Sternen an 16. Stelle steht. ▷

γ-(Gamma-)VIRGINIS (PORRIMA)

Helligkeit 3,ᵐ5 und 3,ᵐ5

Dies ist einer der schönsten Doppelsterne. Seine beiden Komponenten stehen nur weniger als 4" auseinander und besitzen die gleiche Helligkeit, was die Beobachtung erleichtert. Die Zeit des sehr exzentrischen Umlaufs beträgt 172 Jahre. Noch 1920 lag die Distanz bei 6,3" und bis etwa 2007 wird sie auf 0,3" abnehmen. Der Stern wird dann in Amateurteleskopen wie ein Einzelstern aussehen. Die Entwicklung dieses Systems eignet sich dann ganz gut für die Erprobung astronomischer Instrumente.

VIRGOHAUFEN

Helligkeit k. A.

Alle folgenden Galaxien gehören einem Galaxienhaufen in ungefähr 70 Mio. Lichtjahren Entfernung an. In einem Amateurteleskop wirken die hellsten Galaxien dieses großen Haufens wie verschwommene Flecken.

M 49

Helligkeit 8,ᵐ6

Diese elliptische Galaxie erstreckt sich über 9,2' und hat einen wahren Durchmesser von 50 000 Lichtjahren. Sie zeigt sich als runder Fleck.

M 58

Helligkeit 10ᵐ

M 58 läßt sich unter den anderen Galaxien am Nordrand dieses Sternbildes nur mit einer guten Himmelskarte und mit viel Geduld auffinden. Es handelt sich um eine Balkenspiralgalaxie, deren Form man durch ein Teleskop mit 200 mm Öffnung erkennt. Ihr ungefährer Durchmesser liegt vermutlich bei 50 000 Lichtjahren.

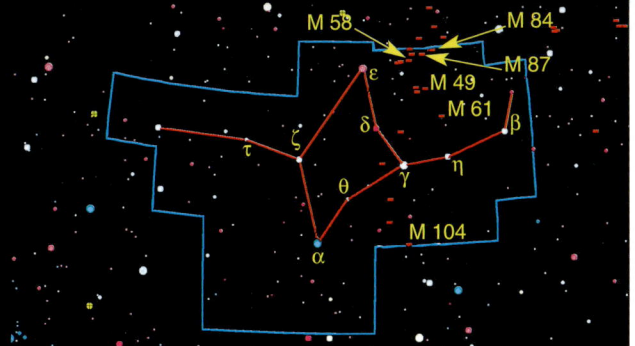

M 61 Helligkeit 9^m

Inmitten elliptischer Galaxien bietet M 61 einen frontalen Blick auf ihre Spiralarme, die jedoch nur mit einem starken Instrument zu erkennen sind.

M 84 Helligkeit 9,^{m}4

Diese Galaxie ist die westlichste der Gruppe an der Grenze zwischen Jungfrau und Haar der Berenike. Es ist eine helle elliptische Galaxie mit einem Durchmesser von 25 000 Lichtjahren.

M 87 Helligkeit 8^m

Diese große elliptische Galaxie mit 790 Mrd. Sonnenmassen befindet sich in derselben Himmelsgegend. Aus ihrem Kern strömt ein starker Materie-»Jet«. Die 1994 vom Weltraumteleskop Hubble durchgeführten Beobachtungen deuten auf ein gigantisches Schwarzes Loch hin, das diesen Jet vermutlich verursacht. In einem Amateurteleskop sieht man diese Galaxie als ovalen Fleck. Der Materie-Jet bleibt unsichtbar.

M 104 (SOMBRERO-NEBEL) Helligkeit 8,^{m}7

Diese halb von der Seite zu sehende Spiralgalaxie steht tief am Horizont. Sie verdankt ihren Namen dem Aussehen, das ihr die Gas- und Staubwolken verleihen. Ihre langgestreckte Form erkennt man selbst mit einem einfachen Instrument. Um den dunklen Balken zu erkennen, benötigt man ein Teleskop mit 200 mm Öffnung. Diese Galaxie ist eine der Galaxien, anhand derer man zu Beginn des 20. Jh. die Expansion des Universums erkannte.

Der Sombrero-Nebel, eine der ersten Galaxien, deren Fluchtgeschwindigkeit gemessen wurde. ▷

SCHLANGE

BEOBACHTUNG: Sommer (Meridiandurchgang Mitte Juli um 21 Uhr WT).

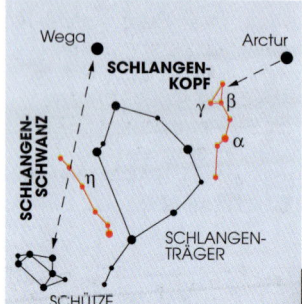

Die Schlange ist das einzige zweigeteilte Sternbild. Sie wird vom Schlangenträger unterbrochen.

◁ *Der Schlangenkopf befindet sich östlich von Arctur in der Verlängerung der Achse Alioth-Benetnasch (im Großen Bären). Der Schlangenschwanz liegt oberhalb des Schützen in Richtung Wega.*

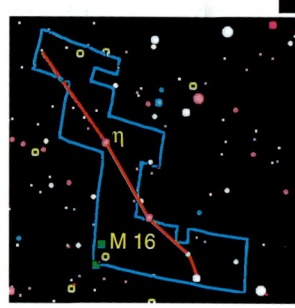

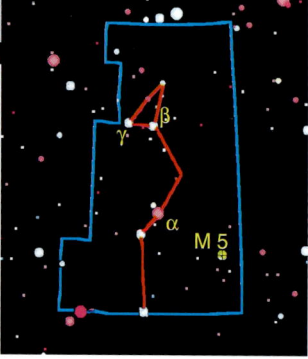

M 5

Helligkeit 6,^{m}2

Dies ist einer der schönsten Kugelsternhaufen am Himmel. Er ist 27 000 Lichtjahre entfernt und ist ein gutes Beobachtungsobjekt für Hobby-Astronomen, das auch im Feldstecher gut zu sehen ist.

M 16 (KÖNIGIN-NEBEL)

Helligkeit 6^m

Die auch als »Adlernebel« bezeichnete Wolke aus Gas und Staub ist 8000 Lichtjahre entfernt und ist ein Ort, in dem Sterne entstehen. Ein gutes Teleskop

mit 150 mm Öffnung läßt schon Details erkennen. In einem Teleskop mit 200 mm Öffnung kann man sehen, daß die Ränder des Nebels von dunklen Wolken »angeknabbert« sind.

◁ *M 16, eine Wiege für Sterne*

BEOBACHTUNG: Sommer (Meridiandurchgang Anfang September um 21 Uhr WT).

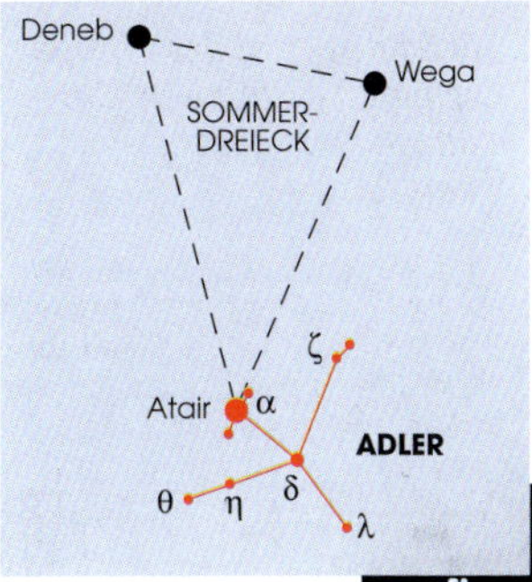

Als schönes Sommersternbild bietet der Adler trotz der großen Ausdehnung dem Hobby-Astronomen relativ wenige interessante Objekte. Und obwohl er am galaktischen Äquator liegt, enthält er keinen Nebel.

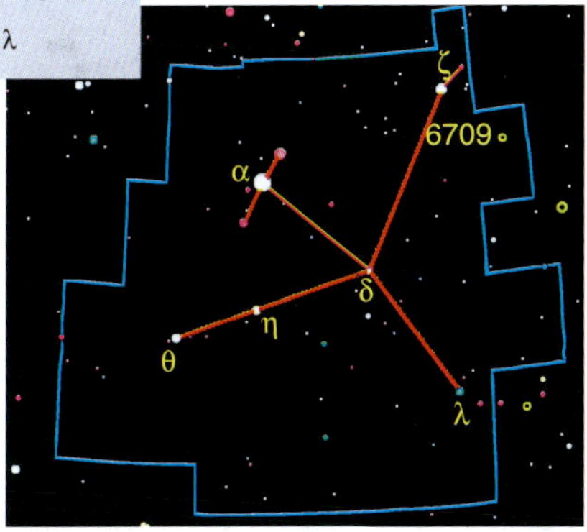

△ *Den Adler kann man nicht verfehlen, da Atair, sein Hauptstern, einen Eckpunkt des Sommerdreiecks bildet.*

α-(Alpha-)AQUILAE (ATAIR)

Helligkeit
0,^{m}8 und 10^m

Der erste Stern des Adlers steht unter den hellsten Sternen an 16. Stelle. Er ist ein optischer Doppelstern, dessen Begleiter sich in einer Distanz von 165" befindet. Der Abstand zwischen Atair und Sonne beträgt 16,8 Lichtjahre.

η-(Eta-)AQUILAE

Helligkeit
3,^{m}7 bis 4,^{m}4

Dieser Stern ist ein Veränderlicher vom δ-(Delta-)Cephei-Typ mit einer Periode von sieben Tagen. Der Übergang von der minimalen zur maximalen Helligkeit dauert nur zwei Tage.

NGC 6709

Helligkeit
6,^{m}7

NGC 6709 steht am westlichen Rand des Sternbilds und ist der zugänglichste offene Sternhaufen des Adlers. In einem Feld von 12' enthält er etwa 40 Sterne.

SKORPION

Der Skorpion ist ein sehr reichhaltiges Tierkreis- sternbild, das Sternhaufen aller Art enthält.

Um den Skorpion aufzufinden folgt man am besten der Milchstraße. Vom Sternbild Schwan aus (Deneb ist ein Eckpunkt des Sommerdreiecks) führt das milchige Band unserer Galaxie direkt zu einen Bereich hoher Sternendichte, in dem sich auch Antares befindet, der rote Riesenstern, der den Skorpion beherrscht. ▷

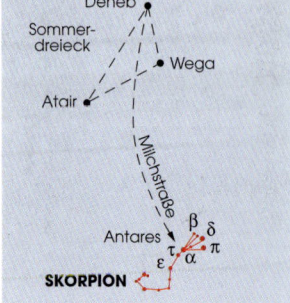

μ-(My-)SCORPII

Helligkeit
3^m und $3{,}^m6$

Dieser Doppelstern ist wahrscheinlich ein physisches Paar, bei dem die Bewegung der beiden Komponenten fast identisch ist. Die Distanz zwischen beiden Sternen beträgt 346"; sie bilden so ein System, das mit bloßem Auge erkennbar ist. Von der Erde sind die beiden Sterne 800 Lichtjahre entfernt.

M 4

Helligkeit
$6{,}^m4$

Dieser Kugelsternhaufen zählt zu den größten und am nächsten gelegenen (6000 Lichtjahre Entfernung). Aufgrund seiner Helligkeit ist er in dunklen Nächten mit bloßem Auge sichtbar. In mittleren nördlichen Breiten ist seine Helligkeit aufgrund der geringen Höhe des Skorpions über dem Horizont jedoch geschwächt. Schon mit einem einfachen Feldstecher ist sein weißlicher Schein eindeutig erkennbar. Durch ein Instrument mit 100 mm Öffnung können bereits Details in seinem Kern aufgelöst werden, vor allem eine Art Balken, der aus einer Reihe dicht gedrängter Sterne besteht.

Ganz in der Nähe von Antares liegt M 4, einer der hellsten Kugel- sternhaufen des Himmels. ▷

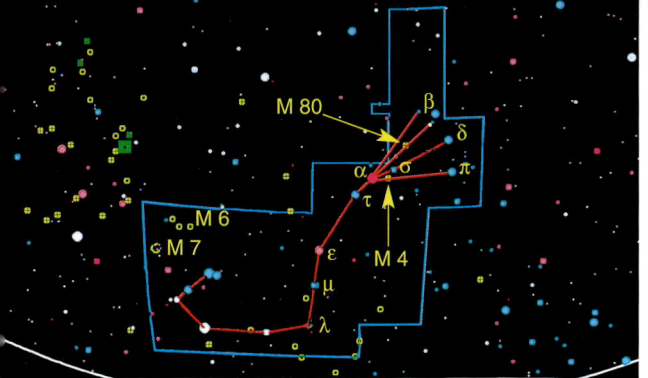

M 6 (SCHMETTERLINGSHAUFEN)

Helligkeit
4,^{m}2

Dieser schon seit dem Altertum bekannte offene Sternhaufen enthält Sterne der Helligkeit 6^m bis 11^m, die in der Form eines Schmetterlings mit geöffneten Flügeln angeordnet sind. Die wahre »Flügelspannweite« beträgt etwa neun Lichtjahre. Schon das einfachste astronomische Instrument bietet einen eindrucksvollen Anblick dieser 2000 Lichtjahre entfernten Sternengruppe.

M 7

Helligkeit
3,^{m}3

Auch dieser offene Sternhaufen ist mit bloßem Auge gut sichtbar. Er erstreckt sich über 1°, enthält 60 Sterne der Helligkeit 6^m bis 10^m und ist etwas mehr als 800 Lichtjahre von unserem Sonnensystem entfernt. Zur Beobachtung dieses Objekts eignen sich am besten Feldstecher.

M 62

Helligkeit
6,^{m}6

Dieser relativ helle Kugelsternhaufen liegt 7° südöstlich von α-(Alpha-) Scorpii (Antares). Dennoch erscheint uns dieser inmitten des galaktischen Zentrums gelegene Haufen in einem ziemlich schwachen Licht, da Staub und interstellares Gas einen Teil der Helligkeit verschlucken. Ohne diese Absorption würde seine Helligkeit vermutlich zwei Magnituden mehr betragen. Auch im Teleskop bietet der 26 000 Lichtjahre entfernte Haufen mit 14,5' Durchmesser einen nebelhaften Anblick, der an einen Kometen erinnert. Man benötigt ein Teleskop mit 300 mm Öffnung um einige seiner Sterne auflösen zu können.

M 80

Helligkeit
7,^{m}2

Der Kugelsternhaufen M 80 ist leicht auffindbar, da er sich genau auf der gedachten Linie zwischen den zwei hellsten Sternen des Skorpions, α-(Alpha-) Scorpii (Antares) und β-(Beta-)Scorpii befindet. Dieses Objekt hat eine Entfernung von 36 000 Lichtjahren und 50 Lichtjahre Durchmesser (entspr. 9,2').

SCHÜTZE

BEOBACHTUNG: Sommer (Meridiandurchgang Mitte August um 21 Uhr WT).

***Der Schütze ist ein großes Tier-
kreissternbild, das in Deutschland nicht ganz zu sehen ist,
da es sehr tief am Nord-
horizont steht. Es enthält den
hellsten Teil der Milchstraße.***

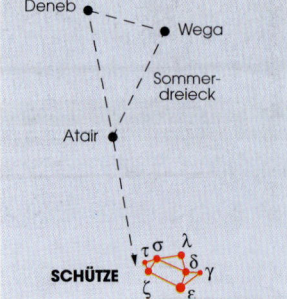

*Der Schütze liegt im Osten des Skorpions.
Wenn man die Gerade Deneb-Atair (im Sommerdreieck) um dieselbe Distanz verlängert,
trifft man direkt auf die Mitte des Sternbilds,
(etwas östlich der hellsten Sterne).* ▷

DIE MILCHSTRASSE

Im Schützen leuchtet die Milchstraße heller als anderswo, einfach weil sich
in dieser Himmelsrichtung das Zentrum der Galaxie befindet. Die milchige
Bahn, wie sie das Auge wahrnimmt, ist die Summe des Lichts von vielen
Milliarden Sternen. Wenn man diesen Bereich mit dem Feldstecher oder mit
einem Teleskop betrachtet, erblickt man Myriaden von Sternen.

M 8 (LAGUNENNEBEL)

Helligkeit
$5{,}^{\mathrm{m}}9$

Neben M 42 im Orion ist M 8 ein zweiter großer Nebel am Nordhimmel, der
mit bloßem Auge sichtbar ist. In einem kleinen Instrument erkennt man einen
fahlen Fleck, der einen offenen Sternenhaufen umschließt (NGC 6530). Ein
Band aus dunklem Staub, das erst durch ein Teleskop mit 200 oder 250 mm
Öffnung sichtbar wird, trennt

diesen in zwei Teile. Dieser sehr
schöne Nebel, in dem sich
zahlreiche neue Sterne bilden,
befindet sich in 5200 Lichtjahren Entfernung.

◁ *Der Lagunen- (links) und der
Trifidnebel (rechts) in direkter Nachbarschaft.*

M 20 (TRIFIDNEBEL)

Helligkeit
$7{,}^{\mathrm{m}}5$

Etwas mehr als 1° nördlich von M8 befindet sich ein weiterer schöner Nebel:
M 20. Er breitet sich über 25′ aus; sein hellster Bereich ist durch eine dunkle
Struktur, die man bei guter Sicht in einem Teleskop mit 200 mm Öffnung erken-
nen kann, unterteilt. Direkt daneben liegt der offene Sternhaufen M 21.

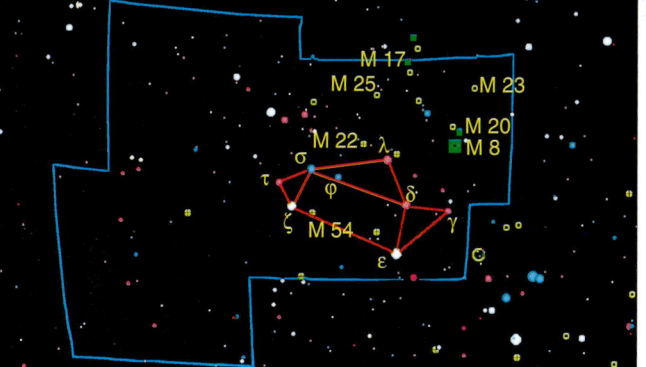

M 17 (OMEGANEBEL)

Helligkeit
7,^m7

Noch ein berühmter Nebel im Sternbild des Schützen! Diese an der Grenze zum Sternbild Schild gelegene Wolke erinnert mehr an einen Pferdekopf oder an eine 2 als an das von Wilhelm Herschel beschriebene Omega. In einem Amateurteleskop sieht M 17 einem langen Kometen ähnlich. Der 5700 Lichtjahre entfernte Nebel erstreckt sich über mehr als 40'.

M 22

Helligkeit
5,^m9

Bei diesem Objekt handelt es sich um einen der schönsten Kugelsternhaufen am Himmel. Auf der Nordhemisphäre wird er nur noch von M 13, im Hercules, an Helligkeit übertroffen. Durch ein Instrument mit 200 mm Öffnung werden mehrere hundert Sterne sichtbar. M 22 gehört mit nur 9800 Lichtjahren Entfernung zu den nächstgelegenen Kugelsternhaufen.

M 23

Helligkeit
5,^m5

Dieser offene Sternhaufen ist mit dem Feldstecher zu erkennen. Von unserem Sonnensystem ist er 2150 Lichtjahre entfernt.

M 25

Helligkeit
4,^m6

Dieser weitere, für Laien unschwer zugängliche Sternhaufen ist 1800 Lichtjahre entfernt und hat einen Durchmesser von 20 Lichtjahren.

M 54

Helligkeit
7^m

Dieser recht helle Kugelsternhaufen ist mit 9' Ausdehnung sehr kompakt. Mit einer Entfernung von 50 000 Lichtjahren ist er nur durch ein Teleskop mit mindestens 250 mm Öffnung auflösbar. Man kann ihn auch mit einfacheren Instrumenten betrachten, doch wirkt er dann wie ein kugelförmiger Nebel.

STEINBOCK

BEOBACHTUNG: Sommer (Meridiandurchgang Mitte September um 21 Uhr WT).

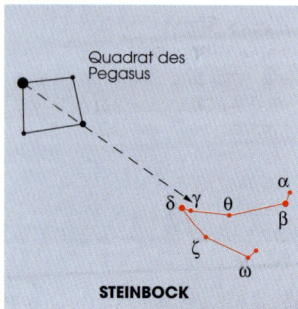

Quadrat des Pegasus

STEINBOCK

Dieses Tierkreissternbild ist am Ende des Sommers zu sehen, es erhebt sich aber niemals hoch über den Horizont (selbst in Skandinavien bleibt es teilweise verborgen). Trotz seiner relativen Größe enthält es nur zwei Objekte, die auch für Hobby-Astronomen von Interesse sind.

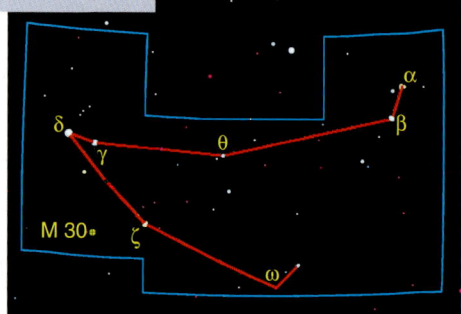

△ *Der Steinbock liegt ziemlich weit südlich des kleinen (erkennbaren) Sternbilds Delphin. Die Verbindungslinie von Alpheratz und Markab (Sterne im Quadrat des Pegasus) führt in Richtung des Steinbocks.*

α-(Alpha-)CAPRICORNI (ALGEDI)

Helligkeit 3,ᵐ6 und 4,ᵐ2

Dieser optische Doppelstern ist mit bloßem Auge auflösbar, wie auch Mizar und Alcor (im Großen Bären). Die Distanz zwischen beiden Sternen beträgt 376".

β-(Beta-)CAPRICORNI

Helligkeit 3,ᵐ1 und 6,ᵐ1

Dieses 150 Lichtjahre entfernte Doppelsternsystem kann schon mit einem kleinen astronomischen Fernrohr leicht aufgelöst werden.

M 30

Helligkeit 8ᵐ

Dieser Kugelsternhaufen ist 41 000 Lichtjahre entfernt und ist mit Amateurinstrumenten gut erfaßbar. In hohen Breiten steht er jedoch sehr tief am Horizont (in einem Bereich, dessen Beobachtung gelegentlich von Nebel und künstlichen Lichtquellen gestört wird). Er steht in einer Distanz von 20' zum Stern 41 Capricorni, dessen Helligkeit 5,ᵐ3 beträgt.

BEOBACHTUNG: Herbst (Meridiandurchgang Anfang Oktober um 21 Uhr WT).

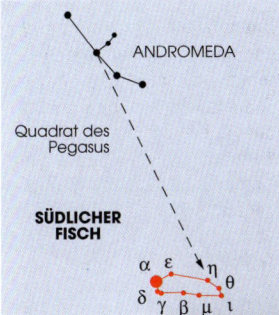

Dieses Sternbild des Südhimmels erhebt sich nie hoch über den Horizont. Im Norden der Britischen Inseln und Skandinaviens sind seine Sterne zum Teil gar nicht mehr zu sehen. Dieses rechteckige Sternbild enthält zahlreiche Doppelsterne.

△ *Die Verlängerung der Gerade Almak-Mirach im Sternbild Andromeda weist in Richtung des Südlichen Fisches. Dieser liegt weit südlich und ist nur durch α-(Alpha-) Piscis Austrini, dem einzigen sehr hellen Stern des Sternbilds, leicht aufzufinden.*

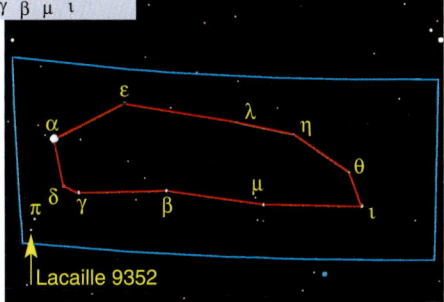

Lacaille 9352

β-(Beta)PISCIS AUSTRINI

 Helligkeit 4,ᵐ4 und 7,ᵐ5

Dieser Stern ist ein gutes Beispiel für einen optischen Doppelstern. Sein Begleiter in etwas mehr als 30" Distanz, befindet sich nicht in gegenseitigem Anziehungsbereich. Er ist mit allen astronomischen Instrumenten zu erfassen.

LACAILLE 9352

 Helligkeit 7,ᵐ4

Die Besonderheit dieses, in der südöstlichen Ecke des Sternbilds bei einem Grad südlich von π-(Pi-)Piscis Austrini gelegenen Sterns ist seine bedeutende Eigenbewegung. Er ist der viertschnellste Stern am Himmel und verändert seine Position alljährlich um 6,9". Mittels eines guten Teleskops kann man die Bewegung des 12 Lichtjahre entfernten Sterns vor dem Hintergrund der weiter entfernten Sterne über einige Jahre hinweg beobachten.

γ-(Gamma-)PISCIS AUSTRINI

 Helligkeit 4,ᵐ5 und 8,ᵐ1

Dieser sehr enge Doppelstern (Distanz von 4,3") ist durch ein Fernrohr mit 50 mm Öffnung ohne Schwierigkeiten zu trennen.

WASSERMANN

BEOBACHTUNG: Herbst (Meridiandurchgang Anfang Oktober um 21 Uhr WT).

Dieses Tierkreissternbild liegt auf der Ekliptik und enthält einige sehr interessante Objekte.

Der Wassermann enthält keine sehr hellen Sterne, und auch seine Form ist nicht leicht auszumachen. Dafür kann man ihn jedoch ziemlich leicht auffinden: Man muß nur die Verbindungslinie Alpheratz-α-(Alpha-)Pegasi im Quadrat des Pegasus um den selben Betrag verlängern, und schon stößt man auf zwei der hellsten Sterne des Wassermanns, α-(Alpha-) und γ-(Gamma-) Aquarii. ▷

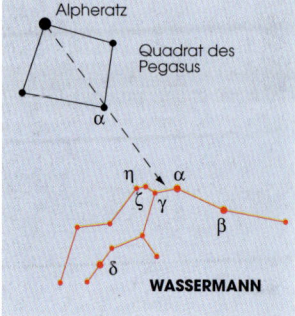

ζ-(Zeta-)AQUARII

Helligkeit
4,^{m}3 und 4,^{m}5

Dieser physische Doppelstern besteht aus zwei Komponenten, deren Distanz zueinander nur 1,9" beträgt. Die Umlaufzeit einer der Sterne um den anderen beträgt mindestens 400 Jahre. Dieser Doppelstern ist ein gutes Testobjekt für die Besitzer von Instrumenten mit 75 mm Öffnung.

M 2

Helligkeit
6,^{m}3

Dieser am Nordrand des Sternbilds gelegene Kugelsternhaufen ist schon mit den kleinsten Teleskopen zu sehen. Doch aufgrund seiner Entfernung von 50 000 Lichtjahren kann man einzelne Sterne erst durch ein Istrument mit 200 mm Öffnung auflösen. Der scheinbare Durchmesser des Sternhaufens beträgt 11', was einem wahren Durchmesser von 160 Lichtjahren entspricht.

NGC 7009 (SATURNNEBEL)

Helligkeit
8^m

Dieser bei Astronomen sehr bekannte planetarische Nebel ist bereits mit den meisten Amateurinstrumenten zugänglich. Obgleich er recht hell ist, bietet er nichts besonderes. Er erstreckt sich über 45" und ist somit ziemlich klein. Ferner läßt sich seine Struktur, die an die Saturnringe erinnert, erst durch ein Teleskop mit mindestens 250 mm Öffnung erkennen. Um den Nebel aufzufinden, geht

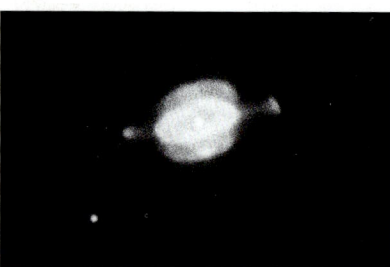

Der Saturnnebel ▷

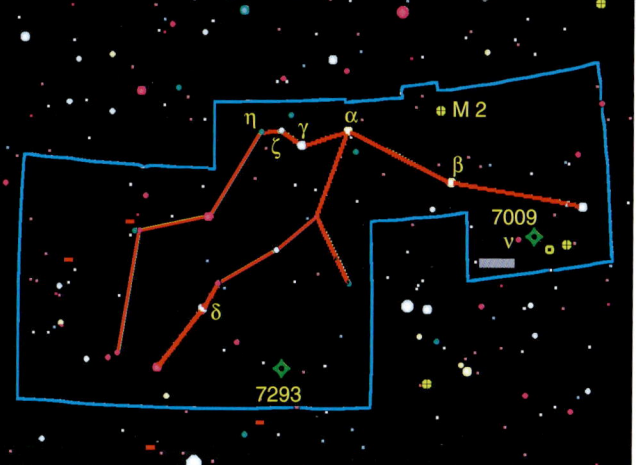

man vom Stern υ-(Ny-)Aquarii (Helligkeit 4,ᵐ5) aus um 1°18' nach Westen. Diese 3900 Lichtjahre entfernte, expandierende Gashülle wurde vom Zentralstern der Helligkeit 12 abgestoßen und hat einen Durchmesser von 0,5 Lichtjahren. Etwas weniger als 3° westlich von NGC 7009 befindet sich ein Kugelsternhaufen, der zu den Sternhaufen mit der geringsten bekannten Dichte gehört. Mit 60 000 Lichtjahren Entfernung ist dieser ziemlich schwer in Sterne auflösbar. Sein Durchmesser beträgt 85 Lichtjahre.

NGC 7293 (HELIXNEBEL)

Helligkeit 8ᵐ

Helix ist der nächste und auch der größte aller planetarischen Nebel. In einer Entfernung von 450 Lichtjahren hat er einen scheinbaren Durchmesser von der Hälfte des Vollmondes. Dennoch ist er nicht unbedingt leicht zu beobachten, da seine Oberfläche nur sehr wenig Licht reflektiert. Die Beobachtung fordert daher einige Aufmerksamkeit. In einem Feldstecher zeigt er sich wie ein blasser Kringel aus Zigarettenrauch, während sein wahrer Durchmesser 85 Lichtjahre erreicht. Mit einem ziemlich starken Instrument ist auch der Zentralstern – ein weißer Zwerg der Helligkeit 13ᵐ, zu sehen.

◁ *Helix, der nächste aller planetarischen Nebel*

BILDHAUER

BEOBACHTUNG: Herbst (Meridiandurchgang Anfang November um 21 Uhr WT).

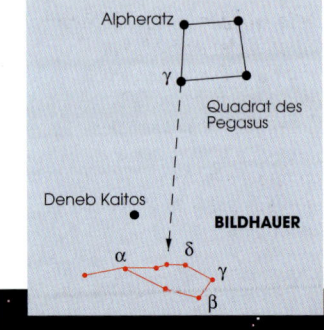

Für Beobachter, die sich jenseits des 49. nördlichen Breitengrads befinden, ist dieses Sternbild niemals ganz sichtbar.

◁ Der Bildhauer befindet sich genau auf der Verlängerung der Verbindungslinie von Alpheratz und γ-(Gamma-)Pegasi, direkt unterhalb von Deneb Kaitos, einem Stern der Helligkeit 2,ᵐ2 im Sternbild Walfisch.

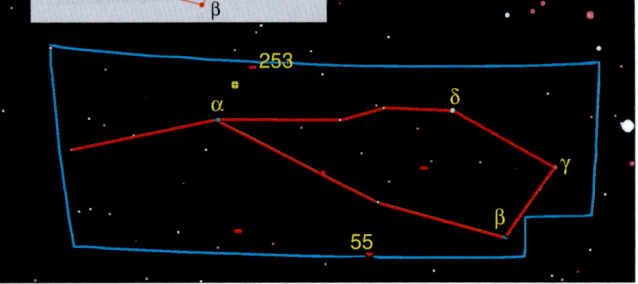

NGC 55

Helligkeit 8ᵐ

NGC 55 ist nach M 31 und M 33 eine der nächsten Galaxien. Sie hat eine unregelmäßige Form und erstreckt sich als weißlicher Balken über 20'. Auf der Nordhalbkugel ist sie schwer beobachtbar, da sie sehr tief am Horizont steht.

NGC 253

Helligkeit 7ᵐ

Diese großartige Spiralgalaxie (bei 7°30' südlich von Deneb Kaitos) ist die hellste des Sculptor-Systems, zu dem auch NGC 55 gehört. Sie zeigt sich so, als würde man die Milchstraße von außen leicht oberhalb ihrer äquatorialen Ebene betrachten. Mit einer Entfernung von 10 Mio. Lichtjahren und

einem scheinbaren Durchmesser von 25' ist diese Galaxie schon mit dem Feldstecher zugänglich. Details in ihrem zentralen Teil kann man jedoch erst durch Teleskope ab 200 oder 250 mm Öffnung erkennen.

◁ Eine sehr schöne Galaxie, die für Bewohner mittlerer nördlicher Breiten jedoch nur schwer zu beobachten ist.

BEOBACHTUNG: Herbst (Meridiandurchgang Mitte Dezember um 21 Uhr WT).

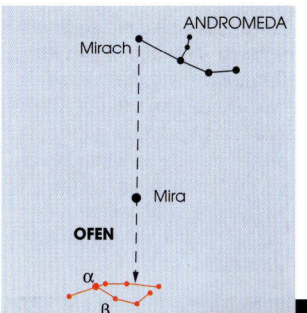

Wie alle anderen südlichen Sternbilder erhebt sich auch der Ofen nicht hoch über den Horizont. Die Bewohner Nordeuropas können ihn überhaupt nicht sehen. Er ist erst südlich von 45° nördlicher Breite zu erkennen.

△ *Der Ofen ist nicht nicht leicht auffindbar, da er sich in einer Himmelsregion befindet, die an hellen Sternen recht arm ist. Am besten zieht man von Mirach (im Sternbild Andromeda) aus eine Linie nach Süden über Mira (im Walfisch). Der Ofen beginnt bei 20° südlich von Mira.*

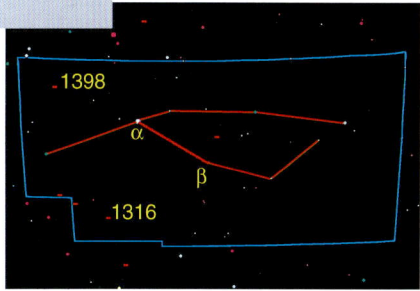

α-(Alpha-)FORNACIS

Helligkeit
3,ᵐ9 und 7ᵐ

Der um α-(Alpha-)Fornacis wandernde Begleiter steht in einer mittleren Distanz von 3,2". Für einen Umlauf benötigt er etwas weniger als 155 Jahre. Das physische Paar mit einer vierfachen Sonnenleuchtkraft ist 46 Lichtjahre von der Erde entfernt.

NGC 1316

Helligkeit
9,ᵐ5

Diese Spiralgalaxie der Helligkeit 9,ᵐ5 ist ungefähr 55 Mio. Lichtjahre entfernt. Man kann sie schon durch kleine Instrumente mit 60 mm Öffnung betrachten.

NGC 1398

Helligkeit
10,ᵐ3

Diese weitere, weniger helle Spiralgalaxie ist für Beobachter auf der Nordhalbkugel besser sichtbar, da sie viel höher am Horizont steht.

GRABSTICHEL

BEOBACHTUNG: Winter (Meridiandurchgang Mitte Januar um 21 Uhr WT).

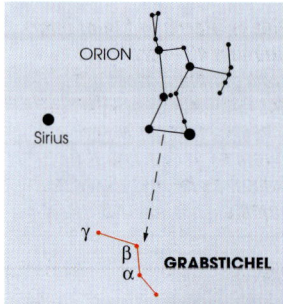

Der Grabstichel ist ein sehr kleines Sternbild, das 1752 eingeführt wurde und das auch in Südeuropa nur im Spätherbst und im Winter zu sehen ist. Da es kaum über den Horizont steigt, ist es schwer zu beobachten. Es enthält keine spektakulären Objekte.

△ *Dieses Sternbild hat keinen hellen Stern und ist nicht leicht auffindbar. Es liegt weit unterhalb des Orion (bei 30°).*

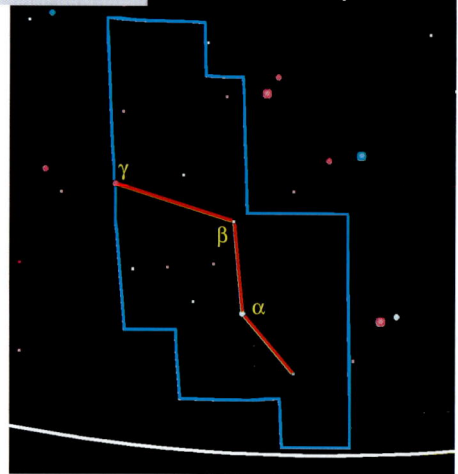

α-(Alpha-)CAELI

Helligkeit 4,^{m}5 und 13^m

Der hellste Stern im Sternbild Grabstichel ist ein Doppelstern in schätzungsweise 66 Lichtjahren Entfernung. Er ist erst in einem Instrument mit mindestens 150 mm zu erkennen, da der in einer Distanz von 6,6" zum Hauptstern stehende Begleiter nur eine Helligkeit von 13 aufweist.

γ-(Gamma-)CAELI

Helligkeit 4,^{m}7 und 8,^{m}1

Die beiden Komponenten dieses 185 Lichtjahre entfernten Doppelsterns sind nur 2,9" auseinander. Aufgrund ihrer Helligkeit sind sie mit allen Amateurinstrumenten ausfindig zu machen.

BEOBACHTUNG: Winter (Meridiandurchgang Anfang Februar um 21 Uhr WT).

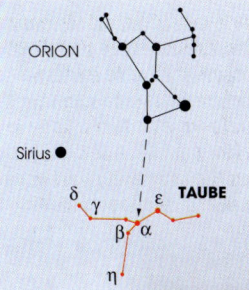

Dieses Sternbild bleibt oberhalb von 46° nördlicher Breite immer unter dem Horizont. Außer einem optischen Doppelstern und einem Kugelsternhaufen enthält es kaum interessante Objekte.

△ *Die Taube befindet sich genau unterhalb des Sternbilds Orion und südwestlich des Großen Hunds mit seinem Hauptstern Sirius, dem hellsten Stern am Himmel.*

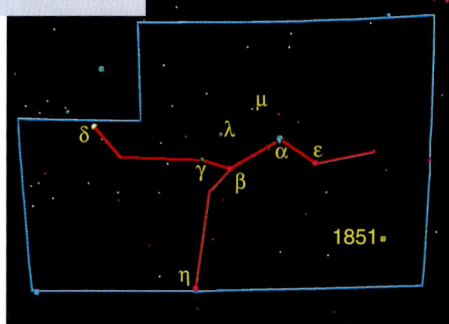

α-(Alpha-)COLUMBAE (PHACT)

Helligkeit 2,ᵐ7 und 11,ᵐ5

Der hellste Stern des Sternbilds Taube befindet sich in über 200 Lichtjahren Entfernung zur Sonne und hat in einer Distanz von 13,5" einen Begleiter der Helligkeit 1. Doch diese Nähe ist nur scheinbar, da jeder der beiden Sterne eine unterschiedliche Eigenbewegung aufweist. Nach 1900 hat sich die Distanz zwischen beiden Sternen nur noch vergrößert.

μ-(My-)COLUMBAE

Helligkeit 5,ᵐ2

μ-(My-)Columbae gehört zu den Sternen mit großer Eigenbewegung. Er ändert seine Position jährlich um 0,025" und scheint vom Sternbild Orion zu kommen.

NGC 1851

Helligkeit 7,ᵐ3

Dieser Kugelsternhaufen in 35 000 Lichtjahren Entfernung wäre ein gutes Beobachtungsobjekt für Hobby-Astronomen mit kleinen Instrumenten, doch da er so tief am Horizont steht, wird er meist vom Dunst verschluckt.

KOMPASS

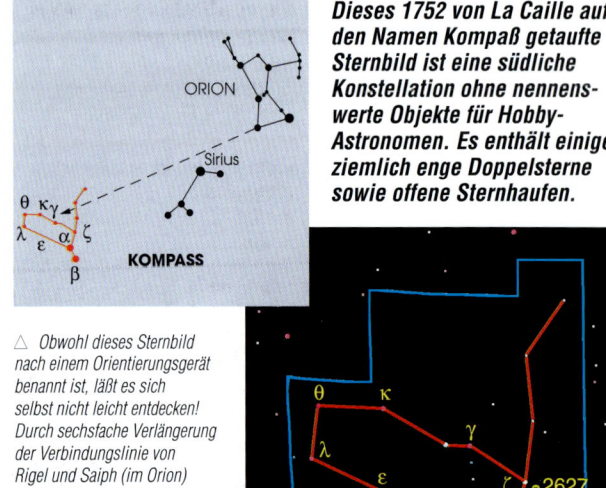

Dieses 1752 von La Caille auf den Namen Kompaß getaufte Sternbild ist eine südliche Konstellation ohne nennenswerte Objekte für Hobby-Astronomen. Es enthält einige ziemlich enge Doppelsterne sowie offene Sternhaufen.

△ *Obwohl dieses Sternbild nach einem Orientierungsgerät benannt ist, läßt es sich selbst nicht leicht entdecken! Durch sechsfache Verlängerung der Verbindungslinie von Rigel und Saiph (im Orion) nach Osten, vorbei an Sirius, trifft man direkt auf die beiden Hauptsterne des Kompaß.*

ε-(Epsilon-)PYXIDIS

Helligkeit
5,^{m}6, 9,^{m}2 und 10,^{m}2

Mit Amateurinstrumenten sind nur zwei der drei Sterne dieses dreifachen Systems zu erkennen. Die zwei hellen Komponenten stehen in einer Distanz von 17,8" zueinander. Die dritte bleibt im Licht des Hauptsterns verborgen.

NGC 2627

Helligkeit
8,^{m}4

Dieser offene Sternhaufen in 8200 Lichtjahren Entfernung ist leicht aufzufinden. Er liegt direkt im Westen von ζ-(Zeta-) Pyxidis.

NGC 2818

Helligkeit
8,^{m}2

Die Entfernung dieses offenen Sternhaufens beträgt 10 400 Lichtjahre. Im selben Feld befindet sich ein unregelmäßig geformter planetarischer Nebel der Helligkeit 13^m, der mit Amateurinstrumenten sehr schwer zu sehen ist.

BEOBACHTUNG: Frühjahr (Meridiandurchgang Anfang April um 21 Uhr WT).

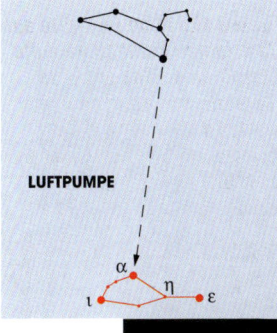

LUFTPUMPE

Dieses Sternbild der südlichen Breiten erhebt sich für Betrachter in Europa kaum über den Horizont. Jenseits des 48. nördlichen Breitengrads ist es fast immer zum Teil verborgen. Vom Norden der Britischen Inseln und Skandinaviens aus ist das Sternbild nie zu sehen.

△ *Die Luftpumpe liegt seht weit südlich des Löwen (45°).*

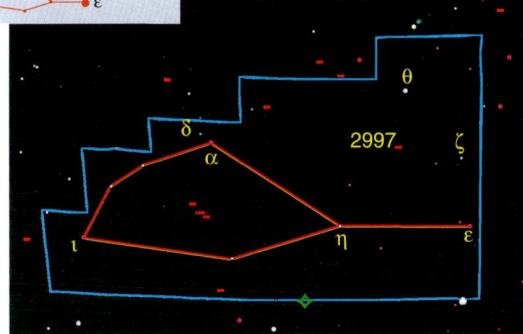

ζ-(Zeta-)ANTLIAE

Helligkeit
6,^{m}2 und 7,^{m}2

Dieser Stern der Helligkeit 6,^{m}2 hat in der Distanz von 8,2" einen Begleiter der Helligkeit 7,^{m}2.

NGC 2997

Helligkeit
11^m

Diese Spiralgalaxie ist aufgrund der Leuchtschwäche und der sehr tiefen Lage am Horizont von Mitteleuropa aus nur sehr schwer auffindbar. Ihre Position ist bei 3° östlich von ζ-(Zeta-)Antliae.

◁ *NGC 2997, eine »Cousine« unserer Milchstraße. Ihre Spiralen kann man von der Erde aus frontal sehen.*

Beobachtung: Winter (Meridiandurchgang Anfang März um 21 Uhr WT).

Das Sternbild Hinterdeck ist von Mitteleuropa aus niemals ganz zu sehen. Es enthält einige interessante offene Sternhaufen, die jedoch aufgrund ihrer tiefen Lage am Horizont von Europa aus schwer zu betrachten sind.

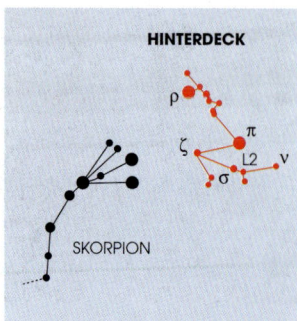

Das Hinterdeck liegt südöstlich des Großen Hunds, der von Sirius – dem hellsten Stern am Himmel – gekennzeichnet ist. Aus diesem Grund ist es leicht auffindbar. ▷

π-(Pi-)PUPPIS

Helligkeit
$2{,}^m7$, $4{,}^m7$ und $5{,}^m1$

Bei 25' nordöstlich von π-(Pi-)Puppis befinden sich zwei Sterne in 4' Abstand zueinander, die ungefähr gleich hell sind. Diese scheinen bläulich und bilden einen auffälligen Kontrast zum orangefarbenen Riesenstern π-(Pi-)Puppis. Die beiden blauen Sterne bilden vielleicht ein physisches Paar, auch wenn das bisher noch nicht mit Sicherheit ermittelt werden konnte.

L$_2$ PUPPIS

Helligkeit
$2{,}^m6$ bis $6{,}^m2$

Dieser rote Veränderliche, der zu den hellsten Sternen seiner Art gehört, befindet sich in der südlichsten Region des Sternbilds. Die Periode des 1872 entdeckten Sterns beträgt 141 Tage. L$_2$ Puppis bildet außerdem mit einem in 1' Distanz stehenden Stern der Helligkeit $9{,}^m5$ einen optischen Doppelstern. Aufgrund seiner Nähe zum Horizont ist er schon für Betrachter in Südeuropa schwer zugänglich; jenseits von 40° nördlicher Breite ist er überhaupt nicht zu sehen.

M 47

Helligkeit
$4{,}^m4$

Dieser helle offene Sternhaufen ist in der Verlängerung der Linie β-(Beta-) Canis maioris-Sirius um 12°33' nach Osten aufzufinden. Er hat eine Entfernung von etwa 1600 Lichtjahre und einen Durchmesser von 17 Lichtjahren.

M 46

Helligkeit
$9{,}^m2$

Bei 1°21' östlich von M 47 befindet sich ein weiterer offener Sternhaufen, der zwar nicht so hell, aber dennoch sehr interessant ist. Das Besondere an M 46 ist, daß er einen planetarischen Nebel enthält. Dieser im NGC-Katalog unter der Nummer 2438 aufzufindende Nebel scheint zu den etwa 500 Ster-

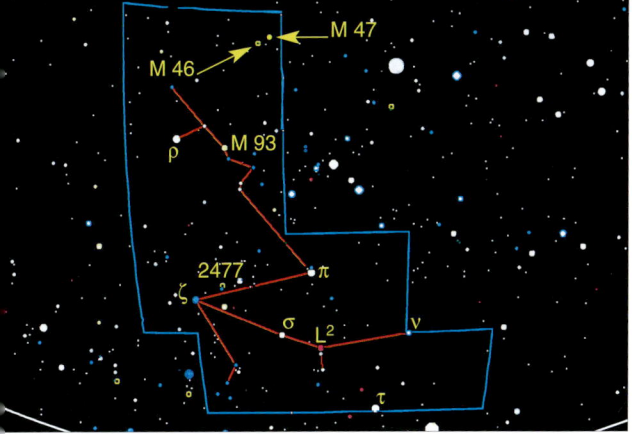

nen des Haufens zu gehören. Neuere Messungen haben aber ergeben, dass er näher ist als der Sternhaufen. Er befindet sich demnach mit 3300 Lichtjahren Entfernung vor M 64 mit 5400 Lichtjahren. Dieser planetarische Nebel mit scheinbarem Durchmesser von 1,3' hat die Helligkeit 9,ᵐ3, weshalb er relativ schwer zu beobachten ist.

Dagegen liegen M 46 und NGC 2438 sowie M 47 im nördlichen Teil des Sternbilds und sind von den mittleren Breiten (um 45° nördliche Breite) aus leichter zugänglich.

M 46 und der planetarische Nebel NGC 2438, der nicht dem Sternenhaufen angehört, sondern von uns aus gesehen vor ihm liegt. ▷

M 93

Helligkeit 6,ᵐ2

Dieser schöne offene Sternhaufen erstreckt sich über 22,4' und bildet ein gutes Beobachtungsobjekt für Amateure. Er ist 3600 Lichtjahre von der Erde entfernt.

NGC 2477

Helligkeit 5,ᵐ7

Unter ausgezeichneten Bedingungen ist dieser Sternhaufen mit bloßem Auge sichtbar. Von Mitteleuropa aus gesehen erhebt er sich jedoch kaum über den Horizont. Der Sternhaufen ist zweimal weiter entfernt als M 46, enhält ungefähr 300 Sterne und erstreckt sich über 27'.

WINKELMASS

BEOBACHTUNG: Sommer (Meridiandurchgang Anfang Juli um 21 Uhr WT).

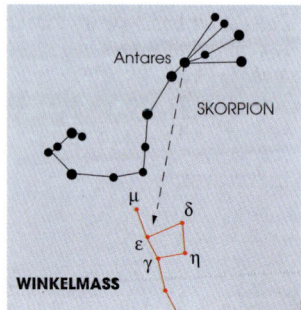

Dieses kleine Südsternbild markiert die unterste Grenze des in mittleren nördlichen Breiten sichtbaren Himmels. Von Europa aus kann dieses Sternbild nur noch vom südlichsten Spanien aus (im Bereich um Gibraltar) zum Teil betrachtet werden.

△ *Das Winkelmaß steht 15° südlich von Antares (im Skorpion).*

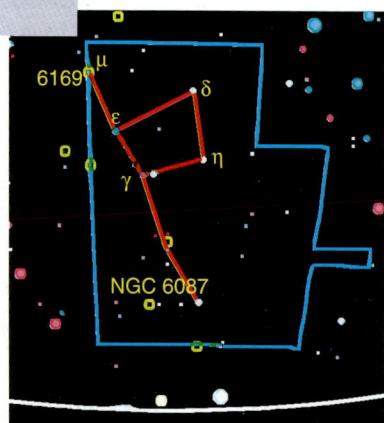

δ-(Delta-)NORMAE

Helligkeit
4,^{m}8

Dieser einfache Stern von der Helligkeit 4,^{m}8 ist der nördlichste der helleren Sterne im Winkelmaß.

ε-(Epsilon-)NORMAE

Helligkeit
4,^{m}8 und 7,^{m}5

Die Komponenten dieses selbst von Südeuropa aus sehr schwer beobachtbaren Doppelsterns stehen in einer Distanz von 22" zueinander. Sie bilden ein physisches Paar und sind von der Erde ungefähr 500 Lichtjahre entfernt.

NGC 6087

Helligkeit
6,^{m}6

Dieser offene Sternhaufen in der nordöstlichen Ecke des Sternbilds zählt zweifelsohne zu den spärlichsten, mit dem Teleskop beobachtbaren Objekten.

Beobachtung: Sommer (Meridiandurchgang Mitte August um 21 Uhr WT).

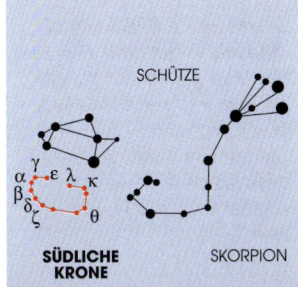

Dieses, für Beobachter jenseits von 50° nördlicher Breite nicht mehr beobachtbare Sternbild, bietet wenig Interessantes. Für Laien sind lediglich ein Kugelsternhaufen sowie ein Dreifachstern zugänglich.

◁ *Die Südliche Krone liegt südlich des Schützen und östlich des Skorpion-Schwanzes.*

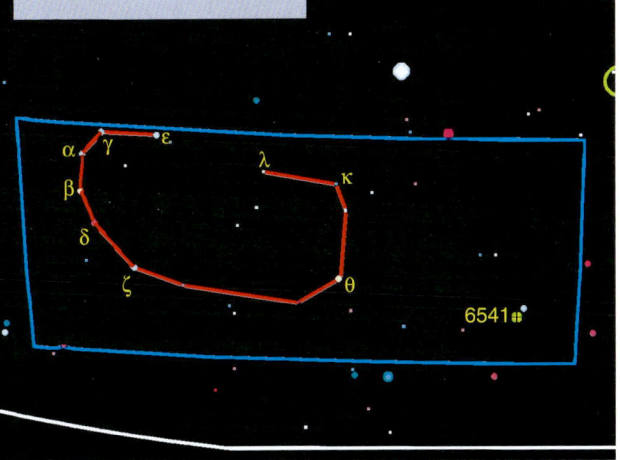

λ-(Lambda-)-CORONAE AUSTRALIS

Helligkeit 5,ᵐ1, 8,ᵐ9 und 9,ᵐ6

Dieses dreifache System ist über 200 Lichtjahre von der Erde entfernt. Die Distanz zwischen den Komponenten beträgt 29" und 40". Da es im Norden des Sternbilds liegt, kann man es von unterhalb 40° nördlicher Breite noch leicht auffinden.

NGC 6541

Helligkeit 5,ᵐ8

Dieser 22 000 Lichtjahre entfernte Kugelsternhaufen erstreckt sich über 13'. Er steht in der südwestlichen Ecke des Sternbilds nahe des Skorpion-Schwanzes.

MIKROSKOP

BEOBACHTUNG: Sommer (Meridiandurchgang Mitte September um 21 Uhr WT).

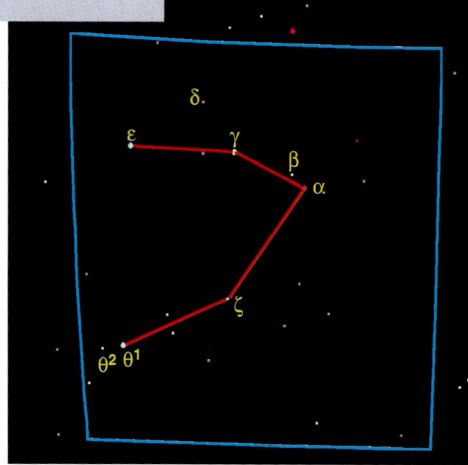

Dieses Sternbild ist den Bewohnern mittlerer und niedriger nördlicher Breiten vorbehalten. Nördlich des 42. Breitengrades erscheint es nicht mehr ganz über dem Horizont. Interessant ist das Sternbild vor allem wegen seiner Doppelsterne.

△ *Das Sternbild Mikroskop ist am besten aufzufinden, indem man die durch Wega und Atair gebildete Seite des Sommerdreiecks nach Süden verlängert.*

α-(Alpha-)MICROSCOPII

Helligkeit
5^m und $10,^m0$

Der Hauptstern des Mikroskops hat in 20,6" Abstand einen weiteren Stern als Begleiter. Die beiden Sterne sind ungefähr 240 Lichtjahre entfernt.

θ₂-(thêta ₂-) MICROSCOPII

Helligkeit
$6,^m5$ und 7^m

Dieser Doppelstern läßt sich ziemlich schwer trennen. Der Winkelabstand von 0,5" zwischen den beiden Sternen erfordert die Beobachtung durch ein Instrument mit mindestens 250 mm Öffnung. Zudem muß der Himmel mög-lichst klar sein, was in diesen Breiten nur selten der Fall ist.

BEOBACHTUNG: Herbst (Meridiandurchgang Anfang Oktober um 21 Uhr WT).

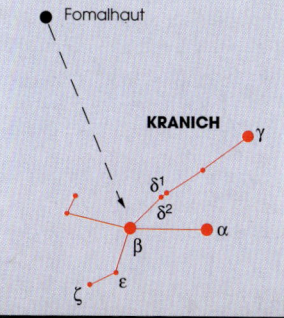

Der Kranich ist eines der südlichsten von Europa aus sichtbaren Sternbilder. Doch selbst von Gibraltar aus ist er nicht mehr ganz zu sehen.

◁ Die ca. dreifache Verlängerung der Achse β-(Beta-)Pegasi (Scheat) – α-(Alpha-)Pegasi (Merkab) nach Süden führt direkt zu α-(Alpha-)Piscis Austrini (Fomalhaut). Bei nochmaliger Verlängerung stößt man auf β-(Beta-)Gruis.

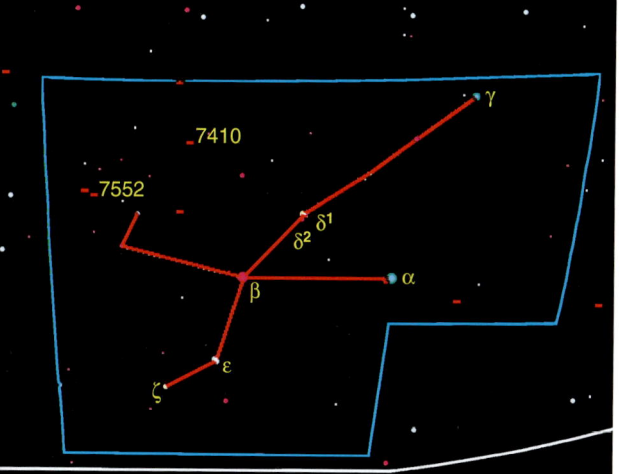

NGC 7552

Helligkeit 11,^{m}6

Dies ist eine ziemlich schwach leuchtende und daher schwer beobachtbare Balkenspiralgalaxie. Unter annehmbaren Bedingungen läßt sich diese Galaxie nur auf Reisen in die Tropen oder in Länder der Südhemisphäre beobachten.

NGC 7410

Helligkeit 11,^{m}8

Für diese Galaxie, ebenfalls eine Balkenspirale, trifft dasselbe zu wie für NGC 7552, doch liegt sie noch weiter südlich.

BEOBACHTUNG ASTRONOMISCHER ERSCHEINUNGEN

ZODIAKALLICHT UND POLARLICHT

Zodiakallicht und Polarlicht sind Lichterscheinungen, die mit bloßem Auge betrachtet werden können. Damit enden die Gemeinsamkeiten, denn es handelt sich um völlig unterschiedliche Phänomene.

ZODIAKALLICHT

Beschreibung des Phänomens

Das Zodiakallicht ist ein Schein, der den Himmel nach Sonnenuntergang im Westen und vor Sonnenaufgang im Osten heller erscheinen läßt. Das Phänomen beruht auf der Existenz eines schwachen Rings aus Staub, der einen Radius von 600 Mio. km aufweist. Somit erstreckt er sich fast bis zur Umlaufbahn des Jupiter. Aber nur sein zentraler Bereich ist dicht genug, um das Sonnenlicht zu streuen und kurz

△ Zodiakallicht am Rand der Milchstraße.

nach der Abenddämmerung bzw. vor der Morgendämmerung sichtbar zu sein. Der Lichthof hat etwa elliptische Form, die auf die Ekliptik ausgerichtet ist. Der Staub, aus dem der Ring besteht, wurde von den zahllosen Kometen, die hier in den letzten Milliarden Jahren auftraten, ins Umfeld der Sonne befördert.

Möglichkeit der Beobachtung

Den Hof des Zodiakallichts zu erkennen kann sehr schwierig sein. Der Zeitpunkt der Beobachtung muß gut gewählt werden. Da das Licht der Ekliptik folgt, ist es um so besser zu sehen, je näher es sich am Horizont befindet — dies hängt von der Jahreszeit ab. Die geeignetsten Phasen sind September/Oktober morgens im Osten und Februar/März abends im Westen. Die Beobachtung ist bei Neumond wesentlich einfacher.

POLARLICHT

Beschreibung des Phänomens

Das Polarlicht erscheint in hohen geographischen Breiten als heller Vorhang. Es entsteht in den hohen Schichten der Erdatmosphäre aus Partikeln, die v. a. während Eruptionen von der Sonne ausgeworfen werden. Die elektrisch geladenen Partikel werden im Magnetfeld der Erde ausgerichtet und stoßen mit hoher Geschwindigkeit mit den Gasen der oberen Atmosphäre zusammen. Das Phänomen erscheint in 70 bis 1000 km Höhe und erzeugt

△ Polarlicht.

ein Licht, das von der Erdoberfläche aus leicht zu erkennen ist. Astronauten können dieses Phänomen aus etwa 400 km Höhe von oben betrachten. Die Erscheinung des Polarlichts auf der Nordhalbkugel wird als Nordlicht (*Aurora borealis*), auf der Südhalbkugel als Südlicht (*Aurora australis*) bezeichnet.

Möglichkeit der Beobachtung

Die Partikel, die das Polarlicht erzeugen, folgen den zu den Polen ausgerichteten Linien des magnetischen Feldes. Die idealen Standorte für die Beobachtung des Phänomens sind deshalb die Polargebiete. In Europa sind der Norden von Skandinavien und Island die geeignetsten Regionen. Polarlicht kann sich irgendwann ereignen, am häufigsten tritt es jedoch in Phasen hoher Sonnenaktivität auf. Ist diese außergewöhnlich hoch, kann sich das Phänomen in Ausnahmefällen auch in niedrigerer geographischer Breite ereignen.

△ Blick von einem amerikanischen Raumschiff auf ein Polarlicht.

STERNSCHNUPPEN

BESCHREIBUNG DES PHÄNOMENS

Auf ihrem Weg durch das Sonnensystem kreuzt die Erde täglich die Umlaufbahn von Millionen kosmischer Trümmer. Dabei handelt es sich um Staub oder Felsbrocken kleiner Größe, die mit hoher Geschwindigkeit in die Erdatmosphäre eintreten. Diese Bruchstücke produzieren Sternschnuppen oder bilden Meteore. Im allgemeinen entstehen diese Erscheinungen durch kleine Steinkörner der Größe einer Murmel, die in einer Höhe von etwa 100 km verglühen. Dabei bildet sich ein leuchtender Streifen, der nur wenige Sekundenbruchteile Bestand hat. Auch wenn man nur kurz in die genaue Richtung blickt, erkennt man einen kleinen Lichtstrahl. Auf diese Weise treten jeden Tag rund 100 t Staub in die Atmosphäre ein.

Viele der Felsbrocken entstammen Kometen. Bei starker Annäherung an die Sonne erfolgt ihre Entgasung. Unter dem Einfluß der Sonnenwärme geht ein Teil ihrer Eishülle in den gasförmigen Zustand über und wird im Weltraum verstreut, wodurch Staubpartikel und kleine Gesteinstrümmer freigesetzt werden. Sternschnuppen bilden sich also aus Rückständen.

Die freigesetzten Kometentrümmer entwickeln eigene Bahnen. Deshalb können Sternschnuppen das ganze Jahr über gesehen werden. Die meisten von ihnen bewegen sich jedoch entlang den Umlaufbahnen der Kometen, aus denen sie hervorgingen. Somit durchkreuzt die Erde auf ihrer jährlichen Umrundung der Sonne zu gleichen Zeiten die Umlaufbahnen derselben Kometen. Einige dieser Kometen sind mittlerweile verschwunden, andere existieren immer noch. Erreicht unser Planet eine solche Zone, tritt er in einen sogenannten Meteoritenschauer ein. An den folgenden Tagen ist die Zahl der Sternschnuppen – je nach Größe des Meteoritenschauers – wesentlich höher als während der übrigen Zeit des Jahres. Im Lauf einer solchen Periode sieht man oft viele Sternschnuppen in kurzer Zeit. Einige größere Gesteinstrümmer – von der Größe eines Kieselsteins bis zum Durchmesser von mehreren Metern – können auch auf die Erdoberfläche gelangen. Dann handelt es sich um Meteoriten. Ihren Fall kann man nur selten beobachten, aber man findet sie auf der Erde.

Abbildung einer Sternschnuppe mit langem Schweif. ▷

GESCHICHTE DER ENTDECKUNG

Die ersten Beobachtungen von Sternschnuppen erfolgten sicher schon zu Beginn der Geschichte der Menschheit – schließlich genügt zur Erkennung auch ein wenig konzentrierter Blick zum Himmel. Im Altertum wurden die hellen, kurzlebigen Streifen als Ausdünstungen der Erde angesehen. Nach Aristoteles (384–322 v. Chr.) erfolgten sie an der Grenze zwischen der Atmosphäre der Erde und der überirdischen Welt, also in einer übergeordneten, himmlisch genannten Sphäre. Diese Erklärung hatte lange Zeit Bestand. Spätere Theorien bezogen sich auf die elektrische Ladung der Atmosphäre, bis H. W. Brandes und J. F. Benzenberg 1798 indirekt den extraterrestrischen Ursprung von Meteoriten und Sternschnuppen nachweisen konnten.

MÖGLICHKEIT DER BEOBACHTUNG

Sternschnuppen lassen sich ohne Zweifel am besten vom Liegestuhl aus beobachten. Man sollte es sich bequem machen, denn man wird einige Zeit warten müssen. Aber der Blick mit bloßem Auge genügt. Meteore können an jedem Ort im Weltall entstehen. Statistisch betrachtet, »regnet« es gegen Ende der Nacht doppelt so oft Sternschnuppen wie am Abend. Dies beruht auf der Tatsache, daß sich der Beobachter dann »am Anfang« befindet, was die Bewegung der Erde im Raum betrifft, und es dann zu einem maximalen Auftreffen kosmischer Trümmer auf die Erde kommt. Dies ist vergleichbar mit Regen, der an einem fahrenden Auto die Windschutzscheibe reichlich befeuchtet, wohingegen die Heckscheibe nur leicht benetzt wird. Bei Eintreffen eines Meteoritenschauers ist es soweit: Es ist fast unmöglich, dieses Phänomen nicht wahrzunehmen.

Sternschnuppen scheinen sich in bestimmten Sternbildern häufiger zu ereignen. Die Schauer werden nach den entsprechenden Sternbildern bezeichnet. Dies bedeutet nicht, daß die Schauer nur in dieser Konstellation auftreten; vielmehr scheinen sie einfach von einem als Radianten bezeichneten Punkt des jeweiligen Sternbilds auszuströmen.

TABELLE DER WICHTIGSTEN METEORITENSCHAUER

Periode	Name	Lage des Radianten
1.–4. Januar	Quandrantiden	Bootes
12.–24. April	Lyriden	Leier
25.–30. Juli	Delta-Aquariden	Wassermann
9.–14. August	Perseiden	Perseus
18. August	Cepheiden	Cepheus
8.–10. Oktober	Draconiden	Drache
11.–30. Oktober	Orioniden	Orion
14.–22. November	Leoniden	Löwe
5.–19. Dezember	Geminiden	Zwillinge

Die Zeiten wiederholen sich alljärlich relativ exakt.

KÜNSTLICHE SATELLITEN

BESCHREIBUNG DES PHÄNOMENS

Bei der Beobachtung des Himmels mit bloßem Auge kann man heutzutage oft kleine leuchtende Punkte wahrnehmen, die sich bewegen. Bei einigen davon handelt es sich um Flugzeuge, die man an ihren aufblitzenden Positionslichtern erkennt. Oberhalb der Erdatmosphäre durchziehen jedoch mehr und mehr künstliche Satelliten das Himmelsgewölbe. Wenn sie sich in Höhen bis 300 km bewegen, lassen sie sich leicht erkennen, da ihre Aluminiumhülle Licht stark reflektiert. Die mit bloßem Auge sichtbaren künstlichen Satelliten bewegen sich auf relativ niedrigen Umlaufbahnen in Höhen zwischen 250 und 500 km. Ihre durchschnittliche Größe entspricht etwa der eines Autos, weshalb sie leicht ohne Instrument erkannt werden können. Sie bewegen sich mit Geschwindigkeiten von 28 000 km/h rasend schnell durch das All. Einige von ihnen verschwinden jedoch vor Erreichen des Horizonts. Wenn dies geschieht, bewegen sie sich im Schatten der Erde und reflektieren daher kein Sonnenlicht mehr. Die von der Sonne beleuchteten künstlichen Satelliten heben sich stark vor dem dunklen Hintergrund ab, verschwinden aber, sobald sie nicht mehr vom Sonnenlicht erreicht werden. Einige von ihnen können extrem hell sein – sogar heller als die Venus. Dies ist z. B. bei einigen amerikanischen Sonden oder der russischen Raumstation Mir der Fall.

GESCHICHTE DER ENTDECKUNG

Den ersten künstlichen Satelliten konnte man im Oktober 1957 beobachten. Nachdem mit Sputnik I erstmals ein künstlicher Satellit ins Weltall geschickt worden war, meldeten die sowjetischen Machthaber mehreren Ländern die

Koordinaten und die Durchgangszeiten der Raumsonde, damit diese die von der Sputnik ausgesandten Signale aufnehmen konnten. Die Sowjetunion wollte damit der westlichen Welt ihre technische Pioniertat vorführen. Im Oktober 1957 konnten viele Laien und Neugierige die Sputnik über ihre Köpfe hinwegfliegen sehen. Seit dieser Zeit werden v. a. in den Vereinigten Staaten und in

◁ *Immer mehr Satelliten werden ins Weltall geschickt – hier der Start von Ariane 4. Die Entsendung von Satelliten in die Umlaufbahnen der Erde manifestiert sich auch in immer neuen, am nächtlichen Himmel hell leuchtenden künstlichen Lichtern. Dieses von Menschen geschaffene Phänomen behindert die astronomische Forschung zunehmend.*

Beobachtung astronomischer Erscheinungen

◁ Auf mit langer Belichtungszeit erstellten Aufnahmen zeigen sich die langen Schweife der Satelliten. Dieses Bild eines Nebels wurde mit einem Teleskop aufgenommen.

Mit der Zunahme der um die Erde kreisenden künstlichen Satelliten ist es auf den Umlaufbahnen mittlerweile eng geworden. Dieser scheinbare Ring befindet sich in rund 36 000 km Entfernung. ▷

Großbritannien die Flugbahnen der zahllosen Satelliten und kosmischen Trümmer, die sich um die Erde bewegen, wissenschaftlich verfolgt. Eine sorgfältige Überwachung wurde notwendig, um Zusammenstöße mit bemannten Raumsonden, die die Erde umkreisen, zu vermeiden.

MÖGLICHKEIT DER BEOBACHTUNG

Es gibt zwei Möglichkeiten der Beobachtung künstlicher Satelliten – per Zufall oder nach einer Vorhersage. Die erste Variante ist recht einfach. Je länger man wartet, desto größer werden die Chancen, einen Satelliten zu erkennen. Dies liegt an der mittlerweile großen Zahl an automatischen Sonden, die in den Weltraum entsandt wurden. Die in West-Ost-Richtung herannahenden bewegen sich auf gegenüber dem Äquator leicht geneigten Umlaufbahnen. Die in Nord-Süd-Richtung orientierten verlaufen auf polaren Bahnen, wie etwa der französische Fernerkundungssatellit Spot.

Zur Beobachtung eines bestimmten Satelliten benötigt man seine Koordinaten und seine Durchgangszeiten. Die Raumstation Mir bewegt sich auf ihrer geneigten Bahn auch über Europa, aber man muß den Zeitpunkt kennen, um sie zu sehen. In diesem Fall sind die besten Zeiten zwei oder drei Stunden nach Sonnenuntergang und morgens kurz vor Sonnenaufgang. Um sie zu erkennen, müssen die Satelliten allerdings von der Sonne bestrahlt sein. Wenn sie spät in der Nacht über uns hinwegfliegen, treten sie in den Kegelschatten der Erde ein und entziehen sich unserem Blick. Die Zeiten, in denen die Raumstation Mir und andere Satelliten von der Erde aus gesehen werden können, sind über das Internet unter folgender Adresse verfügbar: http://www2.satellite.eu.org/sat/vsohp/observe.html. Über folgende Website sind außerdem die Durchgangszeiten von mehr als 850 Satelliten zu ermitteln: http://www.chara.gsu.edu/-don/sat.html.

KONJUNKTIONEN UND OKKULTATIONEN

BESCHREIBUNG DES PHÄNOMENS

Im Verlauf ihrer stetigen Reise um die Sonne stehen die Planeten von Zeit zu Zeit vor Sternen oder Nebeln. So hat man leicht mit dem Teleskop oder auch mit bloßem Auge ein Objekt des Sonnensystems und einen Tausende von Lichtjahren entfernten Sternenhaufen im gleichen Blickfeld. In diesem Fall spricht man von einer Konjunktion zwischen beiden Objekten. Wenn zwei Objekte im gleichen Blickfeld des Teleskops liegen, können die Konjunktionen nahe beieinander liegen. Meist jedoch handelt es sich um mit bloßem Auge erkennbare Abweichungen von einigen Grad. Unter bestimmten Bedingungen finden sich auch drei oder vier Gestirne quasi Seite an Seite zusammen.

Besonders schöne Konjunktionen ergäben sich zwischen Planeten des Sonnensystems und Objekten des Messier-Katalogs bzw. des NGC-Katalogs, der Nebel und Galaxien berücksichtigt. Aber es ist nicht alles möglich. So durchquert z.B. kein Stern den Bereich des großen Orionnebels (M 42) oder der Galaxie Andromeda (M 31). Dies hat einen guten Grund: Diese Objekte befinden sich weitgehend außerhalb der Ekliptik. Vielmehr bewegen sich die Planeten im Lauf der Zeit entlang einem wenige Grad breiten Band zu beiden Seiten der Ekliptik. Nur die auf dem Band verlaufenden Objekte können sich einem Planeten nähern. Die Liste der dafür in Frage kommenden Nebel und Galaxien beschränkt sich auf einige wenige, die in Sternbildern liegen. So bewegt sich auch Ophiuchus auf der Ekliptik. Die bekanntesten Nebel und Galaxien sind die Plejaden und die Hyaden (im Sternbild Stier), der Creche-Haufen (im Krebs), der Lagunen- und der Trifid-Nebel (im Schützen) und der offene Sternenhaufen M 35 (in den Zwillingen). Die in der Jungfrau gelegene, weniger bekannte elliptische Galaxie NGC 4697 befindet sich genau auf der Ekliptik. Dieses Versteckspiel gibt es auch mit dem Mond. In einigen – wenn auch seltenen – Fällen kommt es vor, daß der Mond einen Planeten verdeckt. Mit Hilfe einfacher astronomischer Instrumente kann jeder

△ Dieses am 12. September 1983 aufgenommene Bild zeigt die Annäherung zwischen Jupiter und Mond.

△ *Ein Treffen der besonderen Art: Der Komet Hale-Bopp verläuft nahe dem Sternenhaufen M 14.*

Laie zusehen, wie der betreffende Planet in wenigen Sekunden hinter dem Mond verschwindet (Immersion), bevor er etwa eine Stunde später auf der anderen Seite des Mondes wieder auftaucht (Emersion). Festzuhalten bleibt, daß Planeten in Einzelfällen andere Gestirne hoher Helligkeit verdecken können. Okkultationen von Sternen durch den Mond sind etwas Außergewöhnliches, denn meist blinken die Sterne noch, was auch von Laien beobachtet werden kann.

Schließlich gibt es noch spektakuläre Annäherungen zwischen Kometen und irgendwelchen Objekten des Weltalls. Die Kometen folgen nicht unbedingt der Ekliptik, was eine Vielzahl von Annäherungen ermöglicht. Dies war der Fall, als sich der Komet Hale-Bopp 1997 am Sternenhaufen M 14 vorbeibewegte. Solche Ereignisse erlebt man jedoch im Lauf seines Lebens nicht oft.

GESCHICHTE DER ENTDECKUNG

Konjunktionen zwischen Planeten und anderen Gestirnen werden seit Beginn der Menschheitsgeschichte beobachtet. Über die Geschichte der Entdeckung läßt sich daher nichts Genaueres sagen, da diese Phänomene seit langer Zeit mit relativ großer Genauigkeit vorhergesagt werden können.

MÖGLICHKEIT DER BEOBACHTUNG

Durch das Studium von Fachzeitschriften und astronomischen Kalendern ist es im voraus möglich, zu wissen, wann sich Konjunktionen und Okkultationen ereignen. Annäherungen zwischen dem Mond und anderen Gestirnen gibt es monatlich; die meisten können mit bloßem Auge beobachtet werden. Wirklich genießen kann man eine Okkultation allerdings nur beim Blick durch das Teleskop.

Mit bloßem Auge sichtbare Konjunktion von Venus, Mars, Jupiter und Mond. ▷

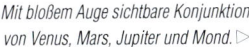

SONNENFINSTERNIS

BESCHREIBUNG DES PHÄNOMENS

Wenn sich der Mond genau zwischen der Erde und der Sonne bewegt, verdeckt er die Sonne für bestimmte Bereiche der Erde und verursacht somit eine Sonnenfinsternis. Dies kann sich nur zur Zeit des Neumondes ereignen. Jedoch gibt es nicht bei jedem Neumond eine Finsternis, sondern nur zweimal im Jahr. Dies liegt daran, daß sich der Mond meist etwas ober- bzw. unterhalb der gedachten Linie zwischen Sonne und Erde bewegt.

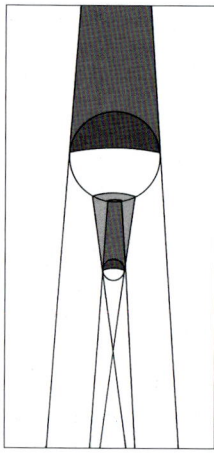

◁ Während einer totalen Sonnenfinsternis wirft der Mond seinen Kernschatten auf die Erde und verbirgt dadurch die Sonne vollständig.

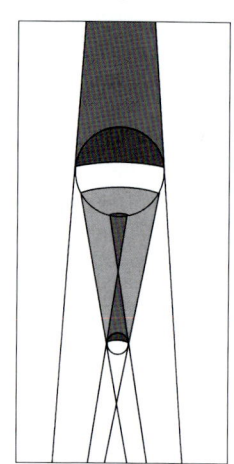

Bei einer ringförmigen Verfinsterung erreicht der Kernschatten des Mondes die Erde nicht. ▷

Im Unterschied zu einer Mondfinsternis, die von allen Bewohnern der nächtlichen Hemisphäre beobachtet werden kann, ist eine Sonnenfinsternis nur für einen Teil der Bewohner der Hemisphäre zu erleben, auf der gerade Tag ist. Dies liegt daran, daß der Schatten des Mondes auf der Erdoberfläche einen maximal 270 km breiten Bereich abdeckt (im August 1999 waren es nur etwa 100 km). Somit verbirgt sich die Sonne bei einer totalen Finsternis nur für die Bewohner eines bestimmten Streifens auf der Erde vollständig. In einem Streifen von rund 3000 km Breite erscheint eine partielle Sonnenfinsternis. Noch weiter entfernte Beobachter nehmen gar keine Veränderung wahr.

Der Abstand zwischen Erde und Mond beträgt zwischen rund 350 000 und 400 000 km. Bei maximaler Entfernung von der Erde ist die sichtbare Scheibe des Mondes nicht groß genug, um die Sonne vollständig zu verdecken: Sein Schatten erreicht die Erdoberfläche nicht. In diesem Fall ereignet sich eine ringförmige Verfinsterung; zur Zeit des Maximums erscheint ein Sonnenring um den Mond.

GESCHICHTE DER ENTDECKUNG

Schon im Altertum wußten die Astronomen, daß sich das Phänomen der Sonnenfinsternis nicht in regelmäßigen Abständen ereignet. In Mesopota-

236

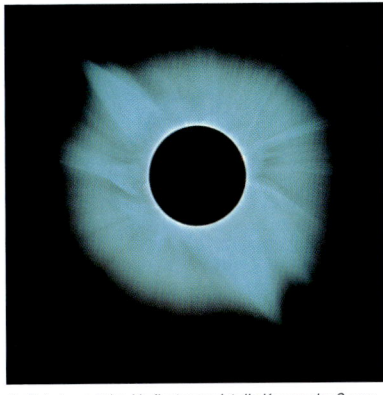

△ *Bei einer totalen Verfinsterung ist die Korona der Sonne sichtbar.*

mien und im Reich der Maya fand man zwischen etwa 700 und 500 v. Chr. heraus, daß sich dieselbe Art der Finsternis alle 54 Jahre wiederholt. Diese Periode entspricht dem dreifachen Zeitraum, bis Sonne und Mond wieder an die gleiche Stelle zurückkehren. Diese sogenannte Sarosperiode dauert 18 Jahre und 11,3 Tage. In Wahrheit läßt sich der Zeitraum jedoch nicht exakt in Tagen ausdrücken. Unter Berücksichtigung der Erdrotation findet eine Finsternis alle 18 Jahre statt – aber in einer Zone, die von der Erde um 120° verschoben ist. Dies war allerdings zu jener Zeit schwer auszumachen. Alle 54 Jahre ereignet sich eine Sonnenfinsternis auf dem gleichen Teil der Erde. In der jüngeren Vergangenheit nutzten die Astronomen diese Ereignisse zum Studium der Korona der Sonne. Mittlerweile bedarf es dazu keiner Sonnenfinsternis mehr: Der von dem französischen Wissenschaftler François Bernard Lyot entwickelte Koronograph ermöglicht eine künstliche Verfinsterung des Tagesgestirns.

MÖGLICHKEIT DER BEOBACHTUNG

Die Beobachtung einer Sonnenfinsternis sollte zum Schutz der Augen mit der gleichen Vorsicht vorgenommen werden, wie die Beobachtung der Sonne selbst (s. S. 82). Mit bloßem Auge kann das mehrere Stunden dauernde Fortschreiten einer Verfinsterung durch eine mit einer speziellen Folie ausgestattete Brille oder ein mit Sonnenfilter versehenes Teleskop mit schwacher Vergrößerung betrachtet werden. Die Phase vollständiger Verfinsterung dauert nicht mehr als acht Minuten. Dann verdunkelt sich die Erde, und am Himmel erscheinen die hellsten Sterne sowie vielleicht einige Planeten. Dann kann auch der sonst sehr schwer zu sehende Merkur erkannt werden. Die Korona der Sonne ist auch ohne Geräte sichtbar. Von einer exponierten Stelle aus – z. B. von einem Berg – kann man den Schatten des Mondes über die Erde wandern sehen.

Während einer partiellen Sonnenfinsternis bleibt ein Teil der Sonne sichtbar. ▷

MONDFINSTERNIS

BESCHREIBUNG DES PHÄNOMENS

Wenn sich der Mond im Schatten der Erde bewegt, ereignet sich eine Mondfinsternis. Dafür müssen sich Mond, Erde und Sonne in einer Linie befinden. Nach dieser Beschreibung des Phänomens müßte es sich bei jedem Vollmond – und damit monatlich – ereignen. Dies ist aber nicht der Fall; eine Mondfinsternis gibt es nur zwei- bis dreimal im Jahr. Der Grund dafür ist, daß die Umlaufbahn des Mondes bezüglich der Ekliptik leicht geneigt ist. Meistens bewegt sich der Mond bei Vollmond ober- bzw. unterhalb des Erdschattens. Da sich der Mond nie vollständig im kreisförmigen Schatten, den die Erde in den Weltraum wirft, bewegt, kann eine Mondfinsternis nie total sein. Nur ein Teil des Mondes wird verdunkelt, während eine Sichel von der Sonne beleuchtet bleibt. Es gibt auch eine Form der Mondfinsternis, die durch den sogenannten Halbschatten verursacht wird. Um den Kernschatten der Erde liegt ein schattenähnlicher Bereich, der nur von einem Teil der Sonnenstrahlung durchdrungen wird. Der Mond kann sich durch diese Zone bewegen, ohne durch den Kern-

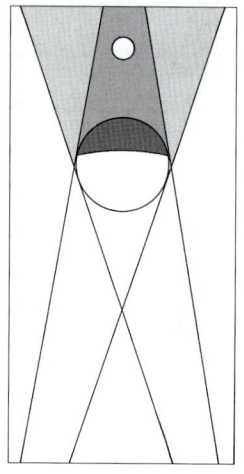

△ Eine Mondfinsternis ereignet sich, wenn der Mond den Schattenkegel der Erde durchquert – immer zur Zeit des Vollmonds.

schatten zu gelangen. Die Verfinsterung des Mondes ist dann nur schwach und auf der Erde kaum wahrnehmbar. Im Falle einer totalen Finsternis verschwindet der Mond nie ganz, auch wenn er sich vollständig im Kernschatten der Erde befindet. Er nimmt dann eine mehr oder weniger dunkelrote Farbe an. Dies liegt daran, daß die Atmosphäre der Erde einen Teil der Sonnenstrahlung (vorwiegend die roten Anteile) ins Innere des Kernschattens ablenkt. Dieser Teil der Strahlung wird auf den Mond reflektiert und verleiht diesem die entsprechende Farbe. Astronauten auf dem Mond sähen zur Zeit einer Finsternis, wie sich die Sonne hinter der Erde verbergen würde und die Erde von einem roten Ring umrahmt wäre.

GESCHICHTE DER ENTDECKUNG

Im Altertum erkannte Aristarch von Samos anhand einer Mondfinsternis, daß die Erde rund ist; zudem berechnete er den Durchmesser des Mondes und dessen Entfernung von der Erde. Der von der Erde projizierte kreisförmige Schatten bestätigte ihre Kugelform. Durch den Vergleich der Größe des Mondschattens mit der des Mondes leitete Aristarch richtigerweise ab, daß der Mond etwa ein Viertel der Erdgröße hat. Ausgehend von den Ergebnissen des Eratosthenes, der den Durchmesser der Erde bestimmt hatte, waren die Angaben Aristarchs zu Durchmesser und Entfernung des Mondes recht präzise.

△ *Eine totale Mondfinsternis.*

△ *Eine partielle Mondfinsternis.*

MÖGLICHKEIT DER BEOBACHTUNG

Eine Mondfinsternis ist ein relativ langsam ablaufendes Phänomen. Daher kann man ihr Fortschreiten leicht mit einem einfachen Fernglas verfolgen. Eine totale Mondfinsternis kann insgesamt über sechs Stunden dauern. Der Zeitraum der vollständigen Verfinsterung des Mondes beträgt zwischen einer und eineinhalb Stunden.

Am besten beobachtet man eine Mondfinsternis mit Hilfe eines Fernglases oder eines Telekops mit geringer Vergrößerung, um den Mond vollständig im Blickfeld zu haben. Das Phänomen kann man überall beobachten – auch im Inneren großer Städte, wo der Himmel aufgrund künstlicher Beleuchtung heller erscheint. Auf dem Land ist es im Moment totaler Finsternis bei minimaler Helligkeit des Mondes möglich, auch schwächer leuchtende Gestirne zu erkennen, die bei Vollmond sonst nicht zu sehen sind. Vereinzelt erkennt man bei einer Mondfinsternis auch einige Galaxien.

◁ *Blick vom Mond während einer Mondfinsternis. Die Sonne wird von der Erde verdeckt und umrahmt diese als rötlich leuchtender Ring.*

DURCHGANG VON VENUS UND MERKUR

BESCHREIBUNG DES PHÄNOMENS

Merkur und Venus sind die beiden sogenannten inneren Planeten. Das bedeutet, daß sie sich auf Umlaufbahnen bewegen, die der Sonne näher sind als die der Erde. Wie die der anderen Planeten liegt auch ihre Bahn auf der Ebene der Ekliptik. Daher befinden sich Merkur oder Venus regelmäßig in einer Linie mit Erde und Sonne.

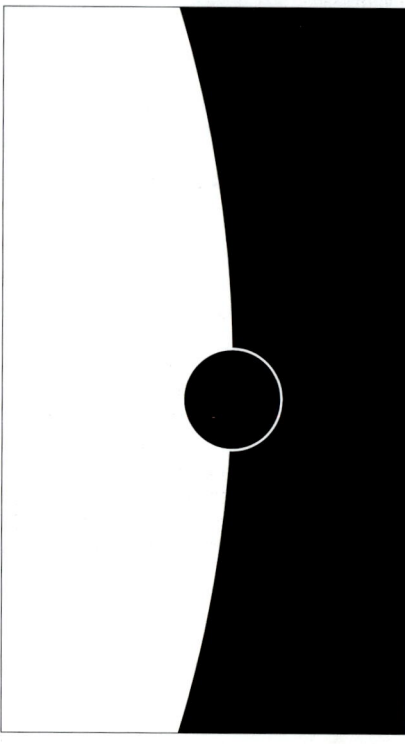

Mit anderen Worten, sie bewegen sich von der Erde aus gesehen vor der Sonne. Obwohl sie viel größer sind als der Mond, kommt es zu keiner Verfinsterung: Sie sind so weit entfernt, daß ihr scheinbarer Durchmesser zu klein ist, um mehr als einen sehr kleinen Teil der Sonne zu verdecken. Diese Erscheinungen treten nur sehr selten ein. Beim Merkur geschieht es eher als bei der Venus, da er eine kürzere Umlaufzeit um die Sonne aufweist. Die letzten Durchgänge des Merkur ereigneten sich 1993 und am 15. November 1999; der nächste wird erst am

△ *Phänomen des Nachtleuchtens in der Atmosphäre der Venus bei Beginn des Durchgangs dieses Planeten.*

7. Mai 2003 eintreten. Die Venus tritt alle 105 und noch einmal acht Jahre danach zwischen Erde und Sonne. Der nächste Venusdurchgang ist für den 8. Juni 2004 zu erwarten, gefolgt von einem weiteren im Jahr 2012. Danach beginnt wieder eine längere Periode ohne ein solches Ereignis.

GESCHICHTE DER ENTDECKUNG

Die Entdeckung, daß Merkur und Venus von Zeit zu Zeit vor die Sonne treten können, geht auf das System von Ptolemäus zurück, der im Altertum davon ausgegangen war, daß alle Gestirne um die Erde kreisen. Nachdem Kopernikus sein Modell des Sonnensystems veröffentlicht hatte, beschäftigte sich der Astronom Johannes Kepler mit der Bewegung der Planeten um die Sonne. Er ging davon aus, daß sie sich in kreisförmigen Bahnen bewegten, entdeckte aber später, daß die Bahnen tatsächlich ellipsoid verlaufen.

Von da an konnte er die Positionen vorhersagen, die die Planeten in den folgenden Monaten und Jahren am Himmel einnehmen würden. Zwar hatte auch das ptolemäische System Vorhersagen erlaubt, doch lag deren Fehlerspanne im Bereich von mehreren Jahren.

Kepler sagte im Jahr 1629 einen Durchgang des Merkur vor der Sonne für den 6. Dezember 1631 voraus – und das entsprechende Ereignis wurde exakt an diesem Tag von Gassendi beobachtet. Die Abweichung von Keplers Vorhersage lag bei nur 13' Länge 1'5" Breite und einem Zeitunterschied von 5 Stunden 49 Minuten und 30 Sekunden.

Diese Beobachtung erlaubte erstmals die Bestimmung der heliozentrischen Länge eines sogenannten inneren Planeten.

MÖGLICHKEIT DER BETRACHTUNG

Um die Durchgänge von Merkur und Venus vor der Sonnenscheibe beobachten zu können, muß man sein Gerät genauso ausstatten wie für die Beobachtung der Sonne. Der Merkur ist ein sehr kleiner Planet, den man für einen runden Sonnenfleck ohne sogenannten Halbschatten halten könnte. Nur wenige Minuten bewegt er sich vor der Sonnenscheibe. Es sei darauf hingewiesen, daß der Merkur normalerweise so schwer zu erkennen ist, daß sein Durchgang eine gute Gelegenheit für seine Beobachtung darstellt.

Mit der Venus verhält es sich genauso. Sie ist jedoch von einer Atmosphäre umgeben, die das Sonnenlicht streut. Daher kann man zu Beginn des Durchgangs vor der Sonnenscheibe häufig erkennen, daß die Umrisse der Venus schwach leuchten.

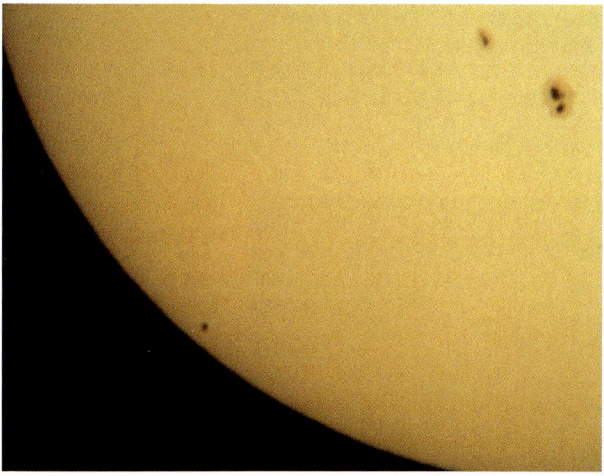

△ Der Merkur bei seinem Durchgang vor der Sonne 1993 (unten links).

VORÜBERGEHENDE MONDPHÄNOMENE

BESCHREIBUNG DES PHÄNOMENS

Obwohl der Mond ein aus festem Material aufgebautes Gestirn ist, birgt er gelegentlich Überraschungen. Einige Astronomen beobachteten, daß bestimmte Regionen des Mondes plötzlich in Nebel gehüllt waren oder in anderen Farben erschienen.

Im allgemeinen dauern diese Veränderungen nur wenige Sekunden bis maximal einige Minuten. Bis heute sind diese flüchtigen Phänomene nicht ausreichend erklärt. Die plausibelste Erklärung stützt sich auf die episodische Freisetzung großer Mengen von Gas aus einigen Spalten der Oberfläche. Die von den Astronauten der Apollo-Missionen auf dem Mond zurückgelassenen Seismographen registrieren nur unerhebliche

△ Im nahe dem Zentrum der Mondscheibe gelegenen Krater Alphonsus ereigneten sich wiederholt Leuchterscheinungen.

Aktivitäten, die v. a. durch das Brechen der sich ausdehnenden Kruste oder durch Meteoriteneinschläge hervorgerufen werden.

Die vulkanische Aktivität an der Mondoberfläche endete vor etwa 3 Mrd. Jahren. Nach wie vor existieren noch oberflächennahe Magmakammern, die wohl die Ursache für die vorübergehenden Erscheinungen des Mondes sind. Zwischen 1969 und 1972 hatten Astronomen keine Gelegenheit, auch nur ein einziges dieser Ereignisse zu beobachten. In jener Zeit ermittelten jedoch Detektoren wiederholt das Ausströmen des sehr seltenen Gases Radon nahe dem Krater Aristarchus und im Umfeld von Einschlagbecken. Nach Meinung mehrerer Wissenschaftler stimmen Phasen starker Freisetzung von Gas mit temporären Änderungen der Sichtbarkeit einzelner Regionen des Mondes überein. Wenn dies zutrifft, dann findet das Phänomen nur sehr selten statt. Bis zur genauen Erklärung werden jedoch noch einige Jahre vergehen.

GESCHICHTE DER ENTDECKUNG

Wahrscheinlich entdeckten Astronomen erstmals im 19. Jh. diese vorübergehenden Erscheinungen des

◁ Schon häufig wurden im Krater Aristarchus mit dem angrenzenden Schröter-Tal vorübergehende Erscheinungen beobachtet.

Der kreisförmige Plato im Mare Imbricum weist einen flachen, dunklen Grund auf. Er war wiederholt Schauplatz besonderer Phänomene. ▷

Mondes. Zu jener Zeit gingen einige Wissenschaftler davon aus, daß sich die Oberfläche des Mondes in manchen Aspekten verändert hatte. Das bekannteste Beispiel hierfür ist der Krater Messier im Mare Foecunditatis. Einige mit der Hand gefertigte Zeichnungen zeigten einen markanten Einsturz der Umrandung des Kraters. Tatsächlich jedoch beruhten die scheinbaren Veränderungen der Oberfläche auf unterschiedlich starker Beleuchtung durch die Sonne. Dies ergab sich aus Schwankungen des Mondes, was dazu führte, daß man den Trabanten aus verschiedenen Winkeln sah. Dies sind zweifellos Beweise für vorübergehende Erscheinungen des Mondes. Des weiteren nahmen rund 1200 Berichte von Hobby-Astronomen Bezug auf vorübergehende Phänomene auf der Mondoberfläche. Der russische Wissenschaftler Kozyrev erkannte am 3. November 1958 nahe dem Zentrum des Kraters Alphonsus einen rötlichen Fleck. Die darüber zusammengetragenen Informationen bestätigten den vulkanischen Ursprung dieses Ereignisses.

MÖGLICHKEIT DER BETRACHTUNG

Da die vorübergehenden Erscheinungen des Mondes theoretisch jederzeit stattfinden können, kann man sich nur schwer darauf vorbereiten – um so mehr, da sie sehr selten eintreten. Astronomen erkannten jedoch, daß sich die Ereignisse an bestimmten Stellen des Mondes häufen. Um den Krater Aristarchus wurden rund 300 Phänomene beobachtet, 70 in der Umgebung

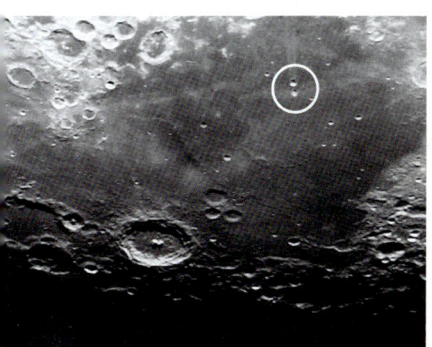

des Plato und 25 nahe dem Alphonsus. Bevorzugte Regionen sind auch die Randbereiche kreisförmiger *maria* wie etwa des Mare Crisium.

◁ *Lange Zeit barg der Krater Messier für Astronomen große Geheimnisse. Seine Veränderungen basieren aber lediglich auf Unterschieden in der Beleuchtung.*

SUPERNOVAE

BESCHREIBUNG DES PHÄNOMENS

Eine Supernova ist die Explosion eines sehr großen Sterns. Dieses katastrophale Ereignis bedeutet das Ende von Sternen, deren Masse die der Sonne mindestens um das Zehnfache übersteigt. Im Inneren dieser Sterne verschmelzen Wasserstoff- zu Heliumatomen, wie das auch im Inneren der Sonne der Fall ist (s. S. 82). Aufgrund der größeren Masse endet die Fusion aber nicht beim Sauerstoff. Vielmehr reichen sie bis zu den schwersten Elementen, sogar bis zum Eisen. Ein Stern mit einer 25- bis 30fachen Sonnenmasse verbrennt seinen gesamten Wasserstoff innerhalb von nur 8–10 Mio. Jahren, wohingegen die Sonne dafür 10 Mrd. Jahre benötigt. Die Kontraktion der Heliumkerne fördert die Fusion und die Ausdehnung der in der Hülle verbliebenen Wasserstoffatome. Dadurch wird der Stern zu einem Roten Riesen. Die Kontraktion führt auch zu einem Temperaturanstieg, der innerhalb von

Vorher   *Nachher*

△ *Explosion der Supernova 1987A in der Großen Magellanschen Wolke im Februar 1987.*

etwa 500 000 Jahren die Fusion der Heliumatome zu Kohlenstoff und Sauerstoff anregt. Bei 800 Mio. Grad fusionieren die Kohlenstoff- und Sauerstoffkerne zu Neon und Natrium. Dieser Übergang dauert nur einige Jahrzehnte. Die Reaktionen laufen immer schneller ab, und die Kontraktion bewirkt eine Erhitzung bis auf 1 Mrd. Grad. Die Kernfusion zu Neon dauert nur ein Jahr, und die von Sauerstoff zu Silicium geschieht in lediglich 15 Tagen. Bei 3,5 Mrd. Grad vollzieht sich der Übergang von Silicium zu Eisen, dem stabilsten bekannten Element, in nur einem Tag. dann kommt es durch physikalische Prozesse, die hier nicht näher erläutert werden können, zu einer dramatischer Implosion des nun erdgroßen Sterns, der seine Masse nicht mehr erhalten kann. Innerhalb von Sekundenbruchteilen verteilt sich die Masse in einem nur aus Neutronen bestehenden Raum von nur etwa 30 km Durchmesser. Der Raum ist so dicht, daß eine aus diesem Material bestehende

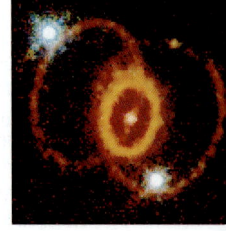

Die sich nähernde Supernova 1987A zwei Jahre nach der Explosion. Der umgebende Ring entstand dadurch, daß die während der Katastrophe ausgesandte Strahlung die bereits lange vorher ausgestoßenen Gasschichten einfing und zum Leuchten brachte. Die vom Stern ausgeworfene Materie nimmt einen zu kleinen Raum ein, um sichtbar zu sein. ▷

Streichholzschachtel über 1 Mrd. t wiegen würde. Das Ende der Implosion ist so heftig, daß das Material in einer gewaltigen Explosion ins All geworfen wird: Das ist die Supernova. Der Beobachter sieht eine abrupte Zunahme der Helligkeit des Sterns, die einige Tage andauert, bis sie innerhalb einiger Jahre wieder langsam abnimmt. Die gesamte in den Weltraum geworfene Materie bildet eine sich ausdehnende Wolke. Im Zentrum verbleibt nur eine äußerst dichte Kugel: der Neutronenstern bzw. Pulsar.

GESCHICHTE DER ENTDECKUNG

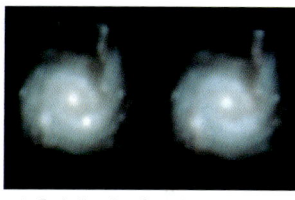

Die erste in historischer Zeit erwähnte Supernova ereignete sich am 4. Juli 1054. Die Chinesen bemerkten sie im Sternbild Stier. Sie erreichte wahrscheinlich die Größenklasse -5 und war auch bei Tag sichtbar.

△ *Explosion einer Supernova in einer anderen Galaxie.*

Dabei handelt es sich um den Krebsnebel bzw. M 1, dessen Reste heute noch von Hobby-Astronomen zu erkennen sind. Mit leistungsstarken Teleskopen kann sogar der Pulsar im Zentrum der Wolke wahrgenommen werden. Weitere Supernovae wurden v. a. 1574 von Tycho Brahe und 1604 von Johannes Kepler entdeckt. Verstanden wird das Phänomen allerdings erst seit dem Beginn des 20. Jh.

MÖGLICHKEIT DER BEOBACHTUNG

Ob Profi- oder Hobby-Astronom – wer eine Supernova mit bloßem Auge erkennt, hat unglaubliches Glück. Für ein solches Ereignis muß der fragliche Stern in der Milchstraße oder einer der Magellanschen Wolke, die leider von den mittleren Breiten aus nicht sichtbar ist, explodieren. Astrophysikern zufolge ereignen sich in unserer Galaxie in jedem Jahrhundert eine bis vier Supernovae. Die meisten davon bleiben hinter dichten Gas- und Staubwolken, die den Himmelsäquator umhüllen, verborgen. Tatsächlich wurden in der Milchstraße im vergangenen Jahrtausend nur fünf Supernovae beobachtet, im Schnitt also nur eine in 200 Jahren. Die Explosion eines gewaltigen Sterns kann sich zu jedem Zeitpunkt an jedem Ort am Himmel ereignen. Die Astronomen wissen mittlerweile, welche Art von Sternen auf diese Weise endet. So lohnt es nicht, darauf zu warten, daß z. B. Sirius oder Wega explodieren – diesen Sternen ist ein anderes Schicksal bestimmt. Dagegen können einige der hellsten Sterne am Himmel jederzeit Quelle eines solchen Spektakels sein. Dies gilt besonders für Antares im Sternbild Skorpion und für Beteigeuze im Sternbild Orion. Bei der Explosion eines der beiden Sterne würde der Nachthimmel mit Sicherheit hell erleuchtet, und das Schauspiel wäre auch bei Tag sichtbar. Will man eine Supernova beobachten, braucht man also v. a. viel Geduld. Allerdings ereignen sich in anderen Galaxien in jedem Jahr mehrere dieser Explosionen. Die letzte wurde 1987 von einem Hobby-Astronomen beobachtet. Um ein derartiges Ereignis zu erkennen, benötigt man leistungsstarke Geräte, etwa eine CCD-Kamera.

VERÄNDERLICHE STERNE

BESCHREIBUNG DES PHÄNOMENS

Das gelegentliche Aufblitzen einzelner Sterne kann unterschiedliche Ursachen haben. Eine davon ist die Verfinsterung eines Sterns durch einen weniger hellen, ihn umkreisenden Stern. Somit handelt es sich um zwei Sterne, die jedoch zu nahe beieinander stehen, um sie ohne Instrumente als zwei einzelne Sterne erkennen zu können. Diese Variante bezeichnet man als Veränderlichkeit durch Verfinsterung; ihr bekanntestes Beispiel ist der Algol im Sternbild Perseus. Alle 2 Tage 13 Stunden verändert er sich für 2 Stunden 30 Minuten von der Größenklasse 2^m nach $3,^m5$. Diese Erscheinung ist mit bloßem Auge zu erkennen. Eine andere Ursache für die Veränderlichkeit sind Ausdehnung und Kontraktion eines Sterns in exakt definierten Zeiträumen. Bei den Cepherdenten z. B. dauert dieser Zyklus 75 Tage. Der dadurch zustandekommende Helligkeitsunterschied liegt bei maximal $1,^m7$. Andere wie etwa RR Lyrae weisen bei wesentlich kürzeren Zyklen – weniger als ein Tag – gleich große Lichtveränderungen auf. Bei einigen pulsierenden Sternen ist ein Zyklus sogar noch kürzer, häufig nur wenige Stunden. Solche Sterne sind allerdings selten und darüber hinaus von so schwacher Leuchtkraft, daß sie nicht mit bloßem Auge wahrnehmbar sind. Am besten läßt sich die Veränderlichkeit bei Sternen des Typs Mira (Sternbild Walfisch) beobachten. Bei ihrem Zyklus von 75 bis 1000 Tagen schwankt ihre Leuchtkraft im Bereich von sieben Größenklassen. Schließlich verändern sich einige dieser Sterne

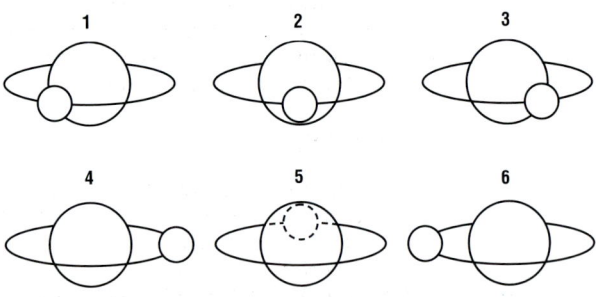

△ *Schematische Darstellung eines veränderlichen Sterns bei einer Verfinsterung (Typ Algol)*

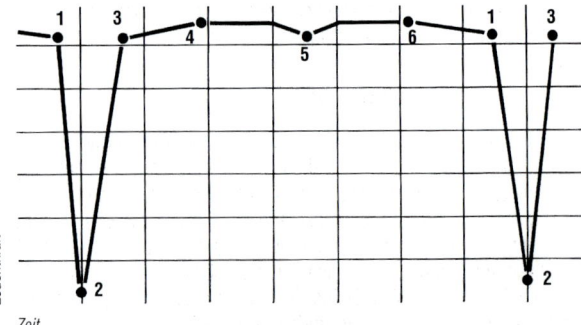

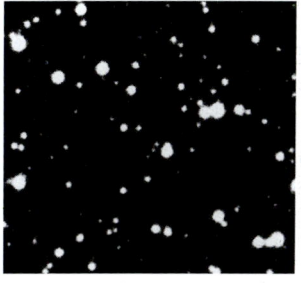 

△ *Veränderlichkeit der Leuchtkraft bei der 1991 erfolgten Nova im Sternbild Fliege.*

sehr unregelmäßig; sie haben keine feste Periode, und die Schwankungen in ihrer Leuchtkraft liegt bei nur zwei Größenklassen. Eine dritte Ursache für starke veränderungen in der Leuchtkraft sind Ausbrüche, sogenannte Novae. Dabei vergrößern sich Weiße Zwerge auf Kosten der sie umgebenden Körper. Diese Ansammlung von Materie bewirkt eine Aufheizung, die die Kernfusion anregt. Bei den dabei ausgelösten Stoßwellen werden große Mengen an Material ausgeworfen. Das einem Blitzlicht ähnelnde Aufblitzen übersteigt die Helligkeit des Ausgangssterns um das 10 000- bis 100 000fache. Dieses Licht verleitet den Beobachter zu der Annahme, daß ein neuer Stern am Himmel erscheint. Daher rührt die ursprüngliche Bezeichnung *stella nova*, »neuer Stern«. Wenn sich das Phänomen der Ansammlung von Materie wiederholt, kann sich einige Jahre später auch das Aufblitzen wieder ereignen. In diesem Fall spricht man von einer wiederkehrenden Nova.

GESCHCIHTE DER ENTDECKUNG

Um 1600 erschien am Himmel an einer Stelle, an der vorher nichts zu sehen war, ein Stern. Damals sprach man erstmals von einer *stella nova*. Der Neuankömmling verschwand jedoch nach nur wenigen Tagen wieder – es handelte sich also wohl um eine Nova bzw. Supernova.
Erst 1934 gelang Fritz Zwicky und Walter Baade der Nachweis, daß Novae nicht der Geburt eines Sterns entsprechen. Die Wissenschaftler zeigten auf, daß Novae keine neu entstandenen Sterne sind, sondern Sterne, die sich weiterentwickeln und starke Helligkeit aufweisen.

MÖGLICHKEIT DER BETRACHTUNG

Wie bei den Supernovae ist auch die Beobachtung von Novae nur mit sehr viel Glück möglich. Auf jeden Fall ist das Gebiet um den Himmelsäquator der Bereich größter Häufigkeit. Astronomen kennen mehrere Tausend andere veränderliche Sterne, von denen sich jedoch nur ein kleiner Teil zeigt. Aus Zeitgründen können Observatorien die Entwicklung all dieser Sterne nicht verfolgen. In diesem Bereich können Hobby-Astronomen der Wissenschaft gute Dienste leisten. Einige sind auf veränderliche Sterne spezialisiert und arbeiten bereits mit Observatorien zusammen.

GLOSSAR

Akkretion: Das Aufsaugen von Materie durch einen Himmelskörper, verursacht durch die Schwerkraft. Es ist der Anfang einer Sternentwicklung.

Asteroid: Kleiner, unregelmäßig geformter Planet. Ein großer Teil der Asteroiden befindet sich zwischen Mars und Jupiter.

Auswurf: Emporgeschleudertes Material beim Aufprall eines Gesteinskörpers auf einem Planeten. Der Auswurf häuft sich wallartig an Kraterrändern an.

CCD (Charge Coupled Devices): Eine Bildtechnik, die das Foto immer mehr verdrängt, da sie sehr gut für die Auswertung lichtschwacher astronomischer Aufnahmen geeignet ist.

Cepheiden: Eine Klasse veränderlicher Sterne, deren Prototyp zum Sternbild Kepheus gehört. Die Cepheiden zeichnen sich durch Helligkeitsschwankungen in einer bestimmten Periode aus. Sie spielten eine wichtige Rolle in der Geschichte der Astronomie, da sie zur Messung intergalaktischer Entfernungen beitrugen.

Chromosphäre: Die innere, rot gefärbte Schicht der Sonnenatmosphäre. Das in ihr enthaltene heiße Gas schießt flammenartig bis in 10 000 km Höhe.

Deklination: Der Winkelabstand eines Sterns vom Himmelsäquator (nach Norden oder nach Süden), vergleichbar mit der geographischen Breite.

Diffraktion: Beugung. Das Verhalten von Lichtwellen, wenn sie auf ein undurchsichtiges Hindernis treffen und von ihrer geradlinigen Bahn abweichen.

Ekliptik: Die Ebene, auf der die Erde um die Sonne wandert. Von der Erde aus gesehen zeigt sich die Ekliptik als eine Himmelsbahn, auf der die Sonne im Laufe des Jahres zu wandern scheint.

Entgasung: Die Freisetzung von Gas. Sie tritt auf, wenn der Komet mit seinem Eiskern der Sonne zu nahe kommt, das Eis sich in Gas verwandelt und einen Schweif bildet.

Expansion des Universums: Eine Bewegung, die Edwin Hubble feststellte und nach der sich alle Galaxien voneinander fortbewegen, wodurch sich das Universum ausbreitet und sich sein Volumen vergrößert. Diese Expansion begann mit dem Urknall (einer gewaltigen Explosion) vor ungefähr 15-20 Milliarden Jahren.

Fokus: Der Punkt, an dem Lichtstrahlen durch Linsen oder Hohlspiegel in einem Fernrohr oder Teleskop vereinigt werden. Er wird auch als Brennpunkt bezeichnet.

Galaktischer Äquator: Der weißliche Streifen am Himmel, der schon im Altertum als Milchstraße bezeichnet wurde. Er entspricht der Ebene, in der sich die meisten Sterne unserer Galaxie befinden.

Galaxie: Eine riesige Ansammlung von Sternen. Alle Sterne des Universums sind in Galaxien vereint. Ihre Form kann unregelmäßig oder spiralartig sein. Jede Galaxie enthält mehrere Milliarden Sterne.

Granulen: unregelmäßige Körner auf der Sonnenoberfläche mit einem Durchmesser von 1000 bis 1500 km.

Jahr: Die Zeit, in der die Erde einmal die Sonne umrundet (365,25 Tage). Auf Uranus dauert ein Jahr etwa 84 Erdenjahre.

Konvektionszone: Eine Oberflächenschicht der Sonne, in der die Wärme aus dem Sonneninneren durch Materieströmungen an die Oberfläche gelangt.

Korona: Die äußere Schicht der Sonnenatmosphäre. Sie ist dichter als die Chromosphäre. Ihre Temperatur beträgt bis zu 1 Millionen Grad Celsius; sie ist nur bei einer totalen Sonnenfinsternis sichtbar.

Libration: Die leichte Schwankung eines Himmelskörpers (besonders des Mondes) um die eigene Achse.

Lichtjahr: Eine astronomische Längeneinheit; sie entspricht der Strecke, die das

Licht in einem Jahr zurücklegt. Das Licht bewegt sich mit ungefähr 300 000 km/s fort, somit hat ein Lichtjahr etwas mehr als 9,46 Billionen km.

Magnitude: Die Größenklasse eines Sterns, die jedoch nichts mit der tatsächlichen Größe zu tun hat, sondern dessen Helligkeit bezeichnet.

Meteorit: Ein gesteinsartiger Körper aus dem All, der auf die Erde oder einen anderen Planeten trifft.

Milchstraße: Unsere Galaxie. Die Sonne ist nur einer von 100 Milliarden Sternen, aus denen die Milchstraße besteht. Die Milchstraße bildet eine 10 000 Lichtjahre dicke Scheibe mit einem Durchmesser von 100 000 Lichtjahren.

Okular: Das dem Auge nächstliegende Linsensystem eines astronomischen Instruments, das der Vergrößerung der betrachteten Objekte dient.

Orbit: Die Umlaufbahn eines satellitären Himmelskörpers um einen anderen Himmelskörper.

Parsec: Eine astronomische Längeneinheit. Sie entspricht der Entfernung, von der aus die Astronomische Einheit (die Entfernung der Erde zur Sonne) unter einem Winkel von 1" erscheint – also 3,26 Lichtjahre.

Perihel: Der sonnennächste Punkt auf der Bahn eines Planeten um die Sonne.

Photosphäre: Die scheinbare (das sichtbare Licht aussendende) Oberfläche der Sonne oder jedes anderen Sterns.

Plattentektonik: Die Gesamtheit der Bewegungen und Verlagerungen der mehr oder weniger festen Platten, aus denen sich die feste Oberfläche eines Planeten (z. B. der Erde) zusammensetzt.

Protoplanet: Eine Ansammlung von Materie, aus der nach Millionen von Jahren ein Planet entsteht.

Rektaszension: eine astronomische Koordinate, vergleichbar mit der geographischen Länge.

Saroszyklus: Eine Periode von 18 Jahren und 10 oder 11 Tagen mit 43 Sonnenfinsternissen und mehreren Mondfinsternissen, nach der fast gleiche Bedingungen von Sonnen- und Mondfinsternissen eintreten.

Satellit: Ein Himmelskörper, der einen Planeten umläuft.

Siderischer Tag: Der Zeitraum, den ein Planet oder ein Satellit benötigt, um bezogen auf seinen Stern eine komplette Umdrehung um die eigene Achse auszuführen.

Silikate: Sandkörner.

Sonnensystem: Die Gesamtheit aller Planeten und anderer Himmelskörper, die um unsere Sonne kreisen.

Spektrum: Die Gesamtheit der Bestandteile des Lichts. Das Spektrum des sichtbaren Lichts ist als Regenbogen bekannt.

Sternbilder: Bildhaft zusammengestellte Gruppen von hellen Sternen. Insgesamt gibt es heute 88 Sternbilder, die den Himmel in verschiedene »Regionen« einteilen.

Supernova: Ein sehr massereicher Stern, der sein Leben mit einer Explosion beendet.

Thermonukleare Reaktion: Der energieliefernde Prozeß der Sterne durch Verschmelzung von Atomkernen aufgrund extrem hoher Temperaturen.

Tierkreis: Das um die Ekliptik am Himmel verlaufende Band der Tierkreissternbilder.

Trojaner: Eine Gruppe von Asteroiden, die auf der Jupiterbahn die Sonne umrunden.

Weltzeit (WT): Die Ortszeit am Nullmeridian von Greenwich (Großbritannien). Von ihr aus werden die Zeitzonen der ganzen Welt festgelegt.

REGISTER

Seitenzahlen, die **fett** markiert sind, beziehen sich auf ausführliche Darstellungen des Stichworts. *Kursiv* markierte Seitenzahlen verweisen auf Illustrationen (Graphiken, Karten, Fotos usw.).

251

252

Literatur

Burkert A., Kippenhahn, R.: *Die Milchstaße.* München 1996

Calder, N.: Einsteins Universum. Frankfurt a. M. 1980

Cambridge Fotoatlas der Planeten. Stuttgart 1984 *Der große JRO-Atlas der Astronomie.* München 1987

Hahn, Herrmann-Michael, Weiland, Gerhard: *Der neue Kosmos Himmelsführer. Sternbilder am Nord- und Südhimmel.* Stuttgart 1998

Henbest, N., Couper, H.: *Die Milchstraße.* Basel u. a. 1996

Herrmann, J.: *dtv-Atlas Astronomie.* München [13]1998

ders.: *Wörterbuch zur Astronomie.* München 1996

Hoffmann, K.: *Sterne, Mond und Sonne. Astronomie ohne Fernrohr.* 1999

Hornung, H.: *Schwarze Löcher und Kometen.*

Keller, H.-U.: *Astrowissen.* Stuttgart 1994

Thuan, Trinh Xuan: *Die Geburt des Universums.* Ravensburg 1992

Verdet, Jean-Pierre: *Der Himmel. Ordnung und Chaos der Welt.* Ravensburg 1992

versch. Autoren: *Einführung in die Astronomie.* München 1999

versch. Autoren: *Meyers Handbuch Weltall,* Mannheim [7]1994

versch. Autoren: *Lexikon der Astronomie.* Augsburg 1999

Voigt, H. H.: *Das Universum.* Stuttgart 1994

Adressen:

Neben zahlreichen Sternwarten, die für Wissenschaftliche Zwecke genutzt werden, gibt es eine große Anzahl von Volkssternwarten, wo Hobby-Astronomen unter fachkundiger Anleitung den Himmel beobachten können. Einige sind auch mit einem Planetarium ausgestattet.

Wilhelm-Foerster-Sternwarte und Planetarium am Insulaner, Munsterdamm 90, 12169 Berlin, Tel.: (030) 790093-0

Sternwarte Bochum und Planetarium, Castroper Str. 67, 44791 Bochum, Tel.: (0234) 51606-0

Volkssternwarte Bonn, Astronomische Vereinigung e. V., Poppelsdorfer Allee 47, 53115 Bonn, Tel.: (0228) 222270

Planetarium Bremen, Werderstr. 73, 28199 Bremen, Tel.: (0421) 5905-678

Volkssternwarte Ennepetal, Hinnenberger Heide 80, 58256 Ennepetal, Tel.: (02333) 62646

Volkssternwarte Hamburg, Hindenburgstr. 1, 22303 Hamburg, Tel.: (040) 516560

Volkssternwarte Hannover, Am Lindener Berge 27, 30449 Hannover, Tel.: (0511) 456290

Volkssternwarte Hof, Egerländerweg 25, 95032 Hof, (09281) ISDN 95278

Volkssternwarte Hofheim, Bahnstr. 6, 65719 Hofheim, Tel.: (06192) 39030

Planetarium der Ernst-Abbe-Stiftung, Am Planetarium 5, 07743 Jena, Tel.: (03641) 449701

Planetarium Kiel, Knooper Weg 62, 24103 Kiel, Tel.: (0431) 5198-211

Volkssternwarte Köln, Nikolausstr. 55, 50937 Köln, Tel.: (0221) 415467

Volkssternwarte Laupheim e. V., Parkweg 44, 88471 Laupheim, Tel.: (07392) 91059

Volkssternwarte Marburg e. V., Dresdener Str. 18, 35274 Kirchhain, Tel.: (06422) 7599

Bayerische Volkssternwarte e. V., Rosenheimer Str. 145a, 81671 München, Tel.: (089) 406239

Planetarium Stuttgart, Willy-Brandt-Str. 25, 70173 Stuttgart, Tel.: (0711) 16292-0

Schwäbische Sternwarte, Zur Uhlandshöhe 47, 70188 Stuttgart, Tel.: (0711) 281871

BILDNACHWEIS

9,90